核电厂核级管道缺陷评价

刘震顺　毛　庆　甄洪栋　牛文华　等　著

中国原子能出版社

图书在版编目（CIP）数据

核电厂核级管道缺陷评价 / 刘震顺等著. — 北京：中国原子能出版社，2021.7

ISBN 978-7-5221-1498-9

Ⅰ.①核… Ⅱ.①刘… Ⅲ.①核电厂-管道检测-缺陷检测 Ⅳ.①TM623.7

中国版本图书馆 CIP 数据核字（2021）第 148583 号

核电厂核级管道缺陷评价

出版发行 中国原子能出版社（北京市海淀区阜成路 43 号 100048）

责任编辑 徐 明

责任校对 宋 巍

责任印制 赵 明

印　　刷 北京九州迅驰传媒文化有限公司

开　　本 787 mm×1092 mm 1/16

印　　张 12.625　　**字　数** 286 千字

版　　次 2021 年 7 月第 1 版 2021 年 7 月第 1 次印刷

书　　号 ISBN 978-7-5221-1498-9　　**定　价** **88.00 元**

网址：http://www.aep.com.cn　　**E-mail：atomep123@126.com**

发行电话：010-68452845

前 言

核级管道作为核电厂系统内部传输介质的通道和重要的压力边界，执行重要核心功能，对整个核电厂的安全性和经济性有着举足轻重的影响。核级管道在服役期间往往承受着苛刻的内外部稳态载荷和瞬态载荷，包括较高的压力和温度、各种复杂的热工水力载荷、冲击载荷与随机振动载荷等，管道自身的材料性能也会在服役环境中承受辐照老化、热老化、应变老化、应力腐蚀等不利影响，逐渐发生退化。核级管道压力边界完整性是核电厂设计和运行环节重点关注的内容。

绝大多数核级管道的结构失效模式，在微观的破坏机理上都与管道结构的缺陷有着直接关系。从机理上来说，核级管道结构内缺陷的产生是不可避免的。管材先天就不可能是完美无缺的，从损伤力学的角度来看，管材本身就可能存在固有损伤，这是无法避免的。在管道制造焊接安装阶段，人因失误、技术工艺局限、设备故障、环境影响等因素也均可直接造成微观缺陷、或者使管材的原始损伤发展为缺陷。在管道服役阶段，复杂苛刻的载荷结合管道材料性能退化的共同作用也会催生管道材料微观上的晶格错位以及局部微小区域的屈服损伤，并逐渐演变成裂纹，此外，管道介质的腐蚀、侵蚀也可能会直接造成管道的内部缺陷。

核级管道具有较为坚固的设计和较强的结构韧性，一般来说，管道缺陷出现以后并不会在短期内造成压力边界失效。在核电厂的运行期间也无法频繁停堆开展维修。因此，可结合核级管道缺陷的分析评价结果、核电厂的运行情况和安全要求，选择合适的时机开展维修和处置，实现安全性和经济性的统一。

本书从核电厂多重防御的设计理念出发，以核级管道缺陷力学分析评价内容为中心，针对管道缺陷从萌发、扩展、裂纹穿壁到管道失效整个发展过程，结合管道缺陷的役前防控、役中检查与修复、假定严重事故后果的预防和防护环节，重点介绍了管道缺陷评价的基本要求、基本思路、基本方法、基本原理。将断裂力学分析的原理和常见规范标准中提供的工程分析方法进行融会贯通，归纳基本思路，分析技术特点，演绎实践范例，总结技术疑难和热点研究进展。

基于上述部分已有的科研成果与大量工程实践经验的提炼总结，本书共分 12 个章节：第 1 章绪论，系统阐述了本书的技术背景、工程意义与逻辑结构；第 2 章介绍了核级管道缺陷的常见形式，分析了其成因，对常见的缺陷检测技术进行了介绍；第 3 章介绍了核电厂在役期间对管道缺陷常见的处置方式，明晰了核级管道缺陷力学评价工作在缺陷检测维修过程中起到的作用；第 4 章对管道缺陷评价常用技术标准中提供的方法和流程进行了对比分析和总结；第 5 章介绍了管道缺陷分析中对实际缺陷形状的简化分析方法；第 6 章介绍了裂纹在萌生阶段和扩展阶段的理论模型以及定量计算方法；第 7 章介绍了管道缺陷力学评价过程中主要断裂力学参数及物理意义，并阐述了其工程分析方法；第 8 章介绍了核级管道缺陷的失效模式以及对应失效模式的判定方法。第 9 章介绍了核级管道缺陷分析相关的工程实例；第 10 章介绍了概率断裂力学分析技术；第 11 章介绍了对管道缺陷所造成内部灾害的相关设计预防方法；第 12 章对该领域前沿性研究热点做技术性探讨。

本书由中广核工程有限公司核电安全监控技术与装备国家重点实验室牵头编制，刘震顺、毛庆、吴高峰编写第 1 章；唐亮编写第 2 章；陈亮、刘震顺编写第 3 章；甄洪栋、牛文华编写第 4 章；张雷、覃曼青编写第 5 章；刘浪编写第 6 章；刘雪林编写第 7 章；刘雪林、曹雷生、吴应喜编写第 8 章；刘震顺、张雷、刘雪林编写第 9 章；甄洪栋、江斌、刘震顺编写第 10 章；甄洪栋、毛庆、牛文华、曹雷生编写第 11 章；凌君、刘震顺、李兴华、栾振华编写第 12 章。全书由刘震顺策划和统稿，毛庆、吴高峰、甄洪栋、刘震顺校核。本书在编写过程中得到了清华大学郑向远教授的技术指导。中广核工程有限公司核电安全监控技术与装备国家重点实验室燕芯弘，核岛系统所宋喜雷、马玉杰，工程设计研发所祁海珠、蔡静，设计商务室刘伟以及中国原子能出版社的编辑老师们也在本书的立项和执行过程中给予过支持和帮助，在此一并感谢。

本书的编写工作历时两年，期间困难重重，窘迫之际一直咬定目标没有放弃。编著者们在繁忙的生产实践之余，牺牲了休息和陪伴家人的时间，工作加班之后回家继续挑灯夜战，不断总结反思，不忘初心、几易其稿。感谢这个优秀的团队，也感谢各级领导同事的支持和鼓励。

限于编者学识水平，本书中难免有欠缺、疏漏之处，恳请广大读者批评指正。

作者

2021 年 9 月 6 日

目　录

第1章　绪论

1.1　核级管道及其结构完整性

如果把整座核电厂比作一个人体，不同的系统比作人体的各个器官，那么，核电厂中的管道则是人体中遍布的血管。而作为核电厂中执行重要核心功能的核安全级管道（以下简称核级管道）相当于人体中的大动脉，对核电厂的正常运行和核安全具有重要影响。

核级管道在服役期间往往承受着苛刻的内外部稳态载荷和瞬态载荷，包括较高的压力和温度、各种复杂的热工水力载荷、冲击载荷与随机振动载荷等，管道自身的材料性能也会在服役环境中经受辐照老化、热老化、应变老化、应力腐蚀等不利影响，逐渐发生退化。核级管道压力边界完整性是核电厂设计和运行环节重点关注的内容。核级管道根据其重要性的分级，在材料成型、加工制造、焊接、检测、设计、力学分析、在役检查、运行、水化学等环节设置了相对应的技术要求和验收标准[1,6]，这些来自于管道不同生命阶段的技术要求，彼此呼应、一脉相承，共同形成了一个与管道重要性和安全性需求分级相匹配的技术和质量保证体系。这个技术体系从核电厂多重防御的角度出发，目的是保证核级管道在不同核电厂工况瞬态下，其力学表现行为符合安全预期，在极端事故工况下产生的灾害后果是可控的。

1.2　核级管道缺陷及其灾害后果

从机理上来说，核级管道结构内缺陷的产生是不可避免的。管材先天就不可能是完美无缺的，从损伤力学的角度来看，管材本身就可能存在固有损伤，这是无法避免的。在管道制造焊接安装阶段，人因失误、技术工艺局限、设备故障、环境影响等因素也均可直接造成微观缺陷、或者使管材的原始损伤发展为缺陷。在管道服役阶段，复杂苛刻的载荷结合管道材料性能退化的共同作用也会催生管道材料微观上的晶格错位以及局部微小区域的屈服损伤，并逐渐演变成裂纹，此外，管道介质的腐蚀、侵蚀也可能会直接造成管道的内部缺陷。

核级管道主要的失效模式：过度变形及其引发的塑性失稳、渐进性开裂（疲劳）、弹性失稳、弹塑性失稳、快速断裂等，在微观的破坏机理上都与管道结构的缺陷有着直接关系。从本质上来说，大部分管道压力边界的破坏现象都可以归结于管道缺陷导致。进一步说，管道缺陷产生以后，不但可能扩展至穿壁裂纹造成压力边界失效，介质泄漏，在此期间，由于缺陷的存在降低了管道结构的强度和韧性，也可能造成管道的弹性或者弹塑性失稳破坏，直接导致管道破裂。

核级管道破裂有可能对整个核电厂造成严重后果，核级管道内高温高压的介质通过管道破口以近似临界流速泄漏产生一个立体的喷射锥，对影响范围内管道设备和厂房结构产生冲击作用力，并造成厂房隔间内温度压力升高。介质泄漏也可能产生放射性。管道破口造成内部介质的压力波动，造成对管道自身以及连接设备、支撑的冲击和振动。管道由于瞬间对外喷射介质的反作用力造成自身的甩击，也可能对周围的设备管道产生破坏。更重要的是，主回路管道破裂可能造成主回路压力边界的丧失和重要系统功能的丧失，改变核电厂的安全运行状态。

在核电厂的设计过程中，根据纵深防御的理念，会根据不同部位发生管道破裂后果的严重性和发生概率的大小，对核级管道缺陷可能导致的破裂灾害进行预先假设，量化确定其设计载荷的大小。在管道、设备、支撑结构、厂房的设计过程中考虑其不利影响，设计系统运行功能方面的缓解策略，采用实体隔离或者设置防甩限制件、防喷射挡板等硬件防护设施，并根据保守的载荷假定加固设备和管道的设计。这种灾害的预设防护耗费巨大，显著提高了电厂的建造运行成本，并提高了设计难度。

1.3 核电厂对核级管道缺陷的控制及缺陷评价

在实际工程中，对应不同的阶段，对核级管道缺陷的控制要求也有所区别。在管道加入核电厂服役之前，基于核电厂设计规范如 RCC-M[1]，对于不同重要度分级和不同部位的管道焊缝需要满足相关安装和无损检测对缺陷安全尺寸的要求（例如对于华龙一号堆型或者 CPR1000 堆型压水堆核电厂中的核一级管道，在安装制造阶段产生的微缺陷需要满足 RCC-M 规范中 B4000 和 S 篇的验收标准），对于在核电厂服役期间产生的缺陷，则需要满足上文提到的 RCC-M 规范中的验收准则，或者 RSE-M[2] 规范中给出的其他验收准则。总体上来说，在管道制造安装阶段对微小缺陷的尺寸控制得非常严格，对在现有技术工艺水平条件下可以避免和消除的微小缺陷不予接受。对不同电厂工况下的管道应力，设置了不同的准则级别，按照载荷发生的概率分级，对应不同的要求进行应力和疲劳评定。并在管道结构中假设一个保守的裂纹尺寸（一般取裂纹深度为壁厚的一半，且深长比为 1/6），考虑管道材料的热老化、辐照老化、应变老化等退化机制和低温下材料的韧脆转变效应，分析其对管道结构完整性的影响是可接受的。

大尺寸的缺陷在核级管道的服役前检查和服役期间的定期检查可以被检测出来。检查的手段包括目视检查、射线检查、体积检查和超声检查等[3-6]。核级管道缺陷的处置策略往往根据管道的重要性分级和缺陷的表征形状而有所不同。通常有更换配件、挖补修复、堆焊修复等措施。特别是，如果根据相应的在役检查规范中的要求，经计算评估管道在一定的周期内带缺陷服役不会破坏结构的完整性，经过核安全监管当局审查同意之后，不必立即停堆维修，有效避免造成较大的经济损失和维修人员辐照伤害。总体来说，在役核电厂对于管道缺陷的尺寸控制标准更加符合电厂运行实际，倾向于分析缺陷的性质、产生的原因、危害的后果，并结合合理的运行检测观察方案，在充分保障核安全的前提下，根据电厂运行的实际情况选择最有利的处置方案。相应缺陷的规范验收标准相比制造安装阶段的验收标准有所放宽，缺陷评价使用的是电厂的实际输入，而非设计阶段保守的假定输入。

以上提到的管道缺陷评价工作一般是基于确定论的断裂力学分析方法。在确定论的分析方法中，无法考虑分析参数取值的不确定性和随机性，在分析评价的各个环节，包络化取值的处理方式最终导致分析结果非常保守。近年来，国际核工程界研究并发展了基于概率断裂力学的核级管道缺陷评价方法，并逐渐推广应用。

1.4　核级管道破裂预防

核级管道缺陷在结构上造成最严重的危害是导致管道的破裂。在制造安装调试阶段和服役阶段，如 1.3 节所述，目前已有完整的技术体系，避免管道缺陷的出现，或者当管道缺陷出现的时候，防止其发展成为穿壁裂纹或者直接造成核级管道的失稳破坏。这些措施避免了管道缺陷发展成为穿壁裂纹，都可以看成是对管道破裂的有效预防。

从纵深防御的角度考虑，由于核级管道破裂可能造成严重危害，通常被作为假定的设计基准事故。几十年来国外同行的研究成果表明，当满足一定条件时，管道发生破裂的概率可以稳定维持在一个相当低的水平，该假想的事故可以排除。或者，即使假定管道内部缺陷已经发展为穿壁裂纹，在相当长的时间内，穿壁裂纹扩展缓慢，管道结构稳定，也不会快速导致双端剪切断裂。在此期间仍旧可以通过有效的监测报警及时停堆维修排除该管道缺陷，从而完成管道破裂的预防，取消管道破裂事故假设或取消管道破裂带来的动态载荷。

常见的管道破裂预防技术有破前漏技术、破裂排除概念、高完整性结构技术等，这些技术的核心工作是通过缺陷分析，合理预测核级管道穿壁裂纹的断裂力学行为，再结合管道介质泄漏分析、泄漏监测共同实现管道穿壁裂纹出现以后、监测系统报警并完成缺陷处置之前，结构的稳定性论证（为实现预防效果，可以对管道提出额外的高设计制造和服役要求，并排除可造成结构韧性衰减的相关因素）。

可以认为管道破裂预防技术是管道缺陷问题处置和管道缺陷评价工作的技术延伸。

1.5 本书的内容

本书从核电厂多重防御的设计理念出发，以核级管道缺陷力学分析评价内容为中心，针对管道缺陷从萌发、扩展、裂纹穿壁到管道失效整个发展过程，结合管道缺陷的役前防控、役中检查与修复、假定严重事故后果的预防和防护环节，重点介绍了管道缺陷评价的基本要求、基本思路、基本方法、基本原理。将断裂力学分析的原理和常见规范标准中提供的工程分析方法进行融会贯通，归纳基本思路，分析技术特点，演绎实践范例，总结技术疑难和热点研究进展。

希望能够帮助读者掌握核级管道缺陷力学评价的基本方法、基本原理，了解不同规范方法的异同，相关技术疑难问题和研究热点、研究进展，对管道缺陷力学评价知识形成较为全面和系统的了解，并根据本书的指导开展工程实践和技术研发。

本书的章节组织安排如下：

第 1 章为绪论部分，简要总结介绍了核级管道缺陷问题的来龙去脉，并以此为背景介绍了管道缺陷评价的总体要求和所起的作用。系统阐述了本书的技术背景、工程意义与逻辑结构。

第 2 章主要描述了核级管道缺陷的常见形式。分析了其成因，对核电厂管道缺陷的常见检测技术进行了介绍。使读者对核级管道缺陷有初步的了解。

第 3 章从缺陷导致核级管道失效的工程案例出发，介绍了核电厂在役期间对管道缺陷常见的处置方式，明晰了核级管道缺陷力学评价工作在缺陷检测维修过程中起到的作用。

第 4 章对管道缺陷评价常用技术标准中提供的方法和流程进行了对比分析和总结。同时还介绍了管道缺陷评价中一些特定因素的考虑方法。

第 5 章介绍了管道缺陷分析中对实际缺陷形状的简化分析方法，并特别阐述了数值分析过程中的裂纹缺陷几何建模方法。此外，本章节还给出了缺陷几何建模的工程范例。

第 6 章结合常用技术规范介绍了裂纹在萌生阶段和扩展阶段的理论模型，同时给出了工程设计中分析裂纹萌生以及扩展的定量计算方法。

第 7 章介绍了管道缺陷力学评价过程中主要断裂力学参数及物理意义，并阐述了其工程分析方法，总结不同规范计算方法的基本思路与特点，最后给出了分析算例。

第 8 章介绍了核级管道缺陷的失效模式以及对应失效模式的判定方法，并对工程设计中常用的方法开展总结分析。

第 9 章根据 ASME 规范、RSE-M 规范和 R6 规范，给出核级管道缺陷分析相关的工程实例，以帮助读者建立较为直观的认识。

第 10 章系统性地介绍了国外同行最新发展的概率断裂力学分析技术。

第 11 章作为核级管道缺陷分析评价工作的延伸，介绍了对管道缺陷导致管道破裂所造成内部灾害的相关设计预防方法。

第 12 章对核级管道缺陷分析评价工作中的一些问题做技术性探讨。

参考文献

[1] RCC-M. Design and Construction Rules for Mechanical Components of PWR Nuclear Islands [S]. French Association for Design, Construction, and In-service Inspection Rules for Nuclear Island Component, 2018.

[2] RSE-M. In-service Inspection Rules for Mechanical Components of PWR Nuclear Islands [S]. French Association for Design, Construction, and In-service Inspection Rules for Nuclear Steam Supply System Components, 2012.

[3] ASME III, Rules for Construction of Nuclear Facility Components [S]. The American Society of Mechanical Engineers, 2019.

[4] ASME XI, Rules for In-service Inspection of Nuclear Power Plant Components [S]. The American Society of Mechanical Engineers, 2019.

[5] R6. Assessment of the Integrity of Structures Containing Defects [S]. R6 Panel, 2010.

[6] BS 7910, Guide to methods for assessing the acceptability of flaws in metallic structures [S]. BSI, 2015.

第 2 章　管道缺陷的危害、成因、分类及常用检测方法

2.1　引言

核电厂中，管道系统用于将各类容器、换热器、泵和阀门等设备等连接起来，用以包容和传输液体或气体等流体介质，是核电厂运行不可缺少的部件。管道部件的结构完整性，是保证核电厂的安全高效运行的重要前提。

以反应堆冷却剂系统为例，主管道用于连接反应堆压力容器、蒸汽发生器（一次侧）和主泵等设备，直接包容一回路放射性介质，是核电厂辐射防护的主要屏障之一[1]，如图 2-1 所示。

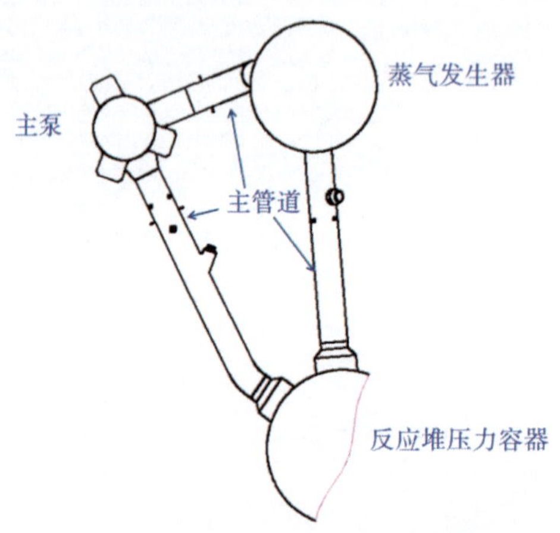

图 2-1　核电厂反应堆冷却剂系统图示

管道缺陷破坏管道部件的完整性，严重时直接影响管道系统功能执行，危害核电厂的安全生产，因此管道部件设计制造阶段应严格按照 RCC-M[2] 等设计规范要求执行，控制管道部件原材料和焊接安装质量。同时，核电厂投入运行后，如国内 PWR 堆型核电厂，在役检查、监督、管理及评估要求应按照 RSE-M[3] 规范中相关要求执行。针对重要的管道，要求对管道焊缝或母材进行定期的体积检验（超声检验或射线检验）以及管道测厚

等，以便对管道状态进行有效的监督，检测结果用于对管道可用性的评估。

核电厂管道的常见失效源包括：原材料缺陷、制造安装缺陷、在役期间管道减薄、役致缺陷等。综上所述，核级管道的设计、制造、安装和在役检查要求构成了一个完整的技术体系，保证管道的结构完整性不会因为缺陷造成破坏（见图 2-2）。

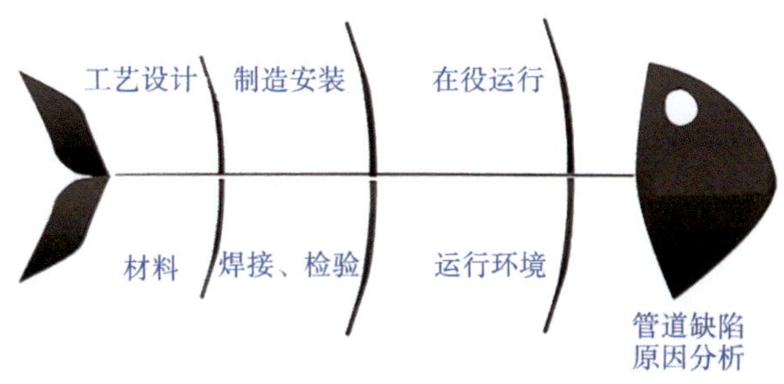

图 2-2　管道缺陷原因分析

但是，管道并不是完美无瑕的，管道缺陷的出现有其技术原因，不同的缺陷也具有不同的性质。本章对核级管道缺陷的危害、缺陷的成因、缺陷分类以及常用检测技术进行简单的介绍。

2.2　管道缺陷危害

对于管道缺陷，除了管道部件原材料缺陷、制造安装缺陷，核电站投入运行后，管道部件不可避免地会受到振动、腐蚀、辐照（包容一回路冷却剂介质管线）以及温度和压力等多方面因素的影响，从而使管道腐蚀、老化、疲劳和辐照脆化等，导致其材料性能下降，进而产生腐蚀减薄、裂纹等役致缺陷，直接影响核电站的安全运行。

管道缺陷的危害主要体现在如下三方面：

（1）由于缺陷的存在，直接减少了焊缝的承载截面积，削弱了管道强度；

（2）缺陷形成缺口，缺口尖端会发生应力集中和脆化现象等，容易产生裂纹并扩展；

（3）缺陷可能穿透管壁，引起泄漏。

针对不同类型的缺陷，其危害性说明如表 2-1 所示。

表 2-1　管道缺陷的危害性

序号	缺陷性质	缺陷类型	危害性
1	裂纹	平面型缺陷	危害性最大。裂纹将显著减少承载截面积，更严重的是裂纹端部形成尖锐缺口，应力高度集中，很容易扩展导致破坏
2	未熔合	平面型缺陷	坡口未熔合和根部未熔合对承载截面积的减小都非常明显，应力集中也比较严重，其危害性仅次于裂纹
3	未焊透	平面型缺陷	是一种比较危险的缺陷，其危害性取决于缺陷的形状、深度和长度

续表

序号	缺陷性质	缺陷类型	危害性
4	夹渣	体积型缺陷	夹渣会减少焊缝受力界面。夹渣的棱角容易引起应力集中，成为交变载荷下的疲劳源
5	气孔	体积型缺陷	对焊缝强度的影响主要是减少了受力截面，破坏焊缝的致密性

2.3 管道缺陷的成因和常见形式

针对管道缺陷，可分为管道原材料缺陷、管道安装焊接产生的缺陷以及役致缺陷。

2.2.1 管道原材料缺陷

管道部件种类较多，根据不同的加工方法，可区分为无缝钢管以及焊接管；按照材料类别，可分为金属管件和非金属管件。管道原材料的常见缺陷与加工制造方法有关。

无缝钢管一般采用穿孔法或挤压法成形，对于厚壁、大尺寸的钢管，也可锻造或轧制加工成形，常见缺陷形式[4]如下：

（1）对于挤压成型的无缝钢管，常见缺陷有裂纹、折叠、分层、夹杂；

（2）对于锻制或轧制的钢管，常见缺陷为裂纹、白点等。

焊接管一般为将经过检验合格的板材卷成管形，再用焊接方法焊接而成，一般适用于大口径的管件加工，因此焊接管中常见缺陷为焊接缺陷，通常为裂纹、气孔、夹渣、未焊透等。

2.2.2 管道焊接缺陷

焊接是核电厂管道安装的主要形式。焊接的过程实际上是一个冶炼和再铸造的过程，其本质为利用电能或其他形式的能量产生高温使金属熔化，形成熔池，熔融金属在熔池中经过冶金反应后冷却，将管道部件牢固地结合在一起。常见的焊接方法包括焊条电弧焊（SMAW）、埋弧焊（SAW）、气体保护焊（GMAW）、钨极氩弧焊（TIG）等。

为保证核电厂管道焊缝的安装质量，制造厂或核电厂安装单位焊工须按照国家相关监管要求如 HAF603[5]等要求进行焊工取证，同时相关焊接工艺须经过工艺试验和工艺评定，并制定详细的焊接程序指导现场焊接施工。但是，由于现场焊接过程中可能存在的待焊表面清理不彻底、焊材受潮、焊接过程中焊机故障、气体保护不足、焊接冷却速度过快、焊工操作失误等人（人员）、机（设备）、料（原材料）、法（程序）、环（环境）等因素影响，都将直接影响焊缝质量，引起焊接缺陷。常见的管道焊接缺陷形式和成因如下：

1. 裂纹

1）裂纹形式

裂纹是指材料局部断裂形成的缺陷。裂纹的分类方法很多，按裂纹发生条件和时机可分为热裂纹、冷裂纹、再热裂纹等；按照延伸方向可分为纵向裂纹、横向裂纹、辐射状裂纹等；按发生部位可分为焊缝裂纹、热影响区裂纹、熔合区裂纹、焊趾裂纹等（见图 2-3、图 2-4）。

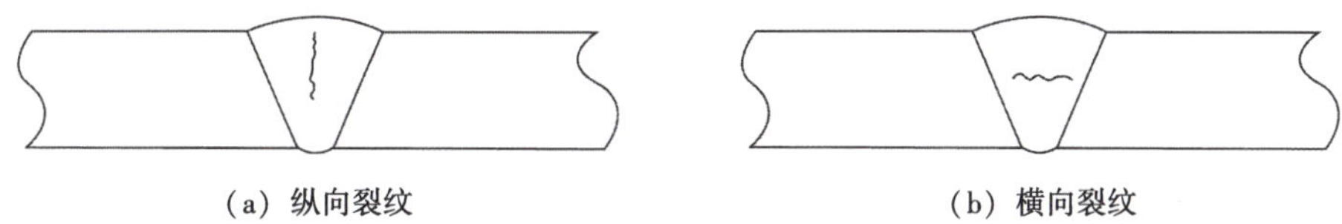

(a) 纵向裂纹　　(b) 横向裂纹

图 2-3　焊缝中典型裂纹缺陷图示

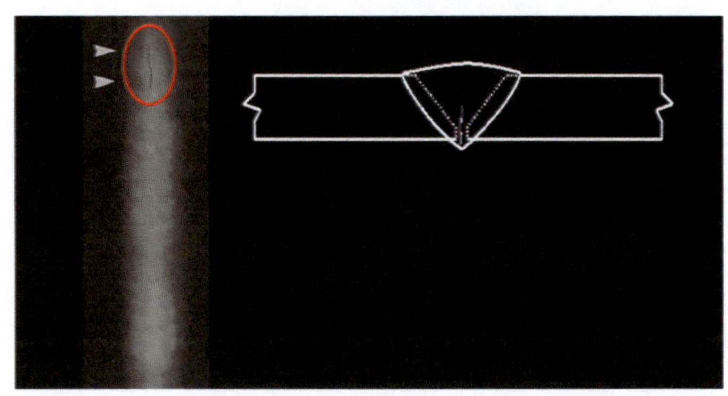

图 2-4　典型纵向裂纹 RT 检验底片图示（红色圆框区域）

2）裂纹成因

热裂纹：焊缝金属凝固过程中，结晶偏析使杂质生成的低熔点共晶物富集于晶界，形成所谓“液态薄膜”，由于焊缝凝固收缩而受到拉应力，最终开裂形成裂纹。热裂纹均为沿晶间开裂，通常发生在杂质较多的碳钢和奥氏体不锈钢等材料焊缝中。

冷裂纹：一般在焊后冷却至马氏体转变温度以下产生，对于低碳钢和低合金钢，大致在 300~200 ℃以下。冷裂纹可能在焊后立即出现，也可能在几个小时，几天或更长时间以后发生，因此也称为延迟裂纹，具有更大的危险性。冷裂纹微观形态有沿晶开裂，也有穿晶开裂，多发生在低合金高强度钢和中、高碳钢的焊接接头中。

再热裂纹：指某些含钼、钒、铬、铌、钛等沉淀强化元素的低合金高强度钢和耐热钢，焊接冷却后又重新加热（通常是消除应力热处理）的过程中，在焊接热影响区的粗晶区产生裂纹。

2. 未熔合

未熔合是指焊缝金属与母材金属或焊缝金属之间未熔化结合在一起的缺陷。

1）常见形式

按照未熔合缺陷所在的部位，可分为坡口未熔合、根部未熔合、层间未熔合三种（见图 2-5、图 2-6）。

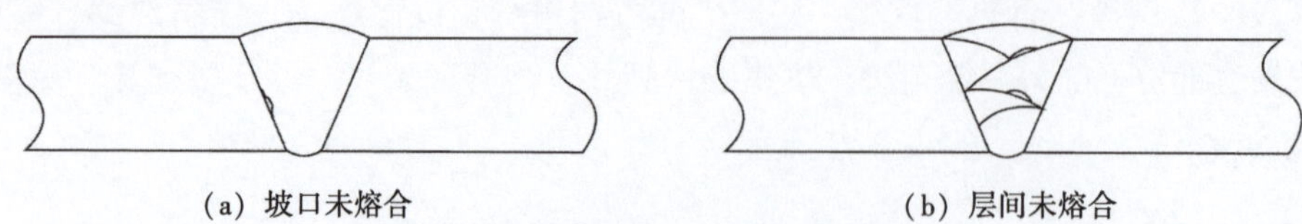

图 2-5　焊缝中典型未熔合缺陷图示

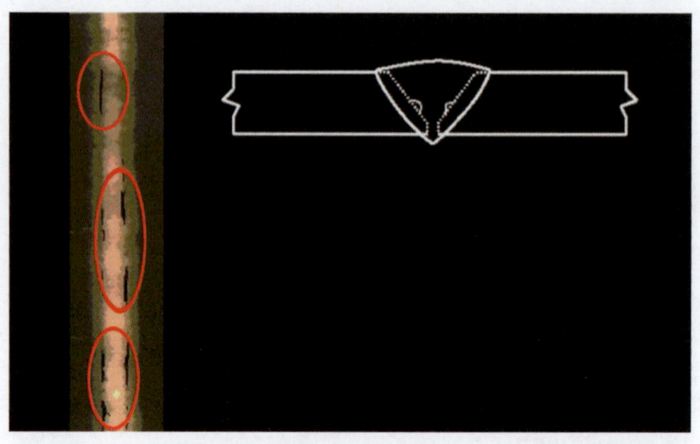

图 2-6　典型坡口未熔合 RT 检验底片图示（红色椭圆框区域）

2）成因

未熔合缺陷产生的原因主要有：焊接电流过小；焊接速度过快；焊条角度不对；产生了弧偏吹现象；焊接处于下坡焊位置，母材未融化时已被铁水覆盖；母材表面有污物或氧化物影响熔敷金属与母材间的熔化结合等。

3. 未焊透

1）常见形式

未焊透是指母材金属之间没有熔化，焊缝金属没有进入接头的根部造成的缺陷。未焊透可分为双面焊未焊透和单面焊未焊透两种（见图 2-7、图 2-8）。

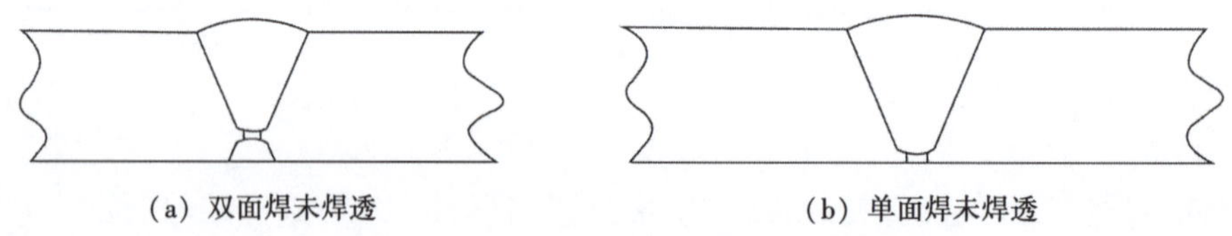

图 2-7　焊缝中典型未熔合缺陷图示

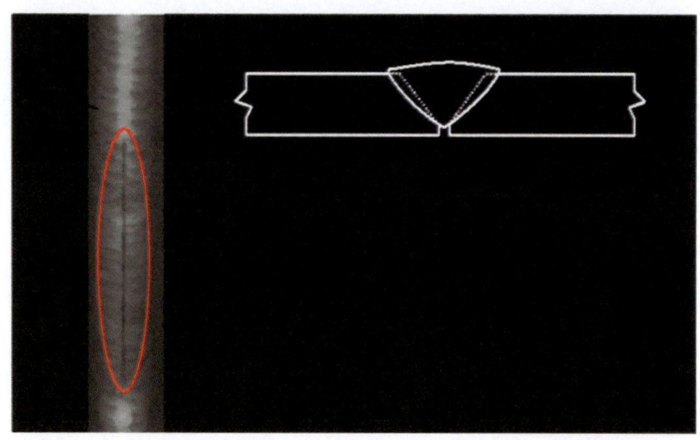

图 2-8　典型根部未焊透 RT 检验底片图示（红色椭圆框区域）

2）成因

产生未焊透的原因主要有：焊接电流过小；焊接速度过快；坡口角度太小；根部钝边太厚；间隙太小；焊条角度不当；电弧太长等。

4. 夹渣

夹渣是指焊缝金属中残留有外来固体物质所形成的缺陷。

1）常见形式

夹渣按形态，可分为点状夹渣、块状夹渣、条状夹渣；按残留固体物质种类，夹渣可分为非金属夹渣和金属夹渣（见图 2-9、图 2-10）。

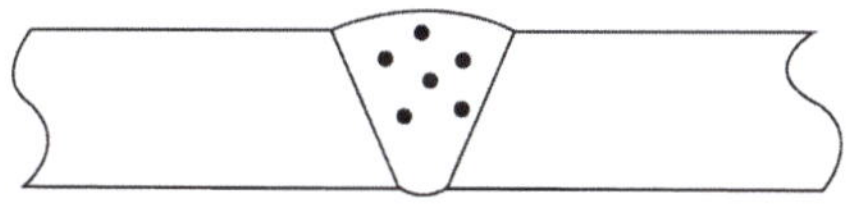

图 2-9　焊缝中典型夹渣缺陷图示

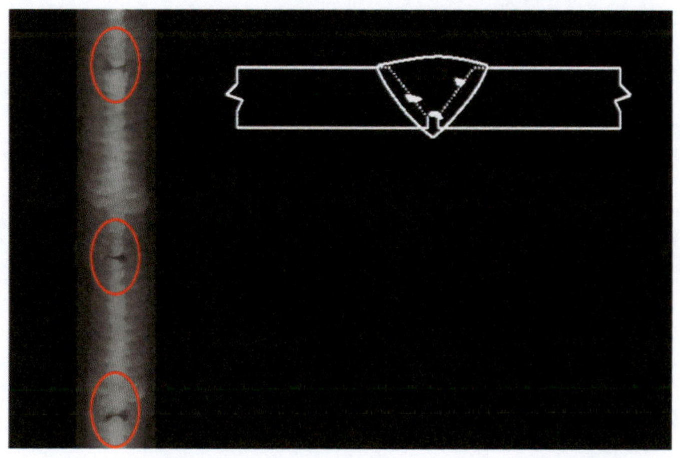

图 2-10　典型夹渣 RT 检验底片图示（红色椭圆框区域）

2）成因

产生非金属夹渣的主要原因是：焊接电流太小，焊接速度太快；熔池金属凝固过快；云跳不正确；铁水与熔渣分离不好；层间清渣不彻底等。产证金属夹渣的主要原因是：焊接电流过大或钨极直径太小，氩气保护不良引起的钨极烧损，钨极熔池或焊丝而剥落。

5. 气孔

气孔是指熔入焊缝金属的气体引起的空洞。

1）常见形式

气孔按形状，可分为球形气孔、条形气孔、针形气孔；按分布状态可分为单个气孔、密集气孔、链状气孔等（见图 2-11）。

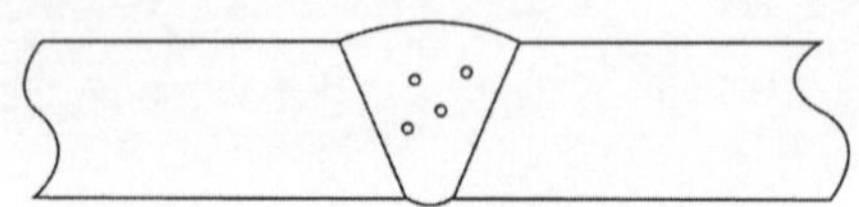

图 2-11　焊缝中典型气孔缺陷图示

2）成因

形成气孔的气体主要是 H_2和 CO，气体来自电弧区周围的空气，母材和焊材表面的杂质。熔化的金属在高温下可以吸收大量气体，冷却时，气体在金属中的溶解度下降，气体便洗出并聚集生成气泡上浮，如果受到焊缝金属结晶的阻碍无法逸出，就会留在金属内生成气孔。

6. 外形缺陷

指焊缝金属表面成形不良或其他原因造成的缺陷，包括咬边、烧穿、根部内凹、收缩沟、弧坑、焊瘤、未焊满、搭接不良等（见图 2-12）。

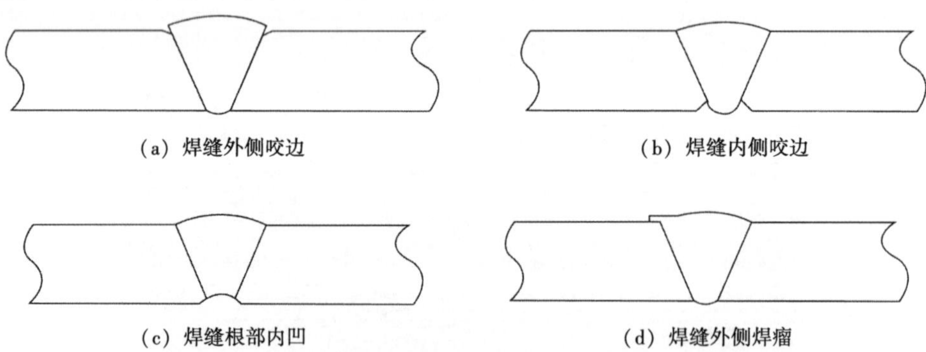

(a) 焊缝外侧咬边　(b) 焊缝内侧咬边

(c) 焊缝根部内凹　(d) 焊缝外侧焊瘤

图 2-12　焊缝中典型外形缺陷图示

2.2.3　管道役致缺陷

管道经过安装焊接及表面检测方法（目视检测或液体渗透检测或磁粉检测）或体积检测方法（射线检测或超声检测）检测合格后投入运行。在役运行期间，由于管道所处系统温度、压力、振动或实际运行载荷偏离了设计载荷等因素，可能导致管道内部产生缺陷，如疲劳裂纹等。同时，电站运行过程中，管道内流体流动将导致管道内表面氧化膜保护层被破坏，造成管道部件有效壁厚减薄，如核电厂系统管道流体加速腐蚀（FAC）问题。

管道部件缺陷均会导致管道部件使用受限，尤其是裂纹等平面性缺陷，将直接大大减少焊缝的有效承载面积，如未采用有效的监督评估措施，极端工况下将导致管道破裂，严重时造成停机停堆，影响电站的安全、高效运行。

2.4　管道缺陷的分类及其性质

核电厂管道缺陷分类以及缺陷定性用于管道质量判定，根据 RCC－M、RSE－M 和 ASME[6]规范，缺陷分类如下：

2.4.1　缺陷型式分类

核电厂管道缺陷分类以及缺陷定性用于管道质量判定，根据规范，缺陷分类如下：

（1）表面缺陷：

① 线性显示。

② 圆形显示（最大尺寸大于最小尺寸 3 倍以上的显示定性为线性显示；其他的所有显示为圆形显示）。

（2）内部缺陷：

① 平面型缺陷。

② 体积型缺陷。

由于同等条件下，平面型缺陷的危害最大，裂纹扩展速率也最快。在开展缺陷分析时，线性缺陷往往根据一定的规则简化为平面缺陷。体积型缺陷如果受制于现场检测条件和检测设备的精度，精确判断其位置和形状，也可按照最大投影尺寸将其保守的假设为垂直于主应力方向的平面型缺陷。

2.4.2　缺陷性质分类

根据管道部件的不同制造阶段，缺陷性质分类如下：

（1）管道部件原材料缺陷：

① 对于挤压成型的无缝钢管，常见缺陷有裂纹、折叠、分层、夹杂；

② 对于锻制或轧制的钢管，常见缺陷为裂纹、白点等。

（2）管道部件焊接缺陷。

① 裂纹；

② 未熔合；

③ 未焊透；

④ 气孔；

⑤ 夹渣等。

除缺陷型式及性质外，RCC-M 等设计规范中针对不同级别管道部件原材料、不同级别管道焊缝质量验收进行了详细规定，管道部件无损检验时，应针对缺陷长度尺寸进行详细测量。

2.5 管道缺陷的常用检测方法

相较于解剖试验、金相检验等破坏性检验方式，无损检测是对核级管道缺陷进行检测的主要方式。无损检验的基本原理是利用相关表面检验方法、体积检验方法进行管道表面和内部缺陷的检验，验证管道原材料和管道焊缝表面状态和内部均匀性可达到对应设计级别管道的全寿期使用要求。本章节参考 RCC-M 规范，对常用的无损检验要求说明如下：

（1）表面检验方法：表面检验方法可分为目视检验（VT）、液体渗透检验（PT）、磁粉检验（MT）。

① 目视检验（VT）：分为直接目视检验和间接目视检验，即直接裸眼或借助放大镜、内窥镜、反射镜等设备进行部件表面质量检验的方法。目视检验仅能用于表面缺陷的检验。

② 液体渗透检验（PT）是指：基于毛细作用原理，液体渗透检验试剂可渗入或渗出部件表面开口缺陷。基于上述原理，实际检测时利用液体渗透检验试剂，包括渗透剂和显像剂，对部件表面开口缺陷进行检测和显像。液体渗透检验仅能用于表面开口缺陷的检验。

③ 磁粉检验（MT）是指：基于铁磁性部件中的不连续对磁场线畸变影响的原理，利用施加在部件表面的磁粉对缺陷进行显像的方法。磁粉检验仅适用于铁磁性材料。磁粉检验可用于表面开口缺陷以及近表面缺陷的检验。

（2）内部检验方法：内部检查方法又称“体积检查”主要的方式有超声检验（UT）和射线检验（RT）。

① 超声检验（UT）是指：基于超声波在部件中的传播特性，通过超声波与部件的相互作用，包括反射、投射和散射等，对部件厚度、部件中缺陷进行检测的方法。

② 射线检验（RT）是指：采用 X 射线或 Y 射线穿透待检部件，以胶片做为记录载体，对部件中缺陷进行检验和记录的方法。

对于核电厂管道部件，为保障管道系统边界的完整性，保证核电厂安全运行，需根据 RCC-M 和 RSE-M 规范制订管道部件从原材料、到制造安装阶段、再到在役阶段的无损检验要求，举例说明如表 2-2 所示。

表 2-2　RCC-M 1 级碳钢或低合金钢管道对接焊缝无损检验要求

<table>
<tr><th colspan="3">检测项目
阶段</th><th>VT</th><th>PT 或 MT</th><th>UT</th><th>RT</th></tr>
<tr><td colspan="3">原材料阶段（一般要求）</td><td>√</td><td>√</td><td>√</td><td>---</td></tr>
<tr><td rowspan="4">制造阶段</td><td rowspan="2">组装</td><td>组装前：
待焊表面</td><td>√</td><td>1）锻件或轧制件：
厚度 e≥30 mm
2）铸件：所有厚度</td><td>---</td><td>---</td></tr>
<tr><td>组装后：
待焊组件</td><td>√</td><td>---</td><td>---</td><td>---</td></tr>
<tr><td rowspan="2">焊接</td><td>焊接过程中</td><td>清根部位</td><td>封底焊道</td><td>---</td><td>---</td></tr>
<tr><td>焊后</td><td>√</td><td>√</td><td>厚度
e≥20 mm 时</td><td>√</td></tr>
<tr><td rowspan="2">在役阶段</td><td colspan="2">对接环焊缝
—以主管道为例</td><td>√[1]</td><td>---</td><td>√</td><td>---</td></tr>
<tr><td colspan="2">弯头和 U 形弯管外弧面
—以主蒸汽管道系统管线为例</td><td>---</td><td>---</td><td>√[2]</td><td>---</td></tr>
<tr><td colspan="7">注：
① 对于主管道对接环焊缝，在役阶段要求水压试验期间额定工作压力下进行目视检验；
② 超声测厚检验（TM）；
③ √：要求进行检验；
④ ---：不要求进行检验</td></tr>
</table>

无损检验是保证管道部件完整性的关键手段。正常情况下，管道部件按照 RCC-M 规范要求进行原材料检验、制造安装焊缝检验，原材料和焊缝中不会存在影响管道正常使用的不连续缺陷。进一步的，为保证在役运行阶段管道部件的完整性，避免役致缺陷扩展至不可接受的程度，进而导致管道破裂等，有可能危害核电厂的安全运行，在役运行阶段，核电厂将按照 RSE-M 规范的要求，对管道部件进行定期检查。同时，利用管道连续两次在役期间无损检测结果之间的差异，判断缺陷是否存在扩展等，并制定适当的措施进行缺陷失效预防措施，避免换料周内缺陷扩展至不可接受的尺寸。结合核电厂在役运行维修经验，维修措施包括切割更换、堆焊修复等。

2.6　小结

管道是核电厂内包容和传输高温高压介质的关键部件，其制造质量和投运后的运行状态直接影响电站的安全性，甚至对核电厂的寿期带来直接影响。因此，现有的规范在管道原材料阶段、管道制造安装阶段对管道及其焊缝提出了质量严格的技术要求。在役运行阶段，应按照 RSE-M 等在役检查规范执行管道部件的定期检查检测，对管道缺陷进行表征和分类以便开展缺陷分析和维修。

核级管道缺陷可按几何形状及其物理成因进行分类，其中平面型缺陷相比体积型缺陷、役致缺陷相比制造焊接缺陷危害更大。此外本章还分析了各种类型缺陷的形成机理及其危害。

参考文献

[1] 苏林森,等. 900MW 压水堆核电站系统与设备[M]. 北京:原子能出版社,2007.

[2] French Association for Design, Construction, and In-service Inspection Rules for Nuclear Steam Supply System Components, Design and Construction Rules for Mechanical Components of PWR Nuclear Islands[S]. 2018.

[3] French Association for Design, Construction, and In-service Inspection Rules for Nuclear Steam Supply System Components, In-service Inspection Rules for Mechanical Components of PWR Nuclear Islands[S]. 2016.

[4] 郑晖,林树青. NDT 全国特种设备无损检测人员资格考核统编教材射线检测[M]2 版.北京:中国劳动社会保障出版社,2014.

[5] 国家核安全局, HAF603. 民用核安全设备焊接人员资格管理规定[S]. 2019.

[6] The American Society of Mechanical Engineers, ASME Boiler& Pressure Vessel Code [S]. 2013.

第3章　核级管道缺陷常见处置方法及缺陷力学评价的作用

3.1　引言

核级管道是厂区液体、气体介质传输的关键，是核电厂安全高效运行的基础。核电厂管道的常见失效形式包括：制造安装缺陷、管道服役减薄以及役致缺陷等，危害较大，需要经论证评估以后，采取有效的处置措施。本章介绍核级管道常见缺陷的修复方法，并阐述了核级管道缺陷力学评价在核级管道缺陷修复过程中所起到的作用。

3.2　核级管道失效案例[1,2]

根据核级管道安装、运维工程经验，核电厂管道系统中大量采用补强过渡支管座焊缝。小尺寸支管接头（后文简称 BOSS 头）焊缝是一种安放式支管焊缝，广泛应用于电力、化工等行业中。该类型焊缝在核电厂管道中也大范围使用。针对核电小尺寸支管接头，制造过程中，一般采用氩弧焊打底，然后用手工电弧焊填充和盖面（当管件厚度较薄时，也常用氩弧焊进行填充盖面）。

从国内某些核电机组经验反馈，运行过程中发现部分 BOSS 头焊缝存在不同程度的夹渣、未熔合、气孔等缺陷。焊接缺陷产生的根本原因为该类型焊缝在车间预制过程中焊接过程实施不当、焊接过程中道间清理不干净等原因导致（见图 3-1）。

针对制造过程缺陷，在核电厂管道高压、腐蚀等恶劣服役工况下，随着焊缝服役时间增长，缺陷扩展至管道外壁面形成贯穿缺陷，最终导致泄漏。

管道管座焊缝在国外核电厂曾发生多起失效案例，如表 3-1 所示。

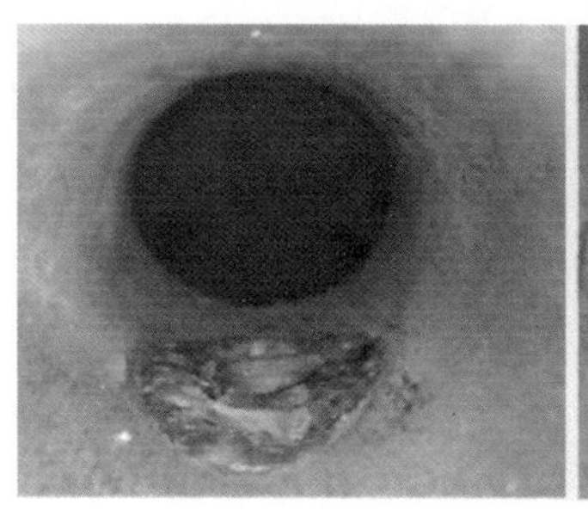
(a) 未焊透

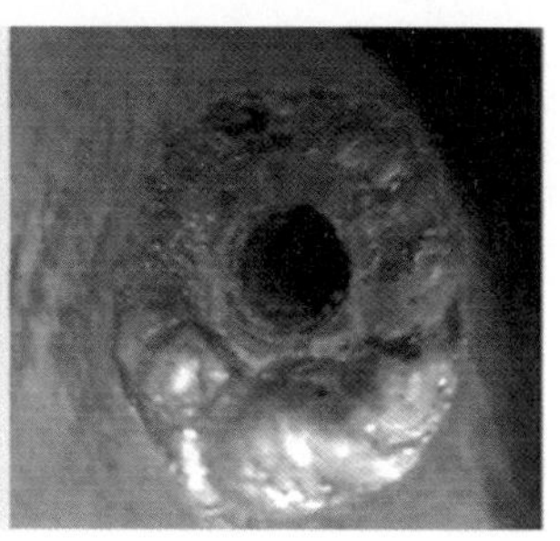
(b) 焊瘤

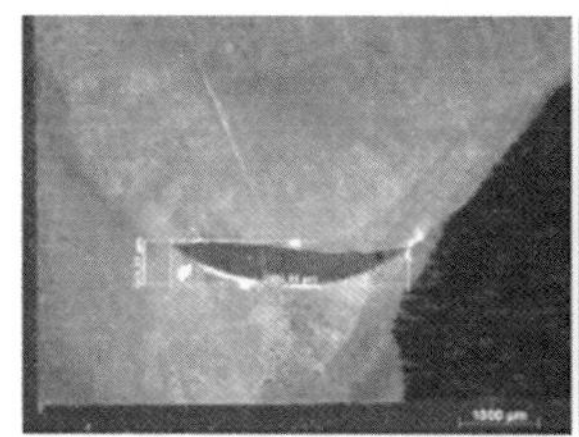
(c) 层间夹渣

(d) 气孔

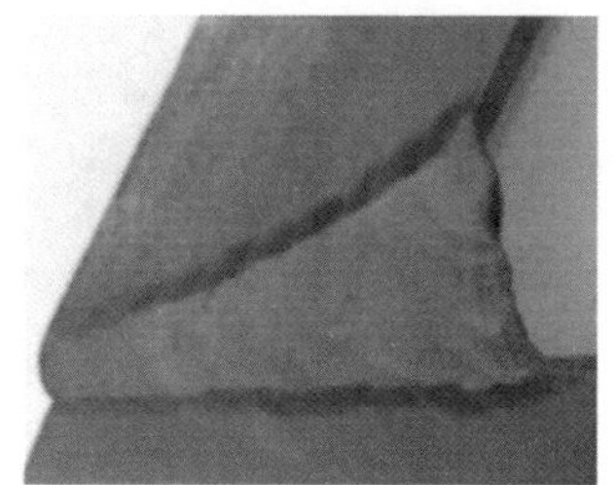
(e) 坡口未熔合

图 3-1　结构 BOSS 头焊缝典型缺陷

表 3-1　国外核电厂支管座焊缝失效案例[1]

序号	电站	系统	事件	时间
1	西班牙 Ascol 号机	RIS	中压安注罐 A 的下游管线的排气管线的“阀套”上发现裂纹，位置在“阀套”和“半管接头（支管座接头）”的焊缝附近	1993
2	法国 SAINT ALBAN 电站 1 号机组	STR	法国 SAINT ALBAN 电站 1 号机组 STR 蒸汽转换器两次发生泄漏，检查发现源于焊缝开裂，裂纹垂直于焊缝，从内壁热影响区萌生	1997 1988
3	俄罗斯联 Balakovo 核电厂	RCP	4SG-1 先导式安全阀 4TX50S03 控制回路脉冲管破裂导致 4SG-1 先导式主安全阀自然打开且无法关闭	2010

续表

序号	电站	系统	事件	时间
4	法国 TRICASTIN 核电厂	RCP	稳压器 SEBIM 安全阀支管座存在泄漏	1997
注释：RIS：Safety Injection System，安全注入系统； STR：Steam Transformer System，蒸汽转换器系统； RCP：Reactor Coolant System，反应堆冷却剂系统				

3.3 核级管道缺陷处置常见方式[3-6]

参考工程经验，对核级管道缺陷制定的处理方案主要有挖补返修、管件更换、评估与监控、堆焊维修四种。

3.3.1 缺陷挖补方案

挖补返修方案是对缺陷进行逐步打磨，通过无损检验结果进行分析，确定缺陷完全去除后，在相应的部位实施补焊。此方法需要去除部分原始焊缝金属，为保证管道结构的完整性和强度，剩余壁厚需满足相应的规范要求。打磨的方向是自焊缝外部开始向内部打磨，这种方式在维修焊缝外部缺陷和埋深较浅的内部缺陷较为有效，受限于该修复方案的技术特征，对管道内表面缺陷无法有效修复。

按照 RCC-M 规范要求，当奥氏体不锈钢零件表面厚度小于 5 mm，焊接过程中需在背面进行惰性气体保护。因此，挖补返修时剩余壁厚不应过小，否则存在泄露、熔穿、背面保护不当等风险。

鉴于上述分析，缺陷挖补返修方案一般分打磨至 5 mm 和 2 mm 两种情况。技术处理流程如图 3-2 所示。

补焊主要采用氩弧焊工艺，焊接过程中开展逐层目视检验。针对首层焊缝及后续每三层焊缝开展液体渗透检验，焊接完成后进行液体渗透检验和射线检验。结合上述技术分析及工艺特点，该方案优缺点如下：

优点：

（1）返修工期较短；

（2）返修成本较低；

（3）焊接时间较短，人员防护效果好，焊工受辐照剂量小。

缺点：

（1）存在无法彻底清除缺陷风险，且焊缝打磨过程中，过渡打磨导致磨穿缺陷，存在异物风险；

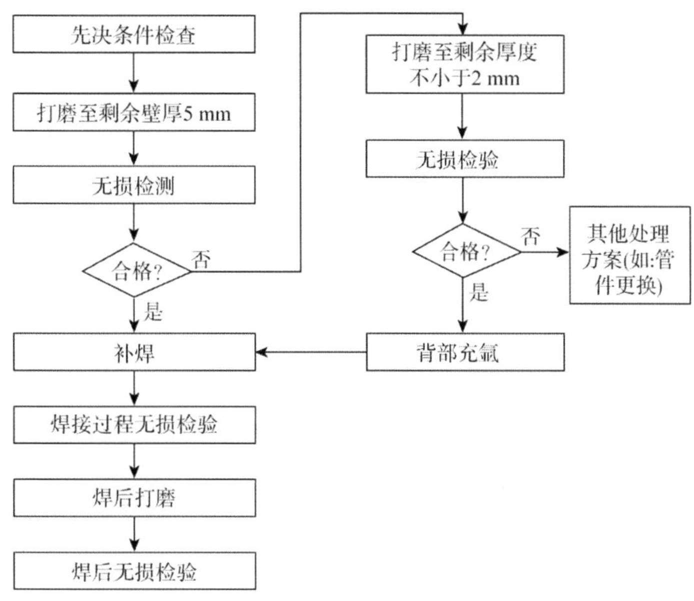

图 3-2　缺陷挖补修复流程

(2) 无法评估补焊金属对原焊缝的影响，特别是打磨至 2 mm 左右的焊缝，保守考虑，需评估补焊金属能否单独承担结构补强的功能，在工程实践中将原有焊缝金属的剩余厚度作为环向平面裂纹保守考虑，力学评价补焊结构的安全性。

3.3.2　管道、管座更换方案

对于核电厂管道母材出现严重缺陷的情况和重要系统管道焊缝出现严重缺陷的情况，必须马上进行更换相应管段并重新焊接，以保障核安全。管道更换方案需要隔离相关管线，为管内流体排空创造技术条件，因此，该方案实施过程中，返修人员的辐照接触剂量相对较高。此外，从返修管道备用件方面考虑，管道更换需要预先准备管道备件。备件准备时间较长，且成本高昂。另一方面，管道更换后，需要针对管道的水压试验有效性开展技术评估。因此，该方案在现场存在大修工期窗口限制条件下，存在技术劣势，方案实施后可能造成电厂重启延误，影响电厂经济效益。管道更换方案的优点是，通过管道更换工艺实施，可以彻底清除缺陷，另一方面，管道更换过程中对接焊缝实施技术难度小，且焊缝一般可以实施有效的体积检测，保障焊缝质量。

3.3.3　评估与监控方案

评估与监控方案是通过无损检验确定 BOSS 头焊缝缺陷的类型、位置及尺寸等信息，开展缺陷稳定性分析、静力强度分析及裂纹扩展分析等，评估带缺陷情况下是否满足剩余寿期内或若干个换料周期内安全服役的要求，同时根据评估情况制定相应的监控措施（如：在役监督），保障管线运行安全。此方案需要获得较为准确的缺陷信息，包括缺陷的性质、形状、尺寸、方向、所处的位置及相应的不确定度，否则只能开展定性评估，且当工况条件发生变化时需要重新进行评估。除此之外，根据 RSE-M 规范等核电厂核级管道在役检查规范的要求，还要假定缺陷位置完全失效，对可能产生的后果进行评估，如果评估结果表明即使缺陷所处的部位完全破坏，对电厂核安全的影响仍然是可接受的，评估与监控的方案才可能被核电运营方和核安全监管方所批准。

评估与监控方案的优点可以通过严谨的分析和论证对于不重要位置、危害性不严重的常见缺陷给出可靠的安全服役寿命，充分发挥管道结构原有的设计韧性，避免过于保守的处理维修方案造成较大的浪费和经济损失。此外，也可根据管道缺陷力学评价的结果，识别敏感载荷和影响因素，采取措施进行规避和监控，优化运行策略，开展根本原因分析，有效避免缺陷重发，增强电厂运行的安全性。

3.3.4 堆焊修复方案[1,3,7-15]

3.3.4.1 堆焊修复技术介绍

针对上述焊缝的排查返修，如采用传统返修方式（更换或挖补回焊）处理，可能需临时停运和部分隔离该系统，处理期间将导致该系统的特定功能不可用。即使隔离该系统，留给支管座焊缝更换或焊缝挖补的时间也有限，在短时间内无法完成相关支管座焊缝的维修工作。因此需另行开发无须停运和部分隔离该特定系统的支管座焊缝返修工艺。由于其现场位置的复杂性及结构特点，Overlay 堆焊修复为首选方式。该技术已获得国际核电界的认可，美国电力研究院的技术文件提到 Overlay 技术是一种针对腐蚀的有效缓解和修复方法，并指出 Overlay 技术既可以提供抗应力腐蚀的屏障，也可以在管道内表面形成压应力防止应力腐蚀的进一步扩展（见图 3-3、图 3-4、图 3-5）。

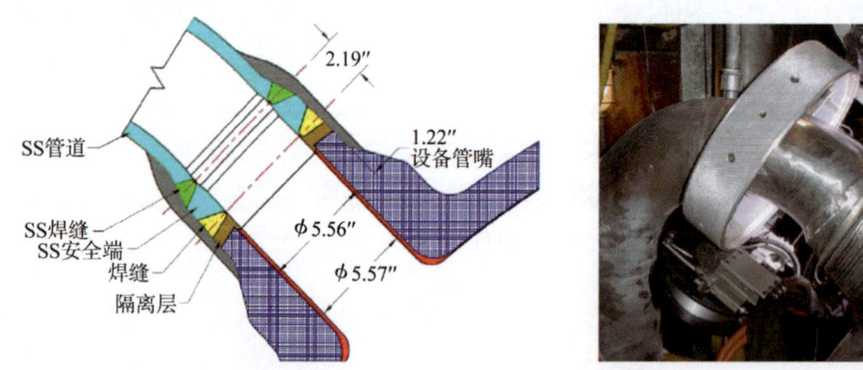

图 3-3 D C Cook 电站 1 号机组稳压器安全阀管座 Overlay

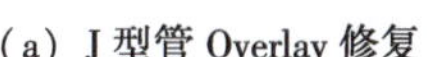
（a）J 型管 Overlay 修复

（b）管道无损检测

图 3-4　核用 J 型弯管焊接修复及检验

图 3-5　RPV 冷管段接管 Overlay

Overlay 堆焊技术的关键是通过再焊缝缺陷部位熔敷一定尺寸的耐蚀金属，实现缺陷修复以及结构补强，结合工程经验反馈，该技术一方面，通过耐蚀金属熔敷，相当于在贯穿性缺陷表面提供新的承压便捷。另一方面，该技术通过合理控制焊接工艺，可以有效改变焊缝残余应力分布，将焊缝金属中易发生应力腐蚀开裂的残余应力由拉应力变为压应力，从而阻止焊缝金属应力腐蚀开裂和裂纹生长。该技术具有以下优点：

（1）经表面技术处理后，在待修复区域表面直接熔敷耐蚀金属，无需去除原焊缝缺陷金属，节省了修复时间；

（2）金属熔敷工艺借助先进制造技术实现远程自动操作，可有效降低人员辐照风险。

Overlay 堆焊修复主要适用于：

（1）管道焊缝或母材金属存在超标缺陷或发生贯穿性泄漏情况；

（2）管道焊缝结构强化或延寿；

（3）特定工况下，无法实施管道更换或挖补修复的情况。

Overlay 堆焊修复技术，目前已在欧美核电发达国家以及我国部分核电机组中实现了大范围应用。近十年，在稳压器接管焊缝修复领域，通过 Overlay 堆焊技术实现修复，经多次在役跟踪检测，修复焊缝未发现原始焊缝内裂纹的扩展现象。

3.3.4.2　Overlay 堆焊修复适用规范情况

核电设备 Overlay 堆焊修复，包括 Overlay 堆焊结构设计、堆焊材料优选、焊接工艺参数过程控制及工艺评定，需遵循 RCC-M 以及 ASME 等适用规范的要求。ASME 规范在 Code Case N-504-4《核 1、2、3 级奥氏体不锈钢管道的堆焊修复》、Code Case N-740-2《核 1、2、3 级设备异种金属结构 Overlay 堆焊修复》、Code Case N-561-2《核 2、3 级高能碳钢材料管道的壁厚修复》及 Code Case N-562-2《核 3 级中能碳钢管道的壁厚修复》规定了核 1、2、3 级奥氏体不锈钢管道，核 1、2、3 级设备异种金属结构，核 2、3 级高能碳钢材料管道的壁厚修复及核 3 级中能碳钢管道的壁厚修复。Code Case N-666-1《核 1、2、3 级插套焊缝的 Overlay 堆焊》中规定了发生开裂或泄漏的 1、2、3 级管子插套焊缝可通过堆焊 Overlay 来恢复其结构完整性。

3.3.4.3　Overlay 堆焊修复通用要求

Overlay 堆焊结构设计主要包括焊道尺寸（堆焊层厚度、长度、坡度等）、焊道布置、焊接顺序等，主要依据 ASME 规范第Ⅲ卷、第Ⅺ卷和 ASME Code Case 等相关要求。Overlay 堆焊工艺设计主要包括焊接电流、焊接电压、焊接热输入、道间温度、送丝速度、焊接速度等，重点关注焊缝成形质量和应力变形等因素。

目前压水堆核电厂主要采用 52M 镍基合金焊接材料完成用堆焊修复，该材料因其良好的塑韧性、抗应力腐蚀开裂能力，在控制棒驱动机构密封焊缝、管道焊缝修复中广泛应用。

Overlay 堆焊主要采用自动氩弧焊，熔敷耐蚀材料，尽可能对称施焊。堆焊时需严格控制焊接热输入量和道间温度，热输入应不超过 1.8 kJ/mm。严格控制相邻焊道的搭接量及每道焊缝的起/收弧位置，错开进行，避免修复过程中缺陷多发。

对于 Overlay 堆焊焊道设计，应根据待修复构件的几何尺寸、材料性能、功能工况，按照适应规范要求，对堆焊焊道结构尺寸进行迭代计算，结合焊接工艺实施过程中的热输入以及残余应力变化情况，获得合理的焊接结构与工艺参数组配（见图 3-6、图 3-7）。

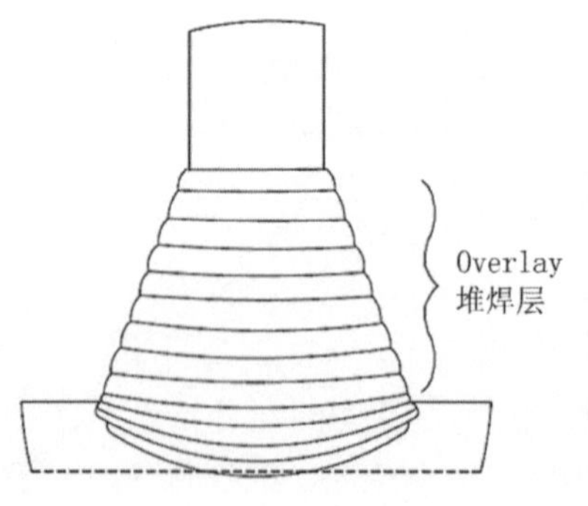

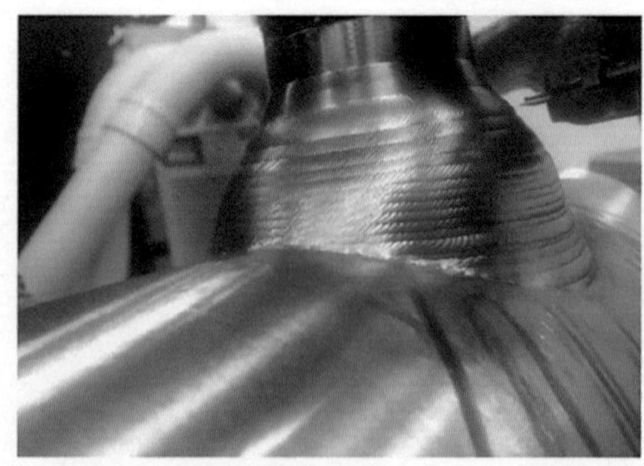

图 3-6　BOSS 头焊缝 Overlay 堆焊示意

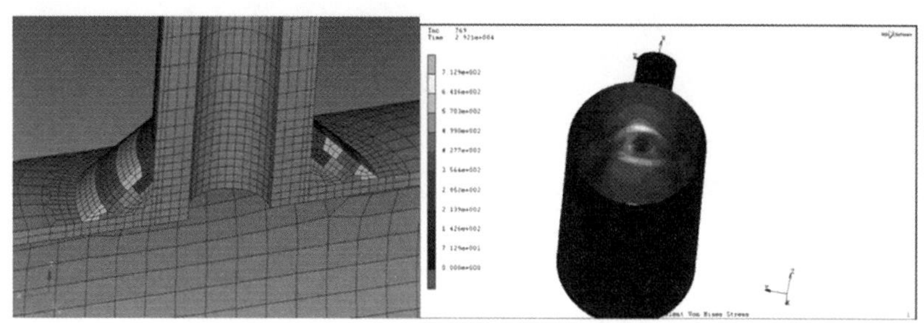

图 3-7　BOSS 头焊缝 Overlay 堆焊有限元分析

3.4　核级管道缺陷评价的作用

以 RSE-M 规范为例[14]，核级管道在役检查期间检查出缺陷，应首先对缺陷进行识别和表征。对于不同类型的缺陷其危害后果也有不同。管道缺陷根据几何形态可分为平面型缺陷和体积型缺陷，根据缺陷的性质可分为裂纹、未融合、气孔、夹渣、成型不良、冲击、撕裂等，根据起因可分为制造缺陷和运行缺陷。

确定缺陷分类对于判断缺陷的危险性是非常重要的，特别是缺陷的几何类型和起因。根据 RSE-M 规范 A5330-3 条款[14]，如果对缺陷的尺寸和位置信息不够精确准确的情况下，应认为缺陷是平面型的，并且使用包络的几何尺寸。对于运行缺陷和平面缺陷，特别是对产生原因尚不明确的平面运行缺陷，一般认为比较危险，应立即开展维修活动。对于其他类型的缺陷，当管道缺陷位于核电厂主要的一次侧和二次侧系统部件上，也应该尽快完成维修活动，缺陷力学分析评价结果只能用于决策参考，而不能作为判断的唯一依据。对于其他的情况，可通过力学评价判断其危害性，将表征后的缺陷作为重要关注项纳入日常运行和检查工作中，同时对该部位假定完全失效后产生的后果进行评价，如果失效后果是可以接受的，在获得监管方许可的情况下，可以选择合适的时间进行维修。

核级管道缺陷力学分析评价，可判断管道缺陷的剩余寿命和稳定性，分析结果可用于不同的缺陷处置策略比选，或者含有潜在微小缺陷的核级管道短时间内服役的安全性评估，也可根据分析结果，识别敏感瞬态载荷，对在此期间的运行策略进行风险指引和优化。特别是对于役致缺陷，核级管道缺陷的力学分析评价结果往往有助于识别导致裂纹生长的敏感因素，并进行复盘论证，有助于开展根本原因分析，对采取有效措施避免役致缺陷的重发具有一定的指导意义。

3.5　小结

本章结合工程实例介绍了核级管道常见缺陷的危害，以及相关的常见修复工艺，最后介绍了核级管道缺陷力学分析在缺陷处置过程中的目的和作用。希望读者对核级管道缺陷问题的处置过程及缺陷力学分析流程有整体的认识与掌握。

参考文献

[1] 李守彬. 304 不锈钢支管座焊缝 OVERLAY 堆焊工艺研究[D]. 哈尔滨:哈尔滨工业大学,2019.

[2] 张发云,赵立彬,严得忠,等. 小尺寸支管接头(BOSS 头)焊接质量影响分析及其工艺改进[J]. 核安全,2018,17(1):34-37.

[3] 熊志亮. 核电厂 BOSS 头焊缝缺陷处理及质量改进[J]. 电焊机,2019,49(04):86-90.

[4] 朱克明,章日俊,牛壮. 核电站核一级 BOSS 头焊缝缺陷的处理[J].电焊机,2019,49(05):1-8.

[5] 范岩成. 核级管道表面平面型缺陷处理方法研究[J]. 大亚湾核电,2013,69(2):33-36.

[6] 梁信镇,程超,陈丽萍. 核电厂 RCC-M 级 BOSS 头接管焊缝质量改进研究[J]. 大亚湾核电,2020(4):29-30.

[7] 孙海涛,盛朝阳,高晨,等. OVERLAY 堆焊技术在核电设备维修中的应用[J]. 焊接,2015(9):53-56.

[8] Simon F. An Overview of Non Destructive Inspection Servicesin Nuclear Power Plants [C]. Nuclear Energy for New Europe, 2004.

[9] W Bamford,B Newton,D Seeger. Recent Experience with Weld Overlay Repair of Indications in Alloy 182 Butt Welds in Two Operating PWRs[R]. Asme Pressure Vessels & Piping/icpvt-11 Conference, 2006.

[10] DE Killian. Design of a Weld Overlay for a Large Bore Pipe Nozzle to Optimize Residual Stress[J]. Asme Pressure Vessels & Piping Division/k-pvp C, 2010.

[11] 法国核岛设备设计,建造及在役检查规则协会. RCC-M 压水堆核岛机械设备设计和建造规则(2000 版+2002 补遗)[M]. 中科华核电技术研究院有限公司,译. 上海:上海科学技术文献出版社,2010.

[12] 美国机械工程师学会. ASME 锅炉及压力容器规范(2004 版)[M]. 上海发电设备成套设计研究院,上海核电工程研究设计院,译. 上海:上海科学技术文献出版社,2006.

[13] RCC-M. Design and Construction Rules for Mechanical Components of PWR Nuclear Islands[S].French Association for Design, Construction, and In-service Inspection Rules for Nuclear Island Component. 2018.

[14] RSE-M. In-service Inspection Rules for Mechanical Components of PWR Nuclear Islands [S]. French Association for Design, Construction, and In-service Inspection Rules for Nuclear Steam Supply System Components. 2012.

[15] ASME III, Rules for Construction of Nuclear Facility Components [S]. The American Society of Mechanical Engineers. 2019.

第4章　核级管道缺陷评价规范综述

4.1　引言

核电厂的核级管道，一些管道的介质是放射性流体，可能承受高温高压，当出现裂纹发生破裂时，不仅会导致放射性物质泄漏，而且由于破裂产生一系列的灾害后果，如管道甩击，喷射、巨大的水力载荷等，严重影响电站的安全性。维护管道的结构完整性是核电厂设计以及运行维护的一项重要内容，尤其是考虑管道在含缺陷情况下的稳定性和寿命评估。但在核电厂设计阶段和运行维护阶段缺陷评价关注的内容不同，考虑的侧重点以及对应的分析方法和策略也稍有差异。

在设计阶段，管道分析和评定过程中一般不考虑裂纹，而是通过评定完整结构下的应力，来确保结构在电厂各类运行工况下能够实现其设计的功能。对于一些重要的管道（一般为安全一级管道），才需要根据假定的缺陷尺寸和形状开展缺陷评定，评估其会在寿期内不会发生快速断裂。管道缺陷评价的重点主要关注设计本身，通过设计确保结构对裂纹有足够的安全裕量，不易出现快速断裂的现象，裂纹形状一般是通过保守的假设获得。

在运行阶段，对于重要的管道一般需要开展寿期内的在役检查，根据在役检查的缺陷结果，进行缺陷评价工作。在缺陷评价过程中，一般将检查出的缺陷保守的转化成裂纹，管道缺陷评价重点关注裂纹在寿期内的扩展变化以及对压力边界完整性的影响。

因此，在设计规范和运行规范中对于管道缺陷评价的流程、方法也有差异。

4.2　缺陷评价规范及其应用范围

目前核工业界中，美国机械工程师协会（American Society of Mechanical Engineers，ASME）规范对应的缺陷评价方法和流程是核承压设备和管道最为常用的标准。国际上其他缺陷评价标准大都是参考 ASME 系列标准执行。ASME 已经有 100 多年的历史，是美国国家标准协会（American National Standards Institute，ANSI）的发起单位之一，负责美国的机械相关标准的编制和维护，并代表美国国家标准委员会技术顾问小组参加国际标准组织（International Standard Organization，ISO）。其发布的机械相关标准在世界范围内广泛应用。其中 ASME 锅炉和压力容器规范 III[3] 核设施建造标准是核承压设备的设计标准，ASME Ⅺ[4] 卷核电厂设备在役检查标准，是核电厂运行阶段的依据标准。对于设计阶段的缺陷评价，可以参照 ASME 锅炉和压力容器规范 III 执行，对于在役运行阶段的缺陷评价，参照 ASME Ⅺ卷核电厂设备在役检查标准执行。

法国核电规范标准协会（AFCEN）是法国专门为构建自己的核电标准体系而成立的一个组织，AFCEN 由法国电力公司、法马通公司以及诺瓦通公司牵头成立，后期的维护工作主要由法国电力公司以及法马通公司。AFCEN 在 ASME 规范的基础上，也构造了自己的核电设备设计制造以及运行维护相关的规范体系 RCC 系列标准。其中 RCC-M[1] 是压水堆核电厂机械部件设计和制造标准，RSE-M[2] 是对应的在役检查阶段依据的标准。设计阶段的缺陷评价，在 RCC-M 规范中规定，对于在役运行阶段的缺陷评价，参照 RSE-M 规范执行。同时，在 RCC-M 规范的基础上，针对安装阶段出现的缺陷，在 RCC-MR 中对缺陷处理方法进行了规定[8]。

英国没有专门的核电设备设计规范，但是基于英国 CEGB（中央电业管理局）开发的双判据法为基础而产生 R6 规范（含缺陷结构的完整性评估）[5] 以及英国标准委员会发布的 BS-7910 规范（金属结构中缺陷可接受性评定方法指南）[6]，在核工业界也有着较为广泛的使用。R6 主要应用于核级承压管道及设备的缺陷评价，是英国核管局（Office for Nuclear Regulation，ONR）信赖的断裂力学评价依据的标准，而 BS7910 是英国国家标准，主要适用于常规承压设备的缺陷评价，但是在核承压设备的缺陷评价中也有应用。

在国内，核电相关的缺陷评价规范和标准相对薄弱，但是在承压设备缺陷评价相关的标准也做出了努力。先后出版了国家标准标 GB_T_19624[9] 在用含缺陷压力容器安全评定，以及能源局标准 NB_T_20013[10] 含缺陷核承压设备的完整性评定两部标准。但是，国内以大亚湾为代表的在役运行电站，以及华龙一号堆型（如福清 5、6 号机组以及防城港 3、4 号机组）为代表的在建电站主要基于 RCC 系列规范设计。以秦山核电站一期工程以及三门、海阳核电站的 AP1000 堆型均采用 ASME 系列规范设计。在田湾核电站 3、4 号机组，由于采用的 VVER 堆型，断裂力学采用的是俄罗斯相关标准。目前国内核电站设计、在役电站缺陷评价还主要依靠国外的标准，国标和能源局标准的推广应用还任重道远。

4.3 管道缺陷评价的方法和流程

管道作为核电站中最为普遍的承压设备，其缺陷评价准则与容器类基本相同，但是在核电站不同的寿期阶段，评定的方法和思路还是有所差别。

4.3.1 设计阶段缺陷评定

在设计阶段，管道缺陷评定的主要思路是利用断裂力学的基本方法来论证，管道对缺陷有较强的容忍能力。一般来讲，只有按照规范一级管道设计要求的管道（包括承受明显循环载荷的 2、3 级管道）才需要开展缺陷评价。评价过程中，还需要根据结构的材料、运行参数等决定如何开展缺陷评价，以及用何种方式评价。

在 ASME 规范中，对于设计阶段管道断裂力学分析的方法包括尺寸筛选、材料脆转温度筛选、材料韧性性能筛选以及详细的断裂力学评价等方法。首先根据管道壁厚 t 是否大于 64 mm 进行判断，壁厚 t 大于 64 mm 时，判断其最低运行温度是否高于韧脆转变温度（RT_{NDT}）56 ℃以上，若高于，则认为该管道不会脆断，反之则需要开展详细断裂力学评价；当壁厚 t 小于 64 mm 时，则需要根据壁厚以及材料侧向冲击位移实验值 l 与限值进行对比，若大于限值，则认为管道不会脆断，反之则需要开展详细的断裂力学评价，ASME 规范设计阶段管道断裂力学评价的流程可见图 4-1。

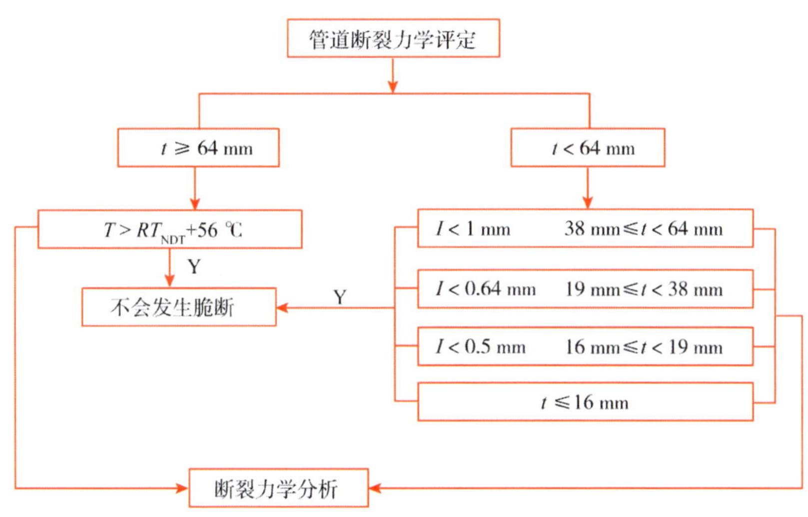

图 4-1　ASME 规范管道断裂力学评价流程

RCC-M 规范对管道断裂力学评价的原理与 ASME 规范类似，首先通过结合材料性能和管道实际的应力水平来判定是否可以通过筛选，在免于进行断裂力学计算的情况下，认为结构不会出现脆断；在不满足筛选标准的情况下，可以根假定一个保守的寿期末裂纹形状进行裂纹稳定性分析，裂纹形状的假设与 ASME 规范断裂力学分析中的方法类似；当保守分析不通过的情况下，可以根据合理的裂纹形状考虑运行阶段裂纹的扩展情况开展详细分析。相对而言，RCC-M 规范的快速断裂力学评价的层次更多，方法更细。详细的分析流程示意图见图 4-2。

4.3.2　在役阶段缺陷评定

在役阶段缺陷评定与设计阶段有很大不同，包括分析对象、缺陷假设以及评定方法均存在差异。最大的差异是缺陷不再是假定的缺陷，而是根据实际缺陷进行保守处理。在电站运行期间一般情况下不能开展对管道缺陷的检查和修复工作，在役阶段的缺陷检查一般都是在机组停堆检查期间发现的，如何处理在役缺陷，涉及到经济性和安全性平衡的问

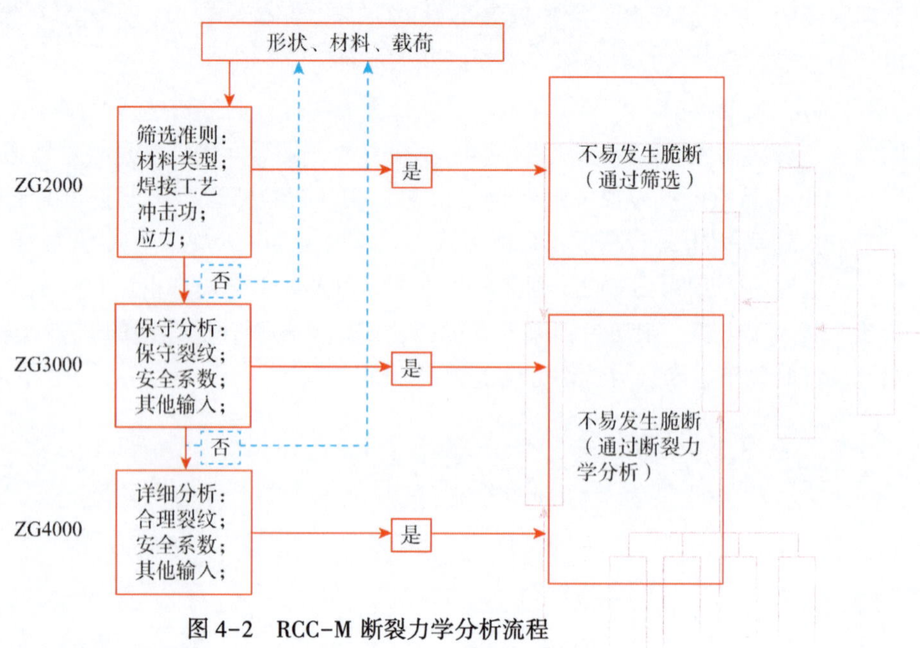

图 4-2　RCC-M 断裂力学分析流程

题。尤其是在役管道的缺陷评价工作，一直是在役检查规范和标准关注的重点。美国和法国是核电领域技术标准相对成熟的两个国家，他们分别出版了对应的核电站在役运行标准 ASME Ⅺ卷和 RSE-M 标准，在这两部标准中对于管道缺陷评价提供了比较详细的分析方法和验收准则。目前国际上大多数的在役阶段管道缺陷评价均采用或者参考了这两部标准。英国创造了自己独特的缺陷评价准则双曲线法，该方法也逐渐被国际主流核电标准采纳，经过改进或者优化写入了 RSE-M 和 ASME Ⅺ规范中。

当通过在役检查获得管道缺陷的时候，一般需要对缺陷的性质、缺陷的形成原因，后续缺陷的扩展趋势，以及失效后对电厂安全性的影响综合确定是否对缺陷进行详细分析或者修复。一般的缺陷处理工作流程见图 4-3，缺陷评价工作是整个缺陷处理工作中非常重要的一环。在役阶段的缺陷评价一般包括如下流程：确定缺陷类型；缺陷形状规则化；缺陷验收评价；裂纹断裂力学评价。

（1）确定缺陷类型：是将在役检查获得的缺陷，按照其性质、形成原因等确定其类型，如体积型缺陷、面积型缺陷、夹渣、未熔合、应力腐蚀等。缺陷类型一般是根据在役检查的测量结果以及管道运行的记录等综合确定的。

（2）缺陷形状规整化：缺陷形状规则化是开展缺陷评定必不可少的一部分工作。根据缺陷的形状和缺陷类型，把缺陷投影到参考面上，将缺陷转化成裂纹。在转换过程中，构造沿着管道径向方向的平面，已经切线方向的圆周面，将缺陷在这两个平面内投影，获得管道轴向缺陷和周向缺陷，这个缺陷形状可以作为初始缺陷，进行初始缺陷的验收评价。同时在一般的管道缺陷评定中，将管道缺陷假定为一个长轴为 c（也有用符号 l 表示），短轴为 a 的椭圆形裂纹。但是由于检测工具的精度或者裂纹的实际情况的差异，检测出的裂纹形状不可能是椭圆形，因此需要将实际的裂纹形状转化成椭圆形，最终转化成断裂力学

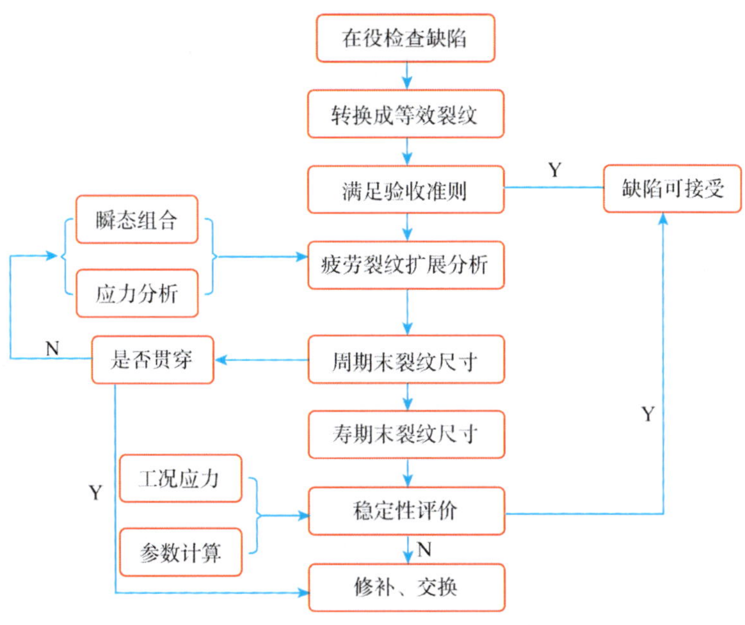

图 4-3　在役缺陷评价流程[6]

分析和评定的裂纹形状。

（3）初始缺陷验收，将获得的裂纹与在役检查的标准进行对比，判定该缺陷是否可以接受，如果对应的裂纹形状在规范验收标准之内，则记录下来，本次不做进一步处理，若超出标准则需要开展裂纹断裂力学评价。不同的在役检查规范对初始缺陷的验收准则是不同的，以主蒸汽管道焊缝为例，在 RSE-M 规范中初始缺陷的验收时，根据缺陷的部位给定具体的验收尺寸，见图 4-4，验收准则不考虑该部分的具体应力或者承载情况，只与管道和裂纹的尺寸相关。而在 ASME Ⅺ 规范中则需要根据主蒸汽管道的规范等级、材料类型、检测出的缺陷种类以及无损检测检测的手段等方式，结合裂纹的形状，综合判断给出对应的验收准则，见表 4-1。

	A/L =1/10	A/L =1/6	A/L =1/4	A/L =1/2
T =8 mm				2
T =12 mm		3	3	3
T =18 mm		4	4	4
T =27 mm	4	5	6	7
T >27 mm	4	5	6	7

图 4-4　RSE-M 规范可接受裂纹尺寸示意图[2]

（T 为壁厚，A/L 为裂纹深宽比）

表 4-1 体积检查数据

役前体积检查（超声）			在役体积检查（超声）		
a/l	a/t/%（表面缺陷）	a/t/%（深埋缺陷）	a/l	a/t（表面缺陷）	a/t（深埋缺陷）
役前检查			在役检查		
0.00	2.6	$3.3Y^{1.00}$	0.00	3.9	$3.3Y^{1.00}$
0.05	2.8	$3.5Y^{1.00}$	0.05	4.2	$3.5Y^{1.00}$
0.10	3.1	$3.7Y^{0.79}$	0.10	4.6	$3.7Y^{0.79}$
0.15	3.5	$4.1Y^{0.74}$	0.15	5.2	$4.1Y^{0.74}$
0.20	3.9	$4.7Y^{0.89}$	0.20	5.8	$4.7Y^{0.89}$
0.25	4.4	$5.3Y^{1.00}$	0.25	6.6	$5.3Y^{1.00}$
0.30	5.0	$5.9Y^{1.00}$	0.30	7.5	$5.9Y^{1.00}$
0.35	5.0	$6.7Y^{1.00}$	0.35	7.5	$6.7Y^{1.00}$
0.40	5.0	$7.5Y^{1.00}$	0.40	7.5	$7.5Y^{1.00}$
0.45	5.0	$8.4Y^{1.00}$	0.45	7.5	$8.4Y^{1.00}$
0.50	5.0	$9.3Y^{1.00}$	0.50	7.5	$9.3Y^{1.00}$
役前体积检查（射线）			役前体积检查（射线）		
t/mm	l/mm 表面缺陷	l/mm 深埋缺陷	t/mm	l/mm 表面缺陷	l/mm 深埋缺陷
役前检查			在役检查		
50	6	19	50	8	20
75	6	19	75	11	23
100	6	19	100	15	30
125	6	19	125	19	38
150≤	6	19	150≤	23	46
注：t 为名义壁厚，a 为缺陷高度，l 为缺陷长度，S 为深埋缺陷至管道壁面的距离，$S<0.4t$。认为缺陷为表面缺陷 $Y=S/a$，$Y>1S$ 时，取 $Y=1$					

（4）裂纹扩展分析，裂纹的扩展分析需要考虑电厂运行期间运行环境条件以及载荷波动情况的影响。一般来说载荷的波动会导致裂纹的扩展，导致运行初期和运行末期裂纹的形状发生变化。对于冷却剂回路的管道内壁裂纹，压水堆环境会对裂纹扩展的速度产生影响；外部环境因素也会可能会导致裂纹扩展速度的增加；同时一些特殊载荷，如焊接残余应力等也会对裂纹扩展速度产生影响。这些因素在不同的规范中，给出的分析方法，考虑原则不完全相同。在 RSE-M 规范与 ASME-Ⅺ规范中关于裂纹扩展部分主要有如下不同：

① 应力强度因子计算公式不同：RES-M 规范中，应力强度因子计算考虑了Ⅰ、Ⅱ、Ⅲ型裂纹应力强度因子的综合影响，而 ASME Ⅺ规范中仅需要考虑Ⅰ型应力强度因子，另

外两部规范中对于 I 型裂纹应力强度因子，虽然计算公式的形式相同，但是其对应的性状系数是不同的，即对应同种结构，在相同的应力分布情况下，计算得到的应力强度因子也不相同。

② 考虑外部因素不同：在 ASME Ⅺ 规范中明确提出要考虑应力腐蚀（SCC）、晶间应力腐蚀（IGSCC）以及焊接残余应力的影响，并给出了应力腐蚀下的裂纹扩展考虑方法，RSE-M 规范中没有明确要求考虑焊接残余应力，并且也没有给出应力腐蚀的考虑方法；

③ 裂纹扩展速率公式不同：在 ASME Ⅺ规范中给出了奥氏体不锈钢材料、600 合金材料、铁素体钢三种材料在空气环境、水环境以及压水堆环境下的裂纹扩展速率，没有具体到对应的材料牌号，可以认为是一个同类材料扩展速率的包络值。RSE-M 规范中裂纹扩展速率相对较为具体，给出了不同类型材料，甚至具体的材料牌号对应的裂纹扩展速率，同时对于一般的材料也给出了空气、水、压水堆环境下的裂纹扩展速率。

④ 考虑裂纹扩展起始点的方法不同：在 RSE-M 规范中，需要计算裂纹累积开裂因子，认为只有在瞬态作用下，裂纹累计开裂因子等于 1 以后，裂纹才会发生疲劳扩展，即部分瞬态循环不会导致裂纹的增长，判定裂纹是否扩展的条件是瞬态冲击造成的累积效应，而在 ASME Ⅺ规范中，判定裂纹是否扩展是根据应力强度因子变化的门槛值（ΔK_{th}）决定的，只要当瞬态工况导致的应力强度因子变化超过 ΔK_{th}时，裂纹就会扩展，即裂纹扩展是一个瞬态效应，而不是累积效应。

⑤ 裂纹稳定性评价：裂纹稳定性评价是用来评价初始的缺陷在某一评估周期或者整个核电厂寿期末的时候，经过了裂纹扩展之后，在不同工况载荷的作用下，考虑不同的安全系数，分析裂纹是否失稳。裂纹稳定性评价一般根据材料性能，失稳时的失效方式，分为弹性失效、弹塑性失效以及全塑性失效。在不同的规范中，裂纹稳定性评价的方法是不同的。在 RSE-M 规范中，管道裂纹评价中对应同一种裂纹提供了弹性和弹塑性两种失效方式的评价方法，对应不同的评价方法考虑了不同的裕量。ASME Ⅺ 中则首先按照材料将管道裂纹评价分成两类，然后根据材料性能、焊接工艺、应力水平和裂纹与管道结构几何尺寸的不同，选择不同的裂纹稳定性评价方式，在失效方式中提供了弹性失效、弹塑性失效、全塑性失效三种失效形式，并分别提供了不同的安全裕量。在 RSE-M 规范和 ASME Ⅺ规范中，裂纹评定主要采用的都是单一的失效评定准则，即在对应失效模式下，评定是否能够满足安全裕量的要求。在 R6 规范中则采用了另外一种评价方式，将弹性失效、弹塑性失效与全塑性失效结合起来，即双判据评定方法。该方法中将全塑性失效判定准则作为横轴，将弹性或弹塑性失效的判定准则作为纵轴，同时考虑两种失效模式的影响，构造一个封闭的评定区域，当评定点落在区间之内时，认为裂纹稳定，当位于区间之外时，则认为是不安全的，评价示意图如图 4-5 所示。

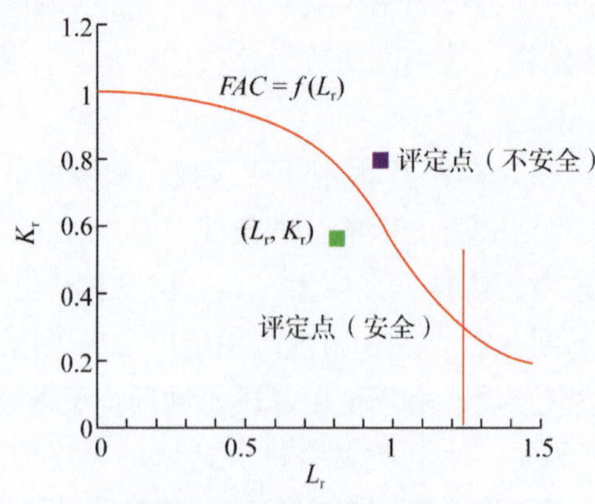

图 4-5　双判据法示意图

相对管道应力计算和评定，管道缺陷评价的方法还不十分完备。在 RSE-M 规范和 ASME Ⅺ规范中，对于在缺陷断裂力学计算和评价相关内容，一般作为非强制性附录存在，在取得安全监管部门许可的情况下，部分内容可以替换使用。这给缺陷评价工作带来了一定的灵活性的同时，也提高了分析人员知识储备的要求。

4.4　小结

本章介绍了核电领域管道缺陷评价常用的标准。并以法国 RCC-M 标准体系和美国 ASME 体系为例，对标准中设计阶段、在役运行阶段缺陷评价的侧重点、分析方法和流程分别进行了介绍。在介绍过程中，对两种规范在免断裂分析筛选、应力强度因子计算方法、裂纹扩展速度、焊接残余应力考虑方法、缺陷评定准则等方面的差异进行了比较，使读者有一个相对全面的认识。同时本章还介绍了管道缺陷评价中一些特定因素的考虑方法，可以为具体工程问题的处理提供参考。

参考文献

[1] RCC-M. Design and construction rules for mechanical components of PWR nuclear islands [S]. French association for design, construction, and in-service inspection rules for nuclear island component, 2018.

[2] RSE-M. In-service inspection rules for mechanical components of PWR nuclear islands[S]. French association for design, construction, and in-service inspection rules for nuclear steam supply system components, 2018.

[3] ASME III, Rules for construction of nuclear facility components [S]. The American society of mechanical engineers, 2015.

[4] ASME XI, Rules for in-service inspection of nuclear power plant components[S]. The American society of mechanical engineers, 2015.

[5] R6. Assessment of the integrity of structures containing defects[S]. R6 Panel, 2010.

[6] BS 7910, Guide to methods for assessing the acceptability of flaws in metallic structures[S]. BSI,2015.

[7] EPRI, Evaluation of flaws in ferritic piping [M]. NP-6045,1988.

[8] RCC-MR. Design and construction rules for mechanical components of nuclear installation. 2007.

[9] 国家市场监督管理总局,国家标准化管理委员会. GB/T 19624-2019 在用含缺陷压力容器安全评定. 北京:中国标准出版社,2019.

[10] 国家能源局. NB/T 20013-2010 含缺陷承压设备完整性评定. 2009.

第 5 章　缺陷的几何建模方法

5.1　引言

核级管道缺陷的实际形状具有多样性和不规则性，受检测技术、环境条件、人员技术水平所限，所探测出的几何形状也具有不确定性。在多缺陷同时出现的情况下，缺陷之间的互相影响机制也十分复杂。因此，在分析计算时需要充分考虑以上因素，结合已有的学术研究成果和工程经验进行简化处理，既可保持合理的保守性，又能显著降低分析计算的复杂性。

管道缺陷的简化与几何建模，是核级管道缺陷评价的初始工作，对最终分析结果也有着至关重要的影响。本章介绍了行业内通用的缺陷简化定义方法，并针对缺陷的数值分析建模给出可参考的范例。

5.2　主要通用规范中缺陷的几何简化方法

5.2.1　缺陷的基本形状假设[5]

针对设备或管道缺陷，描述缺陷特征时，缺陷多是以一个平行或垂直于部件表面如椭圆或半椭圆描述，内部缺陷假设为椭圆，表面缺陷假设为半椭圆，如图 5-1 所示。

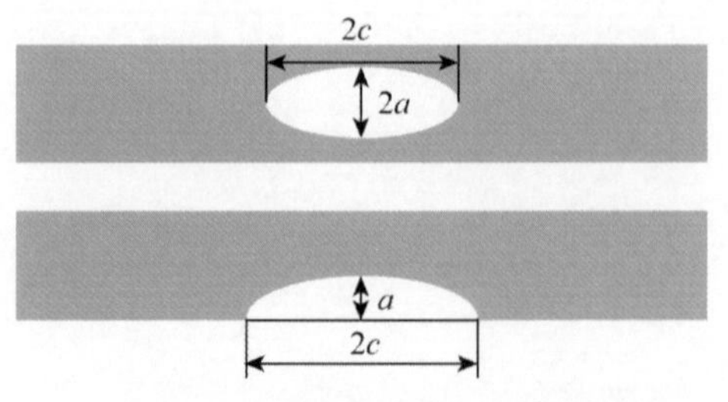

图 5-1　缺陷假设形状示意图

平行于表面边界的最大尺寸定义为缺陷的长，用 $2c$ 表示；垂直于表面边界的尺寸定义为缺陷的深，用 a 表示。

1. 平面型表面缺陷

一个主要取向不平行于部件表面，具有连续深度并且部分外露于部件表面的缺陷被定义为平面型表面缺陷，此类缺陷通常假设为一个半椭圆型。

缺陷高度为 a，缺陷长度为 $2c$，如图 5-2 所示。

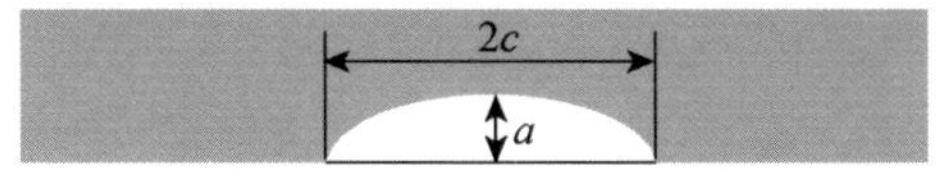

图 5-2　缺陷椭圆形状假设

2. 平面型内部缺陷

平面型内部缺陷是一个主要取向不平行于部件表面，具有连续深度位于部件内部的缺陷，缺陷的距离部件的两侧表面的距离都不为零，此类缺陷通常假设为一个部件内部的椭圆形。垂直于部件表面尺寸为缺陷高 $2a$，平行于部件表面的尺寸为缺陷长度 $2c$，距离部件两侧表面的距离分别为 d_1 和 d_2。如图 5-3 所示，如果 d_1 或 d_2 的值小于缺陷深度的 0.4 倍，则应该作为表面缺陷来处理。

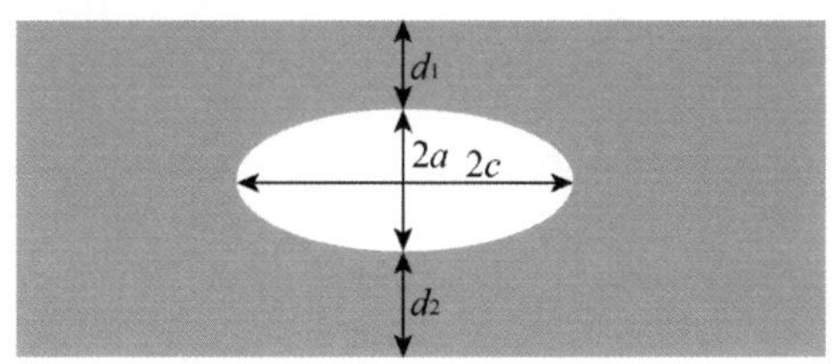

图 5-3　内部缺陷形状假设

3. 线缺陷

线缺陷通常假设为一个高为长度一半的平面型缺陷。如图 5-4 所示，管道内部有一个长为 l 的线缺陷，再进行计算分析是将这个先缺陷假设成一个深度为长度一半的平面型缺陷。

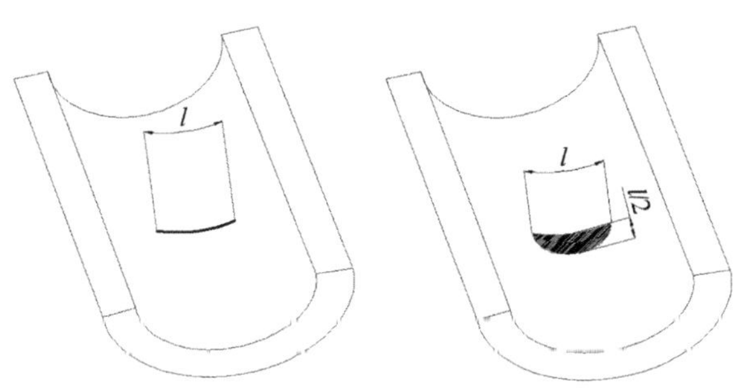

图 5-4　线缺陷假设成平面缺陷

4. 体积型缺陷

相同条件下，平面缺陷的疲劳扩展速率最快，也更加危险。因此，体积型缺陷通常可保守的假设为平面缺陷。体积型缺陷可按照管道轴向、径向、环向进行投影，然后按照本章前面所述的方法将不规则的几何形状保守简化为规则的形状，同时分析考虑平面裂纹之前的影响关系，做更近一步的简化。

针对核一级管道发展了体积型缺陷专有的分析方法。在这种方法中，体积型缺陷可以不简化为平面缺陷进行处理。管道中的体积型缺陷是由于壁厚的局部减薄造成的。体积型缺陷的用一个半椭球体描述，长为 $2b$，环向为 2β，深度为 $t-t_{\text{resid}}$，其中 b 为沿管道轴向缺陷长度的一半，β 为缺陷对应环向半角，t 为管道壁厚，t_{resid} 为管道最小剩余壁厚，如图 5-5 所示。

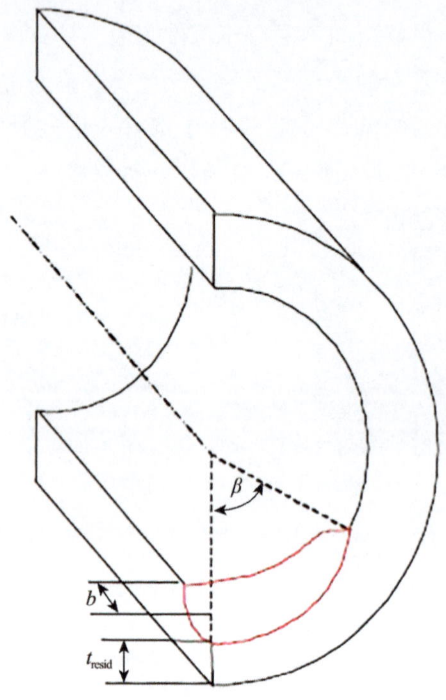

图 5-5　体积型缺陷示意图[5]

5.2.2　其他非标准缺陷

其他非标准缺陷是指不在单一平面内（例如在两个相交斜面，或者一个曲面的几何形状）的连续显示的曲线，对于此类缺陷需要将缺陷的面积进行分解投影，投影的原则是将缺陷投影到与两个最大主应力相垂直的平面上，以保证缺陷分析的保守性，分解投影如图 5-6 所示。4.2.1 节所采用的几何处理规则适用于投影之后的表面缺陷或内部缺陷，缺陷的面积是投影后简化的椭圆形面积。对于核级管道，通常在分析评定时假设最大主应力方向垂直于管道横截面，因此投影的原则是将非标准缺陷投影到管道的径向和轴向进行进一步的处理。

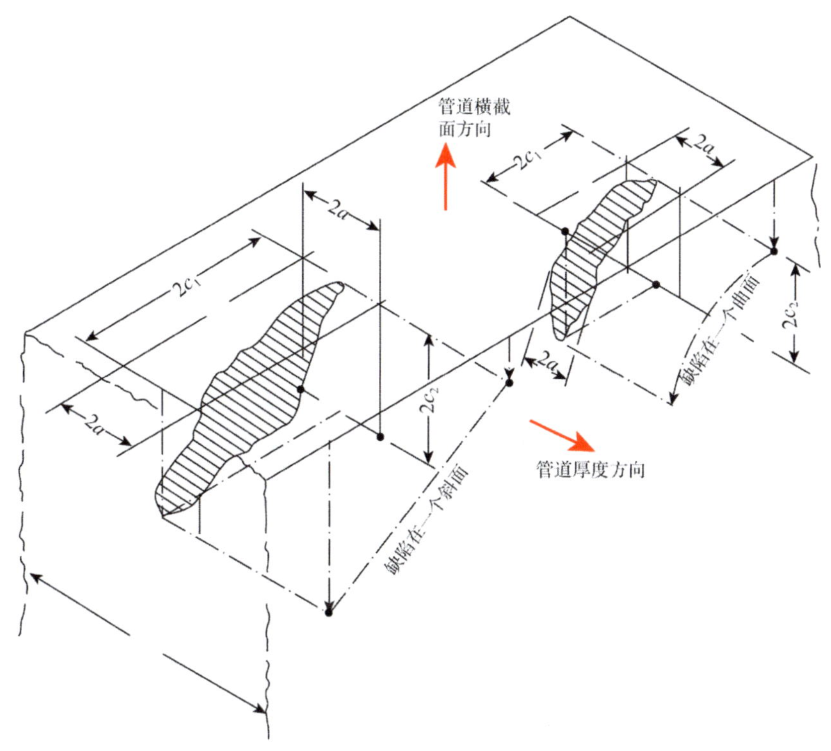

图 5-6　非平面缺陷的分解与投影[1]

5.2.3　缺陷的影响区域

当缺陷从实际的形状简化为标准形状的缺陷，并在主应力方向进行投影以后，还需要确定缺陷的影响区域，在目前通过的核级管道缺陷评价规范中（例如 ASME 规范第Ⅺ卷，RSE-M 规范、BS7910 规范等）缺陷的影响区域一般是一个规则的矩形，该矩形是原有缺陷形状的对外延申，根据工程经验所确定的影响区域尺寸确定方法，充分考虑了缺陷探测过程中的不同方向尺寸测量结果的不确定度和缺陷之间的影响机理。

缺陷影响区域的确定，对核级管道缺陷评价具有重要意义。它将复杂的多裂纹的联合力学分析解耦为单个裂纹的力学分析过程，极大简化了分析过程的复杂程度，便于工程应用。

针对一个深度为 h，长度为 l 的缺陷，建立影响区域，首先确立影响距离 $d=z\times h$，对于表面缺陷影响区域为一个长为 $l+2\times d$，宽为 $h+d$ 的矩形区域，见图 5-7，对于管道表面 $z=1.4$，图 5-7 表面缺陷的影响区域为长 $l+2.8h$，宽 $2.4h$ 的矩形区域；对于内部缺陷影响区域为一个长为 $l+2\times d$，宽为 $h+2\times d$ 的矩形区域，见图 5-8，对于管道内部缺陷 $z=0.6$，则图 5-8 表面缺陷的影响区域为长 $l+1.2h$，宽 $2.2h$ 的矩形区域。

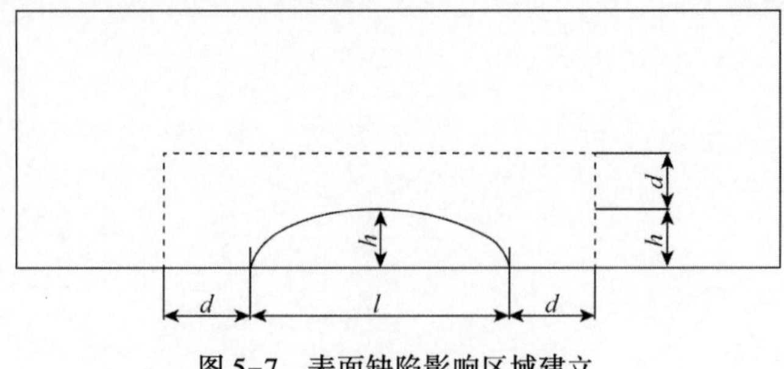

图 5-7　表面缺陷影响区域建立

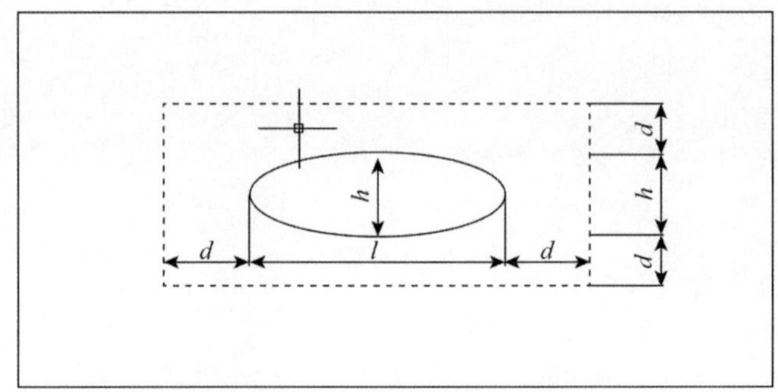

图 5-8　内部缺陷影响区域建立

5.2.4　缺陷的包络与合并

（1）对于表面缺陷的包络处理，当缺陷沿管道壁厚的方向上的深度大于缺陷长度时，则取沿壁厚方向尺寸的 2 倍作为缺陷的长度，沿壁厚方向的尺寸作为裂纹深度，即将缺陷假设成长为 $l^*=2h$，深为 $a^*=h^*=h$ 的半圆形缺陷，如图 5-9（a）所示；当缺陷沿管道壁厚的方向上的深度小于缺陷长度时，则按照裂纹的实际尺寸假设成一个长为 l^*，深为 $a^*=h^*=h$ 的半椭圆形表面缺陷，如图 5-9（b）所示。

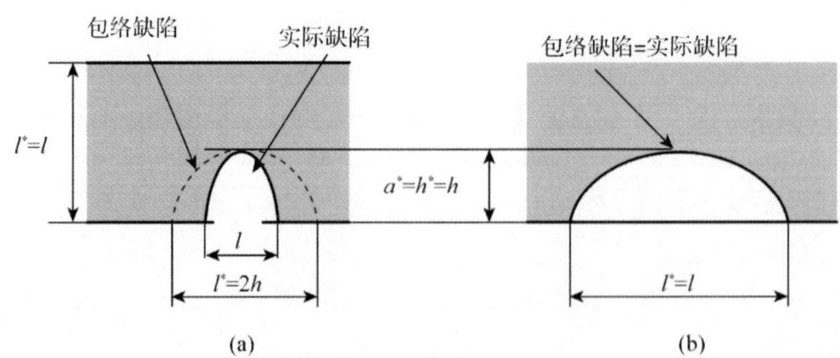

图 5-9　表面缺陷的包络[5]

对于内部缺陷，如果缺陷距离管道表面的最小距离 S，如果 $S<h/2$（h 为裂纹沿壁厚方向的高度），并且 $l<h$，那么将缺陷假设成长 $l^*=2h^*$，深 $a^*=h^*=h+S$ 的半圆形表面缺陷，如图 5-10（a）所示；如果 $S<h/2$，但 $l>h$，那么将缺陷假设成长 $l^*=l$，深 $a^*=h+S$ 的半椭圆形表面缺陷，如图 5-10（b）所示。

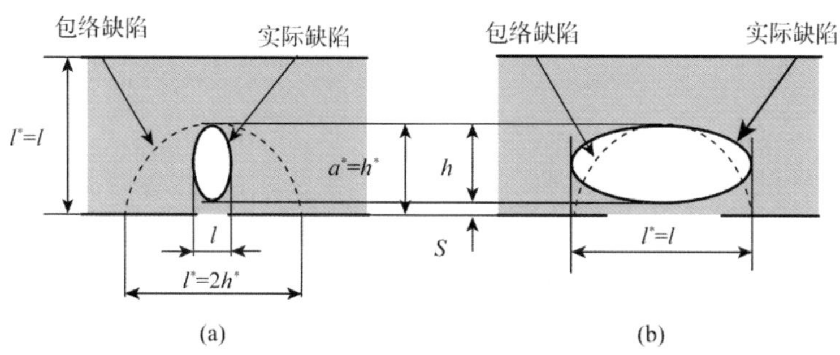

图 5-10 内部缺陷的包络 1[5]

对于内部缺陷，如果缺陷距离管道表面的最小距离 S，如果 $S>h/2$（h 为裂纹沿壁厚方向的高度），并且 $l<h$，那么将缺陷假设成长 $l^*=h$，深 $2a^*=h^*=h$ 的圆形内部缺陷，如图 5-11（a）所示；如果 $S>h/2$，但 $l>h$，那么将缺陷假设成长 $l^*=l$，深 $2a^*=h$ 的椭圆形内部缺陷，如图 5-11（b）所示。

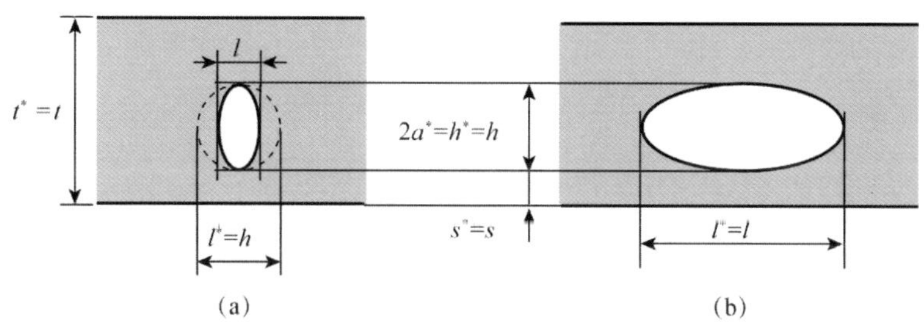

图 5-11 内部缺陷包络 2[5]

（2）对于两个或多个在同一平面的缺陷，根据小节 5.2.3 的方法建立影响区域，如果影响区域不相交，则将各个缺陷作为独立的缺陷进行处理。如果影响区域相交则将两个缺陷进行合并作为一个缺陷进行处理，合并后的缺陷尺寸见图 5-12 所示。图中 l^* 为合并后缺陷的长度，h^* 为合并后缺陷的深度，t 为管道壁厚，h^*_1、h^*_2、l^*_1、l^*_2 为被包络缺陷的深和长。

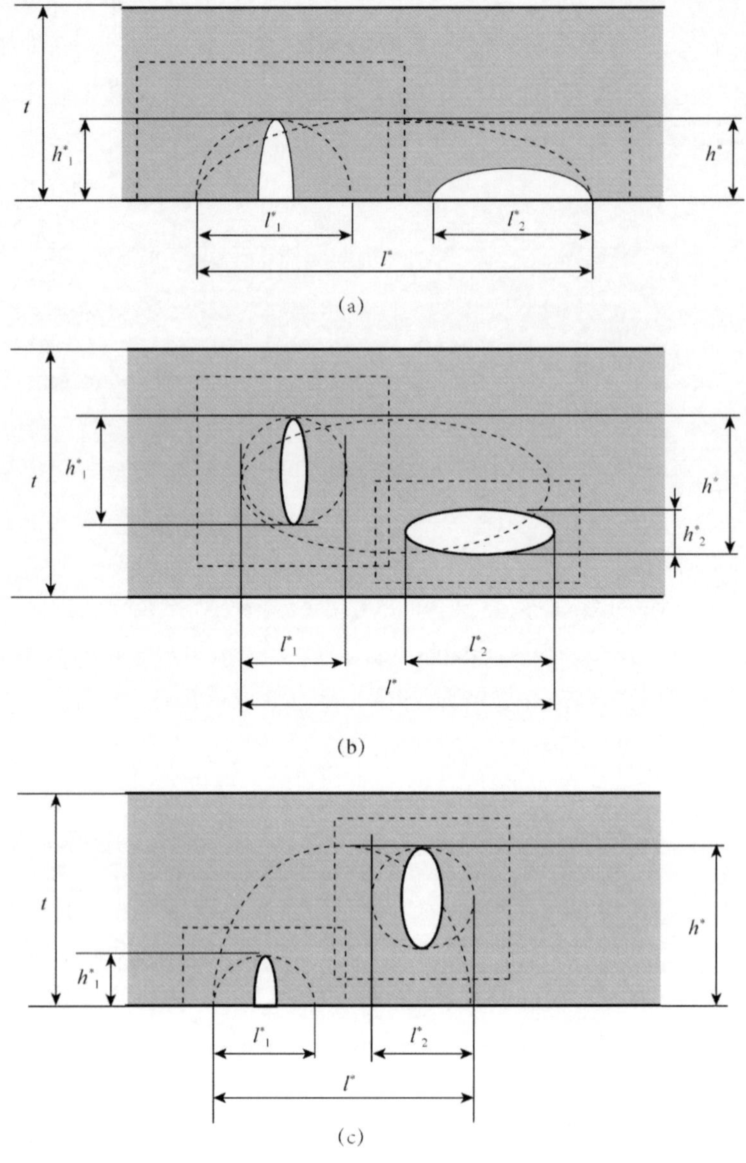

图 5-12 缺陷的合并处理[5]

5.2.5 不同规范中缺陷几何建模方法的异同

不同规范体系对于缺陷的处理方法是不同的，但其大体的原则一致。RSE-M 中将缺陷简化成一个椭圆或半椭圆，见图 5-13 和图 5-14。对于相邻独立缺陷的处理则是通过 5.2.3 节方法建立包含整个缺陷的矩形影响区域，来对相邻缺陷进行处理，矩形的长宽是在原缺陷的长深基础上每个方向向外延伸 d（$d=z*h$，z 为系数不同的电站部件采用不同的系数，h 为缺陷的深度）来分析各个缺陷之间的影响关系，对缺陷进行分组或包络，见图 5-15 和

图 5-16。不同缺陷建立的矩形之间互相干涉，则对缺陷进行包络，见图 5-17（a），如过矩形之间没有互相干涉，见图 5-17（b），则将各个缺陷定义为独立的缺陷。

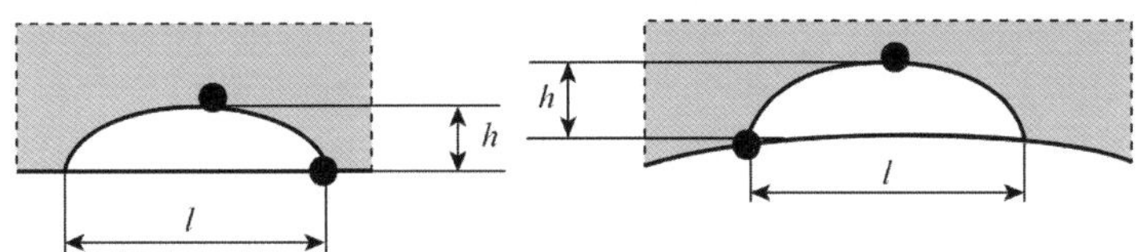

图 5-13　RSE-M 中对于表面裂纹的简化[5]

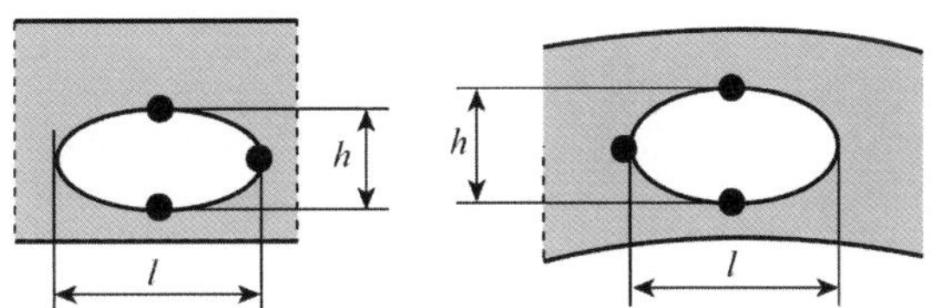

图 5-14　RSE-M 中对于内部裂纹的简化[5]

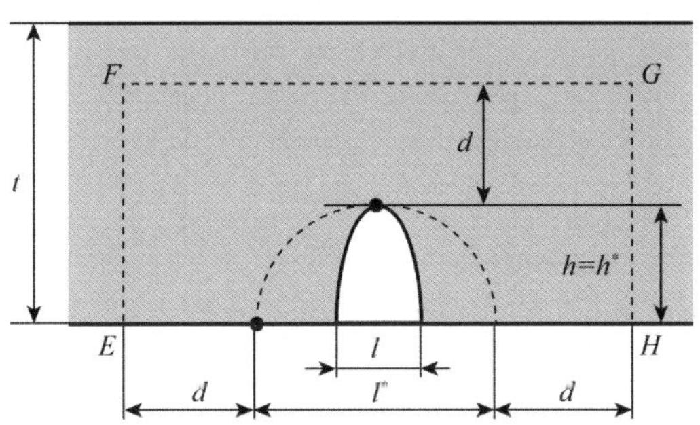

图 5-15　表面缺陷的影响区域建立[5]

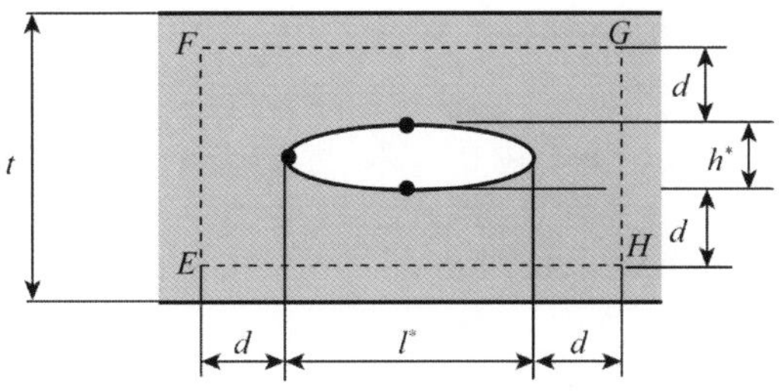

图 5-16　内部缺陷的影响区域建立[5]

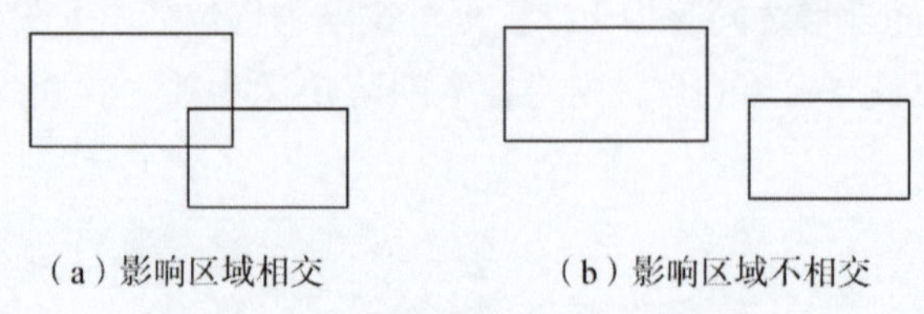

图 5-17 缺陷影响区域相对位置[5]

ASME 规范中则是将缺陷简化成一个矩形区域，将矩形的长和宽定义为缺陷的长度和深度，见图 5-18。对于相邻独立缺陷的处理则是通过判断两个缺陷之间的距离，来决定缺陷是进行合并包络，还是作为单独缺陷，其实质与 RSE-M 相同。图中 d_1、d_2、d_3 是各个缺陷的深度，S 为各个缺陷之间的距离，l 和 a 是缺陷合并后包络缺陷的长和深，对于表面缺陷当缺陷距离 $S \leqslant 0.5d_1$ 或 $0.5d_2$ 时，缺陷合并；对于深埋缺陷当 $S \leqslant d_1$、d_2 或 d_3 时，缺陷合并。

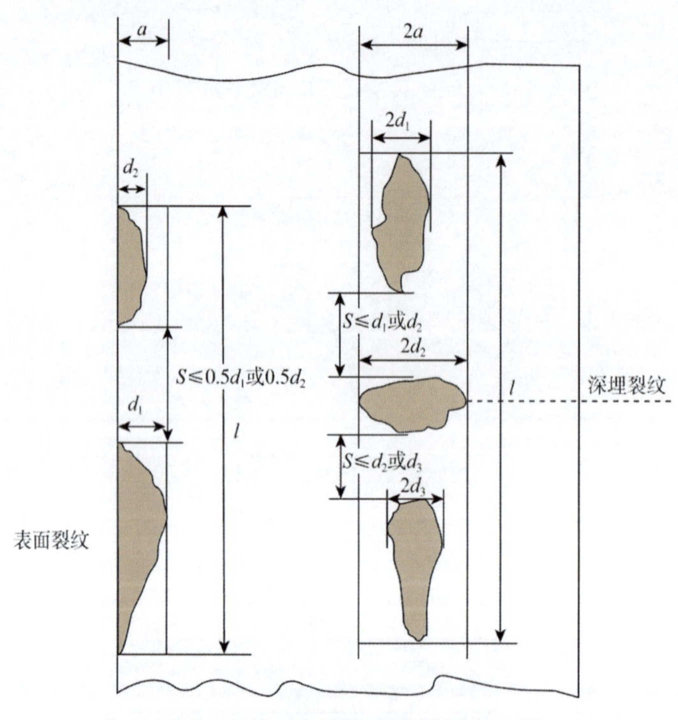

图 5-18 ASME 中缺陷的简化示意图[1]

R6 规范中把缺陷定义为半椭圆形或矩形，但是对于缺陷的具体定义和相邻缺陷的处理都未有明确的规定说明，见图 5-19。图中 a_1、a_2 表示不同缺陷的深度，c_1、c_2 表示不同缺陷的长度，s、s_1、s_2 表示缺陷之间的距离，a 和 c 表示合并后缺陷的深度和长度。

缺陷形式	缺陷合并准则	合并后缺陷尺寸
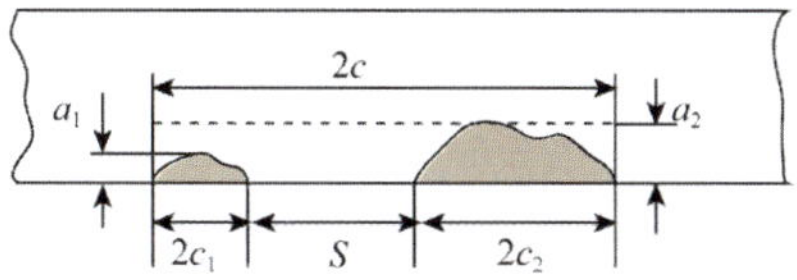	当 a_1/c_1 或 $a_2/c_2>1$，$S \leqslant 2c_1$ 当 a_1/c_1 或 $a_2/c_2<1$，$S=0$ $(c_1<c_2)$	$a=a_2$ $2c=2c_1+2c_2+S$
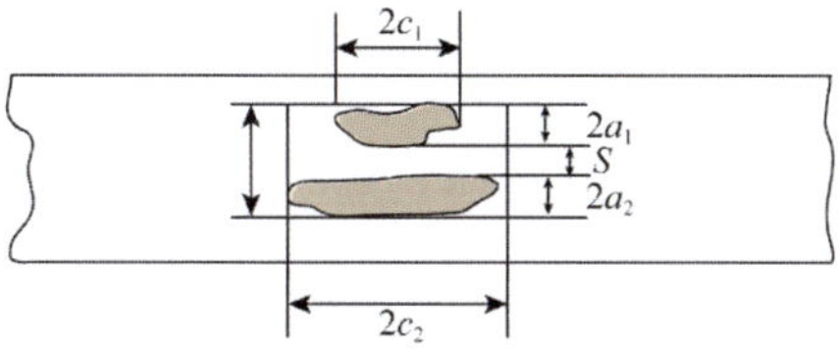	$S \leqslant a_1+a_2$	$2a=2a_1+2a_2+S$ $2c=\max(2c_1, 2c_2)$
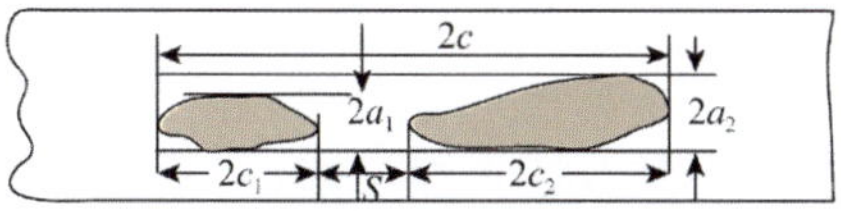	当 a_1/c_1 或 $a_2/c_2>1$，$S \leqslant 2c_1$ 当 a_1/c_1 或 $a_2/c_2<1$，$S=0$ $(c_1<c_2)$	$2a=2a_2$ $2c=2c_1+2c_2+S$
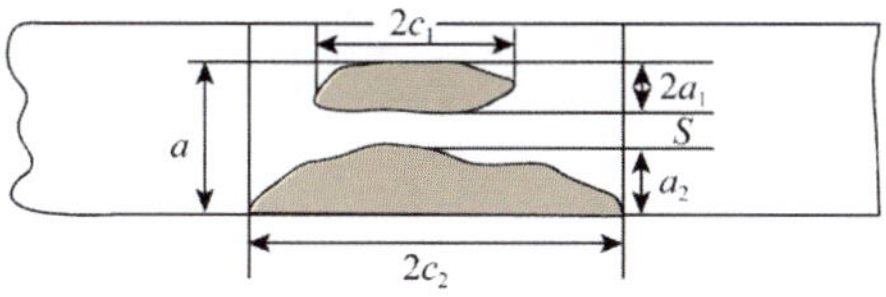	$S \leqslant a_1+a_2$	$2a=2a_1+a_2+S$ $2c=\max(2c_1, 2c_2)$
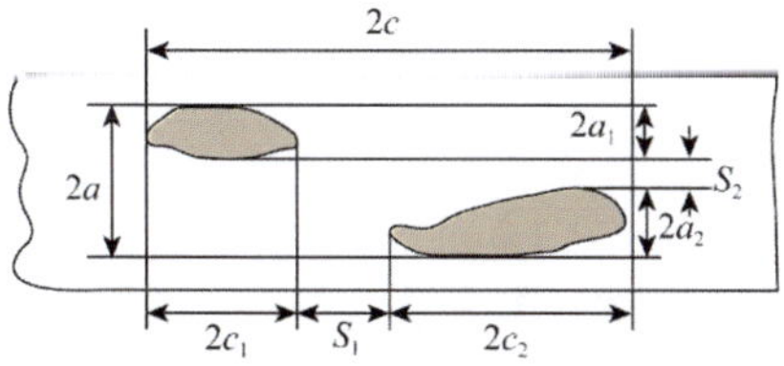	当 a_1/c_1 或 $a_2/c_2>1$，$S_1 \leqslant 2c_1$ 当 a_1/c_1 或 $a_2/c_2c<1$，$S_1=0$ 并且 $S_2<a_1+a_2$ $(c_1<c_2)$	$2a=2a_1+2a_2+S_2$ $2c=2c_1+2c_2+S_1$
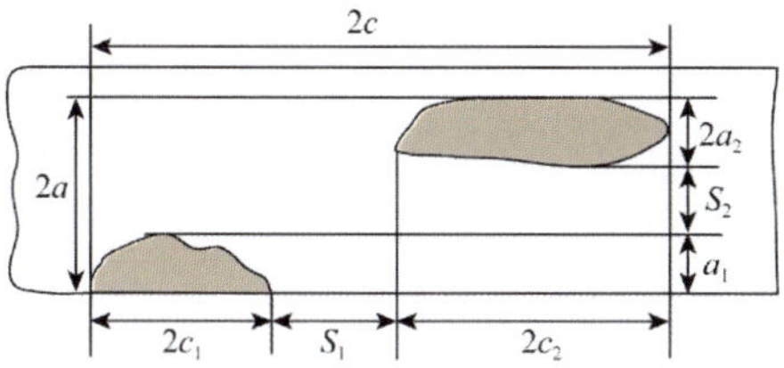	当 a_1/c_1 或 $a_2/c_2>1$，$S_1 \leqslant 2c_1$ 当 a_1/c_1 或 $a_2/c_2<1$，$S_1=0$ 并且 $S_2<a_1+a_2$ $(c_1<c_2)$	$2a=a_1+2a_2+S_2$ $2c=2c_1+2c_2+S_1$

图 5-19　R6 规范中对于缺陷的假设[2]

5.3 基于有限元分析方法的裂纹建模

在有限元的缺陷模拟中，最重要的区域是围绕缺陷边缘的部位，即裂纹边缘。在 2D 模型中成为裂纹尖端，在 3D 模型中称为裂纹前缘，如图 5-20 所示。

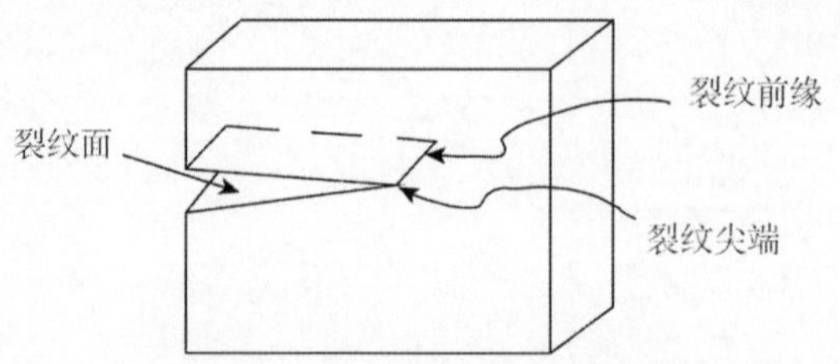

图 5-20 裂纹尖端和裂纹前缘

在线弹性问题中，在裂纹尖端（或裂纹前缘）某点的位移随$\sqrt{r}$而变化，r 是裂纹尖端到该点的距离，裂纹尖端处的应力与应变是奇异的，随 $1/\sqrt{r}$变化。为选取应变奇异点，相应的裂纹面需要与它已知，围绕李文顶点的有限元单元应该是二次奇异单元，其中节点放到 1/4 边处，图 5-21 表示 2D 和 3D 模型的奇异单元。

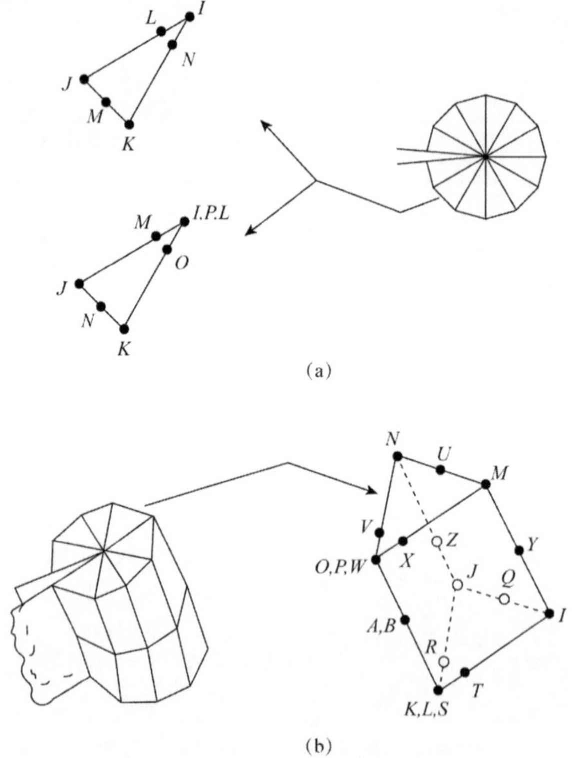

图 5-21 2D 和 3D 模型的奇异单元

对于 2D 缺陷模型，围绕裂纹尖端的第一行单元，必须具有奇异性，如图 5-21（a）所示。对于 2D 模型建议尽可能利用对称条件，在许多情况下根据对称或反对称边界条件，只需要模拟裂纹区的一半，如图 5-22 所示。

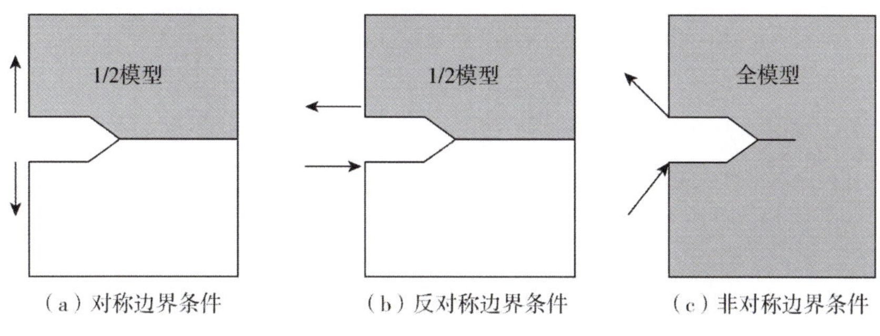

（a）对称边界条件　（b）反对称边界条件　（c）非对称边界条件

图 5-22　边界条件和模型

为了获得理想的计算结果，围绕裂纹尖端的第一行单元，其半径应该是 1/8 裂纹长或更小，沿裂纹周向每一单元最好有 30°～40°；裂纹尖端的单元不能扭曲，最好是等腰三角形。

对于 3D 裂纹缺陷，围绕裂纹前缘的第一行单元，应该是奇异单元，这种单元是楔形的，采用的应力奇异单元如图 5-21（b）所示。

建立三维曲线模型的建议，推荐单元的尺寸与二维模型一样。此外在所有的方向上，单元的相邻边之比不能超过 4∶1；在弯曲裂纹前缘上，单元的大小取决于局部曲率的数值。例如，沿圆环状裂纹前缘在 15°～30°的角度内至少有一个单元；所有单元的边（包括在裂纹前缘上的）都应该是直线。

5.4　缺陷几何建模实例

1. 2D 缺陷模型实例（见图 5-23、图 5-24）

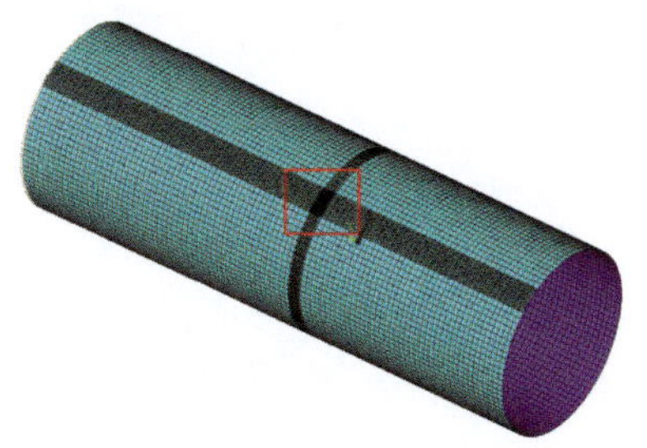

图 5-23　某电站一段管道模型

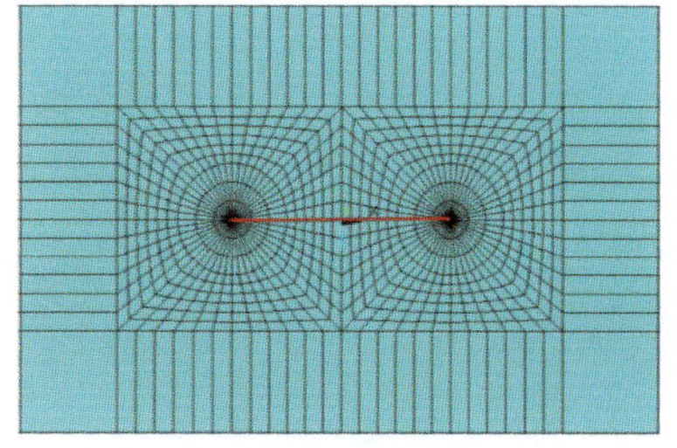

图 5-24　裂纹尖端局部详图

注：图中红线是裂纹，红线两端为裂纹的尖端

2. 3D 缺陷建模实例

图 5-25 为管道 3D 缺陷建模的裂纹尖端剖面网格图，3D 网格模型建模更复杂，由于

3D 建模的复杂和网格数量的增加，需要特别注意裂纹尖端周围网格疏密过渡变化，避免因网格数量过大，使得计算效率过低。

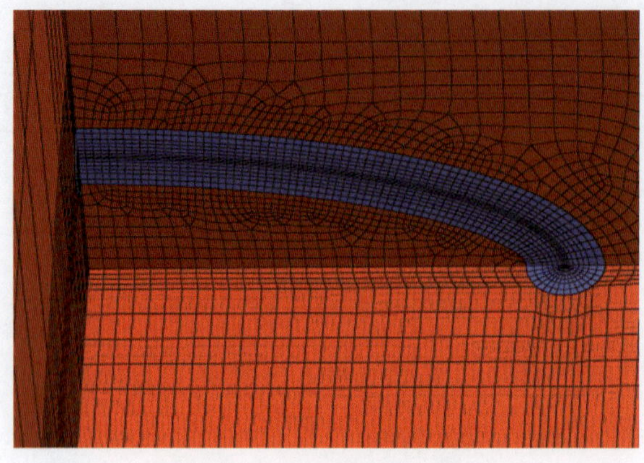

图 5-25　裂纹前缘 3D 模型

5.5　小结

本章对缺陷形状的假设进行了介绍，说明了在缺陷分析中缺陷形状简化的方法，并介绍了相邻缺陷的处理方法。对比了不同规范对于缺陷简化的方法，介绍了基于有限元的裂纹缺陷建模方法，并通过实例对裂纹缺陷的有限元建模方法进行了说明。

参考文献

[1] American Society of Mechanical Engineers (ASME) Boiler & Pressure Vessel Code, Section XI, Rules for In-service Inspection of Nuclear Power Plant Components. 2007.

[2] EDF Energy Nuclear Generation Ltd, R6, Assessment of the Integrity of Structures Containing Defects, Revision 4, Amendment 12. 2019,7.

[3] BSI Standards Publication: Guide to methods for assessing the acceptability of flaws in Metallic structures, BS 7910, British Standards Institution. 2019.

[4] Design and Construction Rules for Mechanical Components of PWR Nuclear Islands, RCC-M. 2007.

[5] RSE-M Code, In-service Inspection Rules for the Mechanical Components of PWR Nuclear Power Islands. Paris: AFCEN. 2017.

[6] ANSYS, Inc. ANSYS Structural Analysis Guide Release 19.0.

[7] HyperWorks. Inc. HyperWorks Desktop User's Guide 11.0.

第6章　裂纹萌生和扩展机理及计算方法

6.1　引言

金属结构在循环载荷作用下，从局部高应力区域萌生裂纹，进一步扩展，直至失稳断裂，上述过程称为疲劳破坏，全过程持续时间或载荷循环次数称为疲劳寿命。因为“裂纹萌生—扩展—失稳断裂”三个阶段中，失稳断裂非常迅速，所以工程设计中结构件的疲劳寿命通常只考虑裂纹萌生寿命和裂纹扩展寿命。

裂纹萌生阶段，材料从没有裂纹发展到出现微裂纹（通常 0.01～0.05 mm）。金属材料在交变应力作用下，通常在表面应力集中区域（包括几何不连续区域、有夹渣、加工切口等）的晶粒发生滑移，在反复的挤出和凹进过程中（见图 6-1），微观裂纹成核，并延滑移面扩展到某一尺度。交变应力幅度是控制裂纹萌生寿命的主要参数，对于无裂纹的结构通过控制应力水平（依据 S-N 曲线）使结构不会萌生裂纹[1]。虽然该阶段萌生的裂纹尺度很小，但是疲劳损伤过程的重要转折点，对材料寿命贡献很大，它不仅与材料的总体疲劳强度有直接的关系，而且在该阶段的前、后有明显不同的疲劳损伤规律[2]。

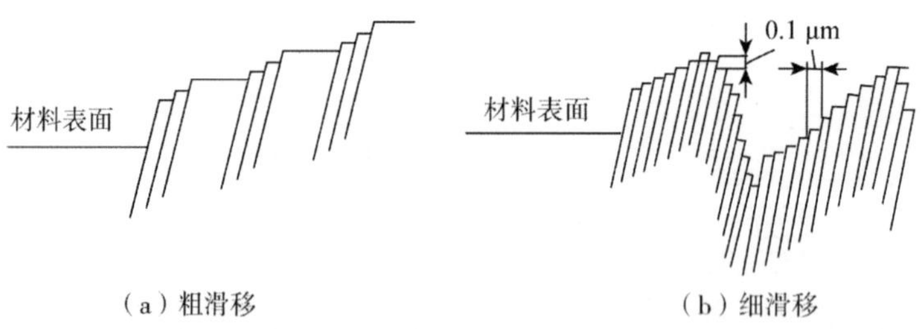

图 6-1　材料表面晶粒滑移[1]

裂纹扩展阶段，材料从微裂纹发展到临界裂纹。金属材料在交变应力作用下，多条微裂纹汇聚成一条主裂纹并进一步扩展，通常用裂纹扩展速率 da/dN 来衡量，指构件应力循环一次疲劳裂纹开裂的长度，它反映了构件疲劳性能的好坏。扩展速率越高，疲劳寿命越短，疲劳性能差；反之，疲劳寿命越长，疲劳性能好。应力强度因子幅度 ΔK 是控制裂纹扩展寿命的主要参数，求解裂纹扩展寿命广泛应用的是Paris 定律，该定律揭示了裂纹扩展速率与应力强度因子之间的关系，da/dN 与 ΔK 的关系在坐标图上是一条 S 型曲线（见图 6-2）。在扩展过程中其尖端的塑性区形状及内部应力分布会严重影响裂纹的扩展速率，所以需要进行塑性修正；同时裂纹闭合，只有施加一定的张开应力，裂纹才会打开，进而继续扩展，所以起裂计算也是裂纹扩展寿命的分析内容。

在裂纹萌生和扩展计算中，环境条件也是需要考虑的因素。在腐蚀环境下，裂纹扩展速率大于空气环境，而且即使只施加静载荷，裂纹也有可能发生扩展，应力腐蚀裂纹扩展速率与材料、温度、环境、应力强度因子有关[3]。

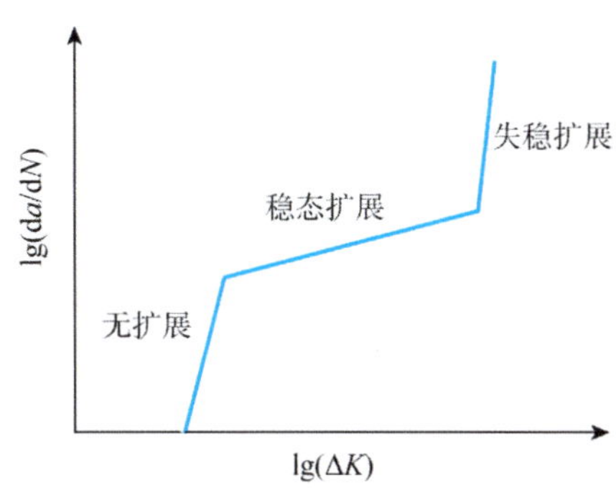

图 6-2 疲劳裂纹扩展速率曲线

6.2 裂纹的萌生与起裂分析

6.2.1 裂纹萌生计算过程[4]

本节给出一种针对构件几何不连续区裂纹萌生的分析方法。通常做法是先计算一个参考量，然后将其与准则比较，再计算出疲劳萌生前允许的循环次数，这个参考量称之为萌生因子。

在计算参考量之前，正常扰动工况下，管道在瞬态载荷的作用下其应力幅值和疲劳评定首先要满足设计规范（例如 RCC-M 规范中）A 级准则的力学评定标准，在此基础上假定在寿期内工况载荷是有规律分布的，用距离假定裂纹尖点距离 d 处的应力幅值 $\sigma_{\theta\theta}$ 求得达到萌生时的载荷循环数。

材料	环境	距离 d
低合金钢 16MND5	空气和 PWR	0.05 mm
不锈钢	空气和 PWR	0.059 mm
Ni-Cr-Fe 合金钢（inconel）	空气和 PWR	0.046 mm

裂纹萌生计算步骤如下：

（1）选取计算位置。把不连续区域尖点看做裂纹，利用弹性分析方法确定绕裂纹尖端距离为 d 的各点应力状态，用裂纹尖端一组局部极坐标系表示（见图6-3）；距离 d 为材料常数。

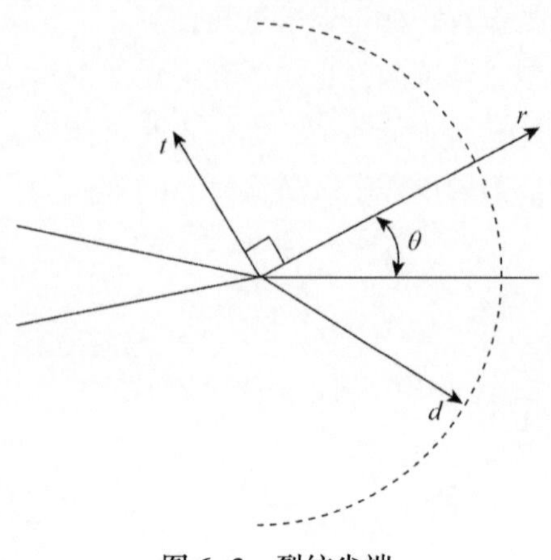

图6-3 裂纹尖端

图6-3中，r 为极坐标径向轴，用径向轴与裂纹平面的夹角 θ 表示；t 为与旋转平面垂直的轴；z 为与旋转平面垂直且与裂纹前缘相切的轴。

（2）根据确定的 θ，计算每个工况下，距离裂纹尖端 d 处的应力状态 $\sigma_{\theta\theta}$。

（3）对每个工况，选出 $\sigma_{\theta\theta}$ 的最大值 $\sigma_{\theta\theta\max}$ 和最小值 $\sigma_{\theta\theta\min}$（下文用 $\sigma_{\theta\theta}$ 表示极值），确定每个极值在给定时间间隔内出现次数 n_p。

（4）对确定的 θ 下，任意两个工况 p 和 q 的两个极值进行组合，应力幅值表示为：

$$\Delta\sigma_{\theta\theta}(p,\ q) = \left|\sigma_{\theta\theta}(p) - \sigma_{\theta\theta}(q)\right|$$

每个组合出现的次数为 $n_{pq} = \min\ (n_p,\ n_q)$。

（5）从出现次数不为0的应力幅值 $\Delta\sigma_{\theta\theta}(p,\ q)$ 中，找到一个最大值 $\Delta\sigma_{\theta\theta}(m,\ n)$。

（6）计算萌生因子，首先计算 $R = \dfrac{\sigma_{\mathrm{mIn}}}{\sigma_{\max}}$，然后计算 $\Delta\sigma_{\theta\theta\mathrm{eff}}(m,\ n) = \dfrac{\Delta\sigma_{\theta\theta}(m,\ n)}{1 - \dfrac{R}{2}}$，最后依据裂纹萌生曲线（其物理意义相当于评价局部区域疲劳开裂的S-N疲劳曲线），用上述 $\Delta\sigma_{\theta\theta\mathrm{eff}}(m,\ n)$ 查出对应的循环次数 N_{mn}，于是由 $\Delta\sigma_{\theta\theta}(m,\ n)$ 产生的萌生因子为：

$$U_{mn} = \frac{n_{mn}}{N_{mn}}$$

（7）计算完最大值 $\Delta\sigma_{\theta\theta}(m,\ n)$ 的萌生因子后，对组合出现次数进行修正，重新计算极值 $\Delta\sigma_{\theta\theta}(p,\ q)$：

$$n_m = n_m - n_{mn}$$

$$n_n = n_n - n_{mn}$$

（8）重复上述（2）至（7），直到任意 $\Delta\sigma_{\theta\theta}(m,\ n) = 0$ 为止。对上述全部 U_{mn} 求和得

到总萌生因子。

(9) 对每个 θ 重复第 (2) 至 (8) 步，计算的最大萌生因子要小于 1，当计算的最大萌生因子等于 1 时，疲劳将使构件萌生裂纹。

6.2.2　裂纹起裂计算过程[5]

本节给出一种含缺陷构件在载荷工况作用下起裂的分析方法，该分析方法与 6.2.1 节中介绍的裂纹萌生计算方法相同，按该方法分析后，判断裂纹是否会起裂扩展。具体计算过程参见 6.2.1，本节不再详述。

对于疲劳引起的三维椭圆裂纹的起裂，应该从椭圆的两个轴进行分析：表面裂纹（见图 6-4）的 A 点和 C 点，内部裂纹（见图 6-5）的 A 点、B 点和 C 点都需要分析。

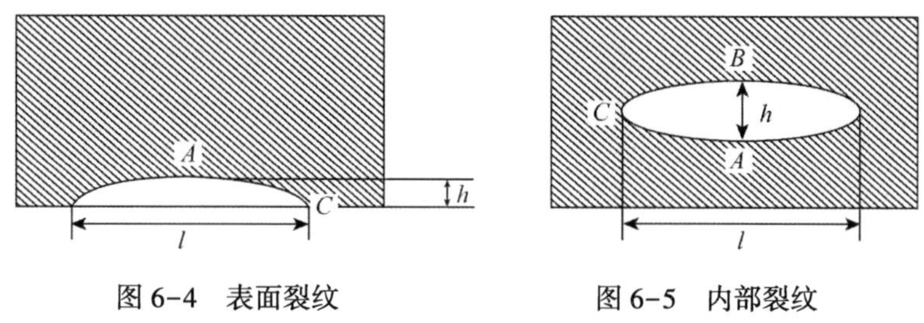

图 6-4　表面裂纹　　　图 6-5　内部裂纹

6.3　裂纹止裂条件及其量化判断

6.3.1　概述

裂纹止裂分析与材料的断裂韧性紧密相关，材料的断裂韧性由两个材料性能参数 $K_{\mathrm{I}a}$ 和 $K_{\mathrm{I}c}$ 确定，其中 $K_{\mathrm{I}a}$ 指止裂应力强度因子 K_{I} 的临界值，$K_{\mathrm{I}c}$ 指静态起裂应力强度因子 K_{I} 的临界值，上述两个参数需要考虑辐照效应，如果无法取得有效的辐照数据，作为辐照函数的 $K_{\mathrm{I}a}$ 和 $K_{\mathrm{I}c}$ 应参考无延性转变温度 RT_{NDT}通过移动来处理。

6.3.2　裂纹止裂现象

根据 ASME 规范Ⅺ卷 A5300[6]，在给定工况下最小临界缺陷尺寸 a_c 确定过程如下：

(1) 根据周期末辐照水平确定 $K_{\mathrm{I}a}$ 和 $K_{\mathrm{I}c}$ 与温度的函数关系。

(2) 计算不同缺陷深度下的应力强度因子 K_{I} 。

(3) 将第 (2) 步的 K_{I} 与第 (1) 步的 $K_{\mathrm{I}a}$ 比较，确定该工况下 $K_{\mathrm{I}} = K_{\mathrm{I}a}$ 时裂纹尺寸（见图 6-6），即为正常工况下最小临界缺陷尺寸 a_c 。

通过下图可以看出，管道裂纹失稳以后随着尺寸的增加，有可能重新恢复裂纹稳定的状态，这种现象叫做裂纹止裂。

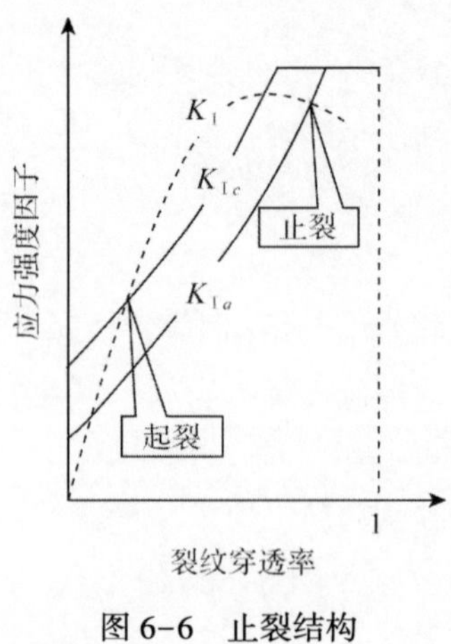

图 6-6　止裂结构

6.4　裂纹扩展分析方法介绍

6.4.1　概述

疲劳和应力腐蚀是导致裂纹扩展的两个主要因素，本节介绍两种模式的计算过程。

6.4.2　疲劳裂纹扩展计算过程[5]

本节给出一种用应力强度因子幅值估算裂纹扩展的分析方法[5]。一般情况下，假定在寿期内工况是有规律分布的，对于疲劳引起的三维椭圆裂纹的起裂，应该从椭圆的两个轴进行分析：表面裂纹（见图 6-4）的 A 点和 C 点，内部裂纹（见图 6-5）的 A 点、B 点和 C 点都需要分析。

（1）计算每个工况下三种开裂形式的应力强度因子 $K_{\rm I}$、$K_{\rm II}$、$K_{\rm III}$，然后分别找出最大值和最小值（本文记为 $K_{\rm I}$、$K_{\rm II}$、$K_{\rm III}$），给定时间范围内最大值和最小值出现的次数 n_p。

（2）计算工况组合后的 ΔK、$K_{\max}$、$K_{\min}$，包括以下①至④四个步骤：

① 计算任意工况 p 和 q 下三种开裂形式中极值组合 ΔK：

$$\Delta K_{\rm I} = |K_{\rm I}(p) - K_{\rm I}(q)|$$
$$\Delta K_{\rm II} = |K_{\rm II}(p) - K_{\rm II}(q)|$$
$$\Delta K_{\rm III} = |K_{\rm III}(p) - K_{\rm III}(q)|$$

然后按照下述②至④给出的方法计算出等效 ΔK，每个组合出现的次数为 $n_{pq} = \min(n_p, n_q)$。

② 计算线性累加的情况

应力强度因子等效幅值由下式求得

$$\Delta K = \Delta K_{\mathrm{I}} + \Delta K_{\mathrm{II}} + \Delta K_{\mathrm{III}}$$

工况 p 和 q 下最大应力强度因子由下式求得：

$$K_{\max} = \max(K_{\mathrm{I}},\ 0) + |K_{\mathrm{II}}| + 0.74|K_{\mathrm{III}}|$$

工况 p 和 q 下最小应力强度因子由下式求得

$$K_{\min} = K_{\max} - \Delta K$$

③ 计算Ⅰ型和Ⅱ型裂纹的情况

应力强度因子等效幅值由下式求得

$$\Delta K_q = \left(\Delta K_{\mathrm{I}} \cos^2\frac{\theta}{2} - \frac{3}{2}\Delta K_{\mathrm{II}} \sin\theta\right)\cos\frac{\theta}{2}$$

其中 θ 为与最大值 ΔK_θ 对应的角度，最大值 ΔK_θ 表示为 ΔK 。

$$\theta = 2\mathrm{arctg}\left[\frac{\Delta K_{\mathrm{I}} \pm \sqrt{\Delta K_{\mathrm{I}}^2 + 8\Delta K_{\mathrm{II}}^2}}{4\Delta K_{\mathrm{II}}}\right]$$

工况 p 和 q 下最大应力强度因子由下式求得

$$K_{\max} = \left(K_{\mathrm{I}} \cos^2\frac{\theta}{2} - \frac{3}{2}K_{\mathrm{II}} \sin\theta\right)\cos\frac{\theta}{2}$$

其中 θ 为与最大值 $K_{\max}$ 对应的角度。

$$\theta = 2\mathrm{arctg}\left[\frac{K_{\mathrm{I}} \pm \sqrt{K_{\mathrm{I}}^2 + 8K_{\mathrm{II}}^2}}{4K_{\mathrm{II}}}\right]$$

工况 p 和 q 下最小应力强度因子由下式求得

$$K_{\min} = K_{\max} - \Delta K$$

④ 计算Ⅰ型和Ⅲ型裂纹的情况

应力强度因子等效幅值由下式求得

$$\Delta K_\varphi = \Delta K_{\mathrm{I}}(\cos^2\varphi + 2\nu\sin^2\varphi) + \Delta K_{\mathrm{III}}\sin2\varphi$$

其中 φ 为与最大值 ΔK_φ 对应的角度，最大值 ΔK_φ 表示为 ΔK 。

$$\varphi = \frac{1}{2}\mathrm{arctg}\left[\frac{2\Delta K_{\mathrm{III}}}{(1-2\nu)\Delta K_{\mathrm{I}}}\right]$$

工况 p 和 q 下最大应力强度因子由下式求得

$$K_{\max} = K_{\mathrm{I}}(\cos^2\varphi + 2\nu\sin^2\varphi) + K_{\mathrm{III}}\sin2\varphi$$

其中 φ 为与最大值 K_φ 对应的角度。

$$\varphi = \frac{1}{2}\mathrm{arctg}\left[\frac{2K_{\mathrm{III}}}{(1-2\nu)K_{\mathrm{I}}}\right]$$

工况 p 和 q 下最小应力强度因子由下式求得

$$K_{\min} = K_{\max} - \Delta K$$

（3）工况组合，从出现次数不为零的应力强度因子幅值 $\Delta K(p,\ q)$ 中，找到一个最大值 $\Delta K(m,\ n)$ ，该最大值要考虑在裂纹尖端由于材料屈服而进行的修正。

（4）计算表面裂纹 ΔK_{cp}。

① 对于延伸表面裂纹，计算裂纹 A 点等效应力强度因子幅值 $\Delta K(m, n)$。

首先计算 A 点塑性区域半径 r_y：

$$r_y = \frac{1}{6\pi}\left[\frac{\Delta K(m, n)}{S_y(m) + S_y(n)}\right]^2$$

其中 $S_y(m)$，$S_y(n)$ 是裂纹在 A 点在 m 和 n 工况温度下材料的弹性极限。

然后对 A 点等效应力强度因子幅值 $\Delta K(m, n)$ 进行塑性修正：

$$\Delta K_{\text{cp}} = \alpha \Delta K_A(m, n)\sqrt{\frac{(a + r_y)}{a}}$$

当 $r_y \leqslant 0.05(t - a)$ 时，$\alpha = 1$

当 $0.05(t - a) \leqslant r_y \leqslant 0.085(t - a)$ 时，$\alpha = 1 + 0.15\left[\frac{r_{yA} - 0.05(t - a)}{0.035(t - a)}\right]^2$

其中 t 是裂纹处壁厚，a 是裂纹深度。

② 对于深度 $h=a$，长度 $l=2c$ 的表面裂纹，计算裂纹 A 点和 C 点等效应力强度因子幅值 $\Delta K(m, n)$。

首先计算塑性区域半径 r_y：

$$A\text{点：} r_{yA} = \frac{1}{6\pi}\left[\frac{\Delta K_A(m, n)}{S_y(m) + S_y(n)}\right]^2$$

其中 $S_y(m)$，$S_y(n)$ 是裂纹在 A 点在 m 和 n 工况温度下材料的弹性极限。

然后对 A 点和 C 点等效应力强度因子幅值 $\Delta K(m, n)$ 进行塑性修正：

$$A\text{点：} \Delta K_{\text{cpA}} = \alpha \Delta K_A(m, n)\sqrt{\frac{(a + r_{yA})}{a}}$$

$$C\text{点：} \Delta K_{\text{cpC}} = \alpha \Delta K_C(m, n)\sqrt{\frac{(a + r_{yA})}{a}}$$

当 $r_{yA} \leqslant 0.05(t - a)$ 时，$\alpha = 1$

当 $0.05(t - a) \leqslant r_{yA} \leqslant 0.085(t - a)$ 时，$\alpha = 1 + 0.15\left[\frac{r_y - 0.05(t - a)}{0.035(t - a)}\right]^2$

其中 t 是裂纹处壁厚，a 是裂纹深度。

（5）计算内部裂纹 ΔK_{cp}。

① 对于内部裂纹，计算裂纹 A 点和 B 点等效应力强度因子幅值 $\Delta K(m, n)$。

首先计算塑性区域半径 r_y：

$$A\text{点：} r_{yA} = \frac{1}{6\pi}\left[\frac{\Delta K_A(m, n)}{S_y(m) + S_y(n)}\right]^2$$

其中 $S_y(m)$，$S_y(n)$ 是裂纹在 A 点在 m 和 n 工况温度下材料的弹性极限。

$$B\text{点：} r_{yB} = \frac{1}{6\pi}\left[\frac{\Delta K_B(m, n)}{S_y(m) + S_y(n)}\right]^2$$

其中 $S_y(m)$，$S_y(n)$ 是裂纹在 B 点在 m 和 n 工况温度下材料的弹性极限。

然后对 A 点和 B 点等效应力强度因子幅值 $\Delta K(m, n)$ 进行塑性修正：

$$A\text{点：}\Delta K_{\mathrm{cpA}}=\alpha\Delta K_A(m, n)\sqrt{\frac{(2a+r_{yA}+r_{yB})}{a2}}$$

$$B\text{点：}\Delta K_{\mathrm{cpB}}=\alpha\Delta K_B(m, n)\sqrt{\frac{(2a+r_{yA}+r_{yB})}{a}}$$

其中 $\alpha=\max(\alpha_A, \alpha_B)$

当 $r_{yA}\leqslant 0.05\,S_A$ 时，$\alpha_A=1$

当 $0.05\,S_A\leqslant r_{yA}\leqslant 0.085\,S_A$ 时，$\alpha_A=1+0.15\left[\frac{r_{yA}-0.05\,S_A}{0.035\,S_A}\right]^2$

当 $r_{yB}\leqslant 0.05\,S_B$ 时，$\alpha_B=1$

当 $0.05\,S_B\leqslant r_{yB}\leqslant 0.085\,S_B$ 时，$\alpha_B=1+0.15\left[\frac{r_{yB}-0.05\,S_B}{0.035\,S_B}\right]^2$

（6）计算裂纹扩展，包括以下①至④四个步骤：

① 根据应力强度因子幅值 $\Delta K_{\mathrm{cp}}(m, n)$ 计算出 Δa 和 Δc，裂纹扩展与环境、R（$R=K_{\min}/K_{\max}$）和 ΔK 有关。

首先计算有效应力强度因子幅值 ΔK_{eff}：

$$\Delta K_{\mathrm{eff}}=f(R)\Delta K_{\mathrm{cp}}$$

其中 $f(R)$ 取决于 $K_{\min}$ 的符号，按下述方法计算：当 $K_{\min}>0$ 时，$f(R)=\dfrac{1}{1-\dfrac{R}{\lambda}}$（通常 $\lambda=2$）或者 $f(R)=\dfrac{1}{(1-R)^{\lambda}}$（$\lambda=0.25$）。当 $K_{\min}<0$ 时，对于奥氏体不锈钢，当 $K_{\max}>0$ 时，$f(R)=\max(1/3, f(R))$，当 $K_{\max}\leqslant 0$ 时，$f(R)=1/3$；对于铁素体钢，当 $K_{\max}>0$ 时，$f(R)=\max\left(1/3, \dfrac{1}{(1-R)}\right)$，当 $K_{\max}\leqslant 0$ 时，$f(R)=1/3$。

然后计算裂纹扩展速率：

$$\frac{\mathrm{d}a}{\mathrm{d}N}=C(\Delta K_{\mathrm{eff}})^n$$

其中 n 和 C 是与材料、环境条件有关的常数，从相关规范获取。

② 更新扩展后的裂纹尺寸：

$$a=a+\Delta a$$

$$c=c+\Delta c$$

对 $\Delta K_{\mathrm{cp}}(m, n)$ 进行修正，回到⑴步直到 $\Delta K_{\mathrm{cp}}(m, n)$ 的次数达到 n_{mn}。

③ 对全部极值按下式修改次数重新计算，得到裂纹扩展后新尺寸下应力强度因子。

$$n_m=n_m-n_{mn}$$

$$n_n = n_n - n_{mn}$$

④ 按照相同步骤，计算椭圆轴上各点的裂纹扩展量，得到最终的裂纹几何尺寸。

6.4.3 应力腐蚀裂纹扩展计算过程

应力腐蚀裂纹扩展速率与材料、温度、环境、应力强度因子有关[6]，比如 Alloy 600 材料在压水堆环境下的应力腐蚀裂纹扩展速率可以表示为下式：

$$\frac{\mathrm{d}a}{\mathrm{d}t} = \exp\left[-\frac{Q_g}{R_g}\left(\frac{1}{T_{abs}} - \frac{1}{T_{ref}}\right)\right]\varphi\ (K_{\mathrm{I}} - K_{\mathrm{I\,th}})^{n}$$

式中 $\frac{\mathrm{d}a}{\mathrm{d}t}$ 是裂纹扩展速率；

K_{I} 是应力强度因子；

$K_{\mathrm{I\,th}}$ 是应力腐蚀裂纹的应力强度因子阈值（见表 6－1）；

Q_g 是应力腐蚀裂纹扩展的激活能，130 kJ/mole；

R_g 是气体常数，8 314×10^{-3} kJ/(mole-K)；

T_{abs} 是金属绝对温度；

T_{ref} 是应力腐蚀裂纹绝对参考温度，598.15K；

φ 是应力腐蚀裂纹扩展速率系数，表 6－1；

η 是应力腐蚀裂纹扩展速率系数，表 6－1。

表 6-1 Alloy600 钢的应力腐蚀参数

材料	$\varphi[(m/s)(\mathrm{MPa}\sqrt{m})^{-\eta}]$	η	$K_{\mathrm{I\,th}}(\mathrm{MPa}\sqrt{m})$
Alloy600	2.67×10^{-12}	1.16	9.0

6.5 主要规范计算方法及其异同

关于裂纹萌生的计算，本书 6.2 节依据 RCC-M 规范介绍了一种针对构件几何不连续区裂纹萌生的分析方法[4]，该方法与本书 6.2.2 节给出的一种含缺陷构件在载荷工况作用下起裂的分析方法一致[5]，但是关于裂纹萌生曲线，RSE－M 规范 1997 版已经提供，RCC-M规范 2007 版才给出；另外，该方法与 RCC-M B 篇给出的管道几何连续区域疲劳分析方法存在以下四点不同，本质上裂纹萌生计算是核级管道几何连续区域疲劳分析的工作延申，在核电厂设计阶段，是几何连续区域疲劳分析方法在类裂纹式局部几何不连续区域的技术修正方法，其修正方式主要体现在对应力幅值的定义和提取，以及局部裂纹萌生曲线（相当于修正的材料 S-N 曲线）（见表 6-2、表 6-3）。

表 6-2　设计阶段裂纹萌生计算与管道疲劳分析的技术特点对比[4,5]

序号	差异项	RCC-M ZD 篇	RCC-M B 篇
1	计算位置	几何不连续区	几何连续区
2	应力计算	假定裂纹并取裂纹尖端 距离 d 处应力值	未假定裂纹
3	应力选取	与裂纹方向有关	与裂纹方向无关
4	循环次数 N	根据裂纹萌生曲线确定；可以参考 RCC-M ZI 篇提供的 S-N 曲线确定	由 RCC-M ZI 篇提供的 S-N 曲线确定

在核电厂在役阶段，关于裂纹扩展的计算，RSE-M 附录 5. 3 和 ASME Ⅺ都有规定，存在以下四点不同。

表 6-3　服役阶段核电厂管道缺陷疲劳扩展分析方法技术特点总结与对比[5,6]

序号	差异项	RSE-M 方法	ASME 方法
1	开裂模式	考虑Ⅰ、Ⅱ、Ⅲ型三种开裂模式	考虑Ⅰ型开裂模式
2	裂纹扩展计算流程	未开展门槛值分析，分为起裂和扩展两步计算	开展门槛值分析， 直接进行扩展计算
3	应力腐蚀	未提供应力腐蚀计算方法	提供应力腐蚀计算方法
4	应力强度因子塑性修正	复杂	简单

6.6　小结

本章结合常用核级管道设计和在役检查规范介绍了裂纹在萌生阶段和扩展阶段的理论模型，同时给出了工程设计中定量分析裂纹萌生以及扩展的计算方法，并对其技术特点进行分析和比较。

参考文献

[1] 陈传尧. 疲劳与断裂[M]. 武汉:华中科技大学,2002.

[2] 吴维青. 40Cr 钢疲劳裂纹萌生寿命的测量[J]. 应用力学学报,2003,20(3):141-145.

[3] 刘晓燕,何晓梅,董洁, 等. 2Cr13 钢的疲劳裂纹萌生与扩展行为[J]. 热加工工艺,2012, 41(2):49-54.

[4] RCC-M. Design and Construction Rules for Mechanical Components of PWR Nuclear Islands [S]. French Association for Design, Construction, and In-service Inspection Rules for Nuclear Island Component. 2018.

[5] RSE-M. In-service Inspection Rules for Mechanical Components of PWR Nuclear Islands [S]. French association for design, construction, and in-service inspection rules for nuclear steam supply system components. 2012.

[6] ASME. Rules forinservice inspection of nuclear plant components, section Ⅺ, division1-appendices [S]. 2019.

第 7 章　管道缺陷断裂力学参数的常见分析方法

7.1　引言

断裂力学是从 20 世纪 50 年代在生产实践中产生和发展起来的一门新兴学科，它应用断裂力学的分析方法，研究含缺陷材料和结构的破坏问题。断裂力学广泛应用于核电领域，尤其美国、英国和法国等制定了一些管道缺陷评定标准，开展管道安全评定的工程实践，并且得到国际所认可。比如英国含缺陷结构完整性评定标准（R6 规范[9]）、美国的 ASME 规范[10]包含管道缺陷评定方法、法国的在役管道评定规范（RSE-M 规范[11]）。

本章首先讲述在管道缺陷力学评价过程中主要考虑的断裂力学参数，然后介绍 ASME 规范以及 RSE-M 规范中应力强度因子计算、J 积分计算的方法，最后介绍 RSE-M 规范方法对典型结构开展裂纹 J 积分计算的流程。

7.2　管道缺陷力学评价过程中主要断裂力学参数及物理意义

在断裂力学中有三个基本断裂参数，分别是应力强度因子、路径无关积分（J 积分）和应变能释放率。应力强度因子的计算主要依赖于裂纹前段的局部应力场，它描述了弹性裂纹尖端应力场的强弱，J 积分描述的是由于裂纹的存在所吸收的能量，而能量释放率是描述产生新的裂纹面所需要的能量。本节重点讲述应力强度因子计算方法与 J 积分计算方法。

7.2.1　应力强度因子计算[7,8]

1. 应力场

对于二维平面问题，获得平衡微分方程和相容方程后，在满足边界条件的情况下，应力函数 $U(x,\ y)$ 需满足协调方程：

$$\nabla^4 U = 0 \tag{7-1}$$

如图 7-1 所示，直角坐标系 Oxy 的原点选在裂纹尖端处，x 轴与裂纹共线，y 轴与裂纹垂直。

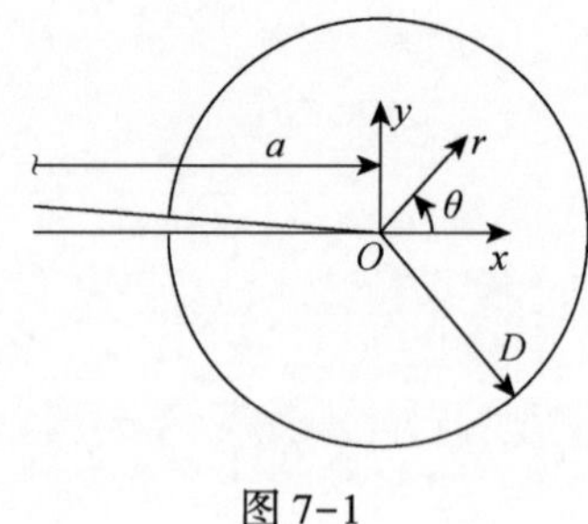

图 7-1

裂纹面上，面力为零：

$$\sigma_\theta = \tau_{\gamma\theta} = 0 \quad \theta = \pm \pi \tag{7-2}$$

式中，σ_θ 和 $\tau_{\gamma\theta}$ 分别是极坐标系中的周向正应力和剪应力。

本节只讨论裂纹尖端附近的奇性场，设想应力函数 U 可用分离变量的形式表示为

$$U(r,\ \theta) = r^{1+\lambda} F_\lambda(\theta) \tag{7-3}$$

将（7-3）代入（7-1）式，得到关于 F_λ 的控制方程：

$$F_\lambda''''(\theta) + 2(\lambda^2 + 1)F_\lambda''(\theta) + (\lambda^2 - 1)^2 F_\lambda(\theta) = 0 \tag{7-4}$$

该方程的通解为

$$F_\lambda(\theta) = A\cos(\lambda + 1)\theta + B\sin(\lambda + 1)\theta + C\cos(\lambda - 1)\theta + D\sin(\lambda - 1)\theta \tag{7-5}$$

极坐标系中的应力分量为

$$\begin{aligned} \sigma_r &= \frac{1}{r^2}\frac{\partial^2 U}{\partial \theta^2} + \frac{1}{r}\frac{\partial U}{\partial r} = r^{\lambda-1}[F_\lambda'' + (\lambda+1)F_\lambda] \\ \sigma_\theta &= \frac{\partial^2 U}{\partial r^2} = r^{\lambda-1}\lambda(\lambda+1)F_\lambda \\ \tau_{r\theta} &= -\frac{\partial}{\partial r}\left(\frac{1}{r}\frac{\partial U}{\partial \theta}\right) = -r^{\lambda-1}\lambda F'_\lambda \end{aligned} \tag{7-6}$$

由边界条件（7-6）导得

$$F_\lambda(\pm\pi) = 0,\ F'_\lambda(\pm\pi) = 0 \tag{7-7}$$

将（7-5）代入（7-7）式，得到关于系数 A，B，C 和 D 的四个线性齐次代数方程：

$$\begin{aligned} &A\cos\lambda\pi + C\cos\lambda\pi = 0 \\ &A(\lambda+1)\sin\lambda\pi + C(\lambda-1)\sin\lambda\pi = 0 \\ &B\sin\lambda\pi + D\sin\lambda\pi = 0 \\ &B(\lambda+1)\cos\lambda\pi + D(\lambda-1)\cos\lambda\pi = 0 \end{aligned} \tag{7-8}$$

这四个线性代数方程有非零解的充要条件是它们的系数行列式分别为零。

对于 Ⅰ 型裂纹，此时 $K_{\mathrm{I}} \neq 0$，$K_{\mathrm{II}} = 0$，因此得到

$$\sigma_r = \frac{K_{\mathrm{I}}}{4\sqrt{2\pi r}}\left(5\cos\frac{\theta}{2} - \cos\frac{3\theta}{2}\right)$$

$$\sigma_\theta = \frac{K_{\mathrm{I}}}{4\sqrt{2\pi r}}\left(3\cos\frac{\theta}{2} + \cos\frac{3\theta}{2}\right) \tag{7-9}$$

$$\tau_{r\theta} = \frac{K_{\mathrm{I}}}{4\sqrt{2\pi r}}\left(\sin\frac{\theta}{2} + \sin\frac{3\theta}{2}\right)$$

在裂纹尖端，$\theta = 0$，则得到

$$\sigma_r = \sigma_\theta = \frac{K_{\mathrm{I}}}{\sqrt{2\pi r}},\quad \tau_{r\theta} = 0 \tag{7-10}$$

公式（7-10）表明，对于Ⅰ型裂纹尖端，应力场具有 $r^{-\frac{1}{2}}$ 奇异性。参数 K_{I} 表征奇性场强度，称为Ⅰ型应力强度因子。

对于Ⅱ型裂纹，则有

$$\sigma_r = \frac{K_{\mathrm{II}}}{4\sqrt{2\pi r}}\left(-5\sin\frac{\theta}{2} + 3\sin\frac{3\theta}{2}\right)$$

$$\sigma_\theta = \frac{-3K_{\mathrm{II}}}{4\sqrt{2\pi r}}\left(\sin\frac{\theta}{2} + \sin\frac{3\theta}{2}\right) \tag{7-11}$$

$$\tau_{r\theta} = \frac{K_{\mathrm{II}}}{4\sqrt{2\pi r}}\left(\cos\frac{\theta}{2} + 3\cos\frac{3\theta}{2}\right)$$

类似的可以求得直角坐标系中应力分量：

对于Ⅰ型裂纹

$$\sigma_r = \frac{K_{\mathrm{I}}}{\sqrt{2\pi r}}\cos\frac{\theta}{2}\left(1 - \sin\frac{\theta}{2}\sin\frac{3\theta}{2}\right)$$

$$\sigma_y = \frac{K_{\mathrm{I}}}{\sqrt{2\pi r}}\cos\frac{\theta}{2}\left(1 + \sin\frac{\theta}{2}\sin\frac{3\theta}{2}\right) \tag{7-12}$$

$$\tau_{xy} = \frac{K_{\mathrm{I}}}{\sqrt{2\pi r}}\sin\frac{\theta}{2}\cos\frac{\theta}{2}\cos\frac{3\theta}{2}$$

对于Ⅱ型裂纹

$$\sigma_r = -\frac{K_{\mathrm{II}}}{2\pi r}\sin\frac{\theta}{2}\left(2 + \cos\frac{\theta}{2}\cos\frac{3\theta}{2}\right)$$

$$\sigma_y = \frac{K_{\mathrm{II}}}{\sqrt{2\pi r}}\sin\frac{\theta}{2}\cos\frac{\theta}{2}\cos\frac{3\theta}{2} \tag{7-13}$$

$$\tau_{xy} = \frac{K_{\mathrm{II}}}{\sqrt{2\pi r}}\cos\frac{\theta}{2}\left(1 - \sin\frac{\theta}{2}\sin\frac{3\theta}{2}\right)$$

2. 位移场

对于平面应变问题，

$$\varepsilon_z = 0,\ \sigma_z = \nu(\sigma_x + \sigma_y)$$

因此

$$\varepsilon_x = \frac{\partial u}{\partial x} = \frac{1}{E}[\sigma_x - \nu(\sigma_y + \sigma_z)]$$

$$= \frac{1-\nu^2}{E}(\sigma_x - \frac{\nu}{1-\nu}\sigma_y)$$

所以

$$\begin{aligned} u &= \frac{1-\nu^2}{E}\int(\sigma_x - \frac{\nu}{1-\nu}\sigma_y)\mathrm{d}x \\ v &= \frac{1-\nu^2}{E}\int(\sigma_y - \frac{\nu}{1-\nu}\sigma_x)\mathrm{d}y \end{aligned} \tag{7-14}$$

对于Ⅰ型裂纹

$$\begin{aligned} u &= \frac{K_{\mathrm{I}}}{4\mu}\sqrt{\frac{r}{2\pi}}\left[(2k-1)\cos\frac{\theta}{2} - \cos\frac{3\theta}{2}\right] \\ v &= \frac{K_{\mathrm{I}}}{4\mu}\sqrt{\frac{r}{2\pi}}\left[(2k+1)\sin\frac{\theta}{2} - \sin\frac{3\theta}{2}\right] \end{aligned} \tag{7-15}$$

对于Ⅱ型裂纹

$$\begin{aligned} u &= \frac{K_{\mathrm{II}}}{4\mu}\sqrt{\frac{r}{2\pi}}\left[(2k+3)\sin\frac{\theta}{2} + \sin\frac{3\theta}{2}\right] \\ v &= -\frac{K_{\mathrm{II}}}{4\mu}\sqrt{\frac{r}{2\pi}}\left[(2k-3)\cos\frac{\theta}{2} + \cos\frac{3\theta}{2}\right] \end{aligned} \tag{7-16}$$

在式（7-15）和（7-16）中，

$$k = 3 - 4\nu,\ \text{平面应变}$$

$$k = \frac{3-\nu}{1+\nu},\ \text{平面应力}$$

反平面问题是Ⅲ型裂纹，在工程实际中，较少考虑Ⅲ型裂纹。因此，本节对于Ⅲ型裂纹问题不进行阐述。

应力强度因子是有限量，它不代表某一点的应力，而是代表应力场强度的物理量。目前求应力强度因子的方法有解析法、数值解法和实验标定方法。解析法只能计算简单的问题，对于大多数问题需要采用数值解法。当前工程中广泛采用的数值解法是公式法计算。本节主要讲述规范中求解应力强度因子的方法。

应力强度因子计算方法中解析法和数值解法包括复变函数方法、权函数方法、积分变换法、奇异积分方程及有限单元法。

目前，在工程应用中计算构件应力强度因子的方法大致相同，均允许采用数值分析的计算方法开展分析，通过有限单元法建立裂纹结构模型，定义材料的弹塑性性能，根据 J 积分的基本定义选取合适的路径进行积分。更常用的方式是根据规范给出的工程经验公式开展计算。规范中的经验公式法往往需要依据不含裂纹的原管道结构建立线弹性有限元模型，开展弹性体应力分析。然后沿裂纹扩展方向提取应力分布结果，把应力分布情况拟合成分布函数，根据分布函数，结合裂纹和管道结构的几何参数与载荷参数计算应力强度因子。

RSE-M 规范中应力强度因子计算方法如下：

（1）K_{I} 应力强度因子计算。

首先，根据各种性质的外加载荷确定所在分析工况下的应力分布，即假想裂纹平面上的正应力分布。用离内壁表面的距离 x 来标记所分析的每一个点，正应力的分布由一个保守包络值确定，即由变量 x 除以截面厚度 L 的多项式来表示（L 为研究区域的壁厚，$0 \leqslant L \leqslant t$）：

$$\sigma(x)=\sigma_0+\sigma_1(x/L)+\sigma_2\,(x/L)^2+\sigma_3\,(x/L)^3+\sigma_4\,(x/L)^4$$

然后，将多项式的每一项与影响函数结合，以确定应力强度因子 K。影响函数分别为 i_0、i_1、i_2、i_3 表示，这些影响函数的裂纹几何形状、假象裂纹所在区域及比值 a/L 的函数。其中 a 为裂纹深度。σ_0、σ_1、σ_2、σ_3 可以根据详细的有限元计算得到，或者可以通过相应的公式计算得到。

$$K_{\mathrm{I}}=\sqrt{\pi a}\,(\sigma_0 i_0)+\sigma_1(a/t)i_1+\sigma_2\,(a/t)^2 i_2+\sigma_3\,(a/t)^3 i_3+\sigma_4\,(a/t)^4 i_4$$

（2）K_{II} 应力强度因子计算。

K_{II} 应力强度因子计算公式如下：

$$K_{\mathrm{II}}=\left[\tau_0 i_0+\tau_1 i_1\frac{a}{t}\right]$$

（3）K_{III} 应力强度因子计算。

K_{III} 应力强度因子计算公式如下：

$$K_{\mathrm{III}}=\left[\tau_0 i_0+\tau_1 i_1\frac{a}{t}\right]$$

其中，i_0、i_1 可由 RSE-M 规范中直接获得，剪应力 τ_0、τ_1 直接由扭矩 M_1 得到，计算公式见表 7-1。

表 7-1　管道名义弹性剪应力

	τ_0	τ_1
内表面裂纹	$\dfrac{M_1 r_i}{\dfrac{\pi}{2}(r_e^4-r_i^4)}$	$+\dfrac{M_1 t}{\dfrac{\pi}{2}(r_e^4-r_i^4)}$
外表面裂纹	$\dfrac{M_1 r_e}{\dfrac{\pi}{2}(r_e^4-r_i^4)}$	$-\dfrac{M_1 t}{\dfrac{\pi}{2}(r_e^4-r_i^4)}$

(4) K_{eq}等效应力强度因子计算。

等效应力强度因子计算公式如下：

$$K_{eq} = \sqrt{\max\ [K_{\mathrm{I}},\ 0]^2 + K_{\mathrm{II}}^2 + \frac{1}{1-\nu}K_{\mathrm{III}}^2}$$

(5) K_{CP}应力强度因子计算。

由（4）确定的等效应力强度因子 K_{eq}，应考虑裂纹尖端塑性区进行修正，修正公式如下：

$$K_{CP} = \alpha K_{eq}\sqrt{\frac{a + r_y}{a}}$$

式中 ——$r_y = \frac{1}{6\pi}\left(\frac{K_{\mathrm{I}}}{R_P}\right)^2$；

——R_P 指材料在裂纹处所考虑温度下的屈服强度值。

α 值的求解方法如下：

如果 $r_y \leqslant 0.5(t-a)$ 则 $\alpha = 1$；

如果 $0.5(t-a) < r_y \leqslant 0.12(t-a)$ 则 $\alpha = 1 + \left[\frac{r_y - 0.05(t-a)}{0.035(t-a)}\right]^2$；

如果 $r_y > 0.12(t-a)$ 则 $\alpha = 1.6$。

应用 ASME 开展计算时，首先需要根据含缺陷管部件的失效模式来选择对应的评价方法，因为不同给的材料往往表现出不同的失效过程和破裂行为。相应的失效评估准则也不相同。具体可分为全塑性破裂的验收准则（对应管道全截面的屈服效应），基于弹塑性破裂的验收准则（对应管道的延性破裂失效），基于线弹性破裂的验收准则（对应管道的脆性破裂失效）。对于不同的管部件，失效模式往往与管道材料特性、制造工艺、管道应力水平、管道几何尺寸和裂纹尺寸相关。ASME 规范中应力强度因子计算方法如下：

(1) K_{I} 计算公式。

对于环形裂纹，K_{I} 计算公式如下：

$$K_{\mathrm{I}} = K_{\mathrm{Im}} + K_{\mathrm{Ib}}$$

$$K_{\mathrm{Im}} = [P/(2\pi R_m t)]\ (\pi a/1\ 000)^{0.5} F_m$$

$$K_{\mathrm{Ib}} = [P/(\pi R_m^2 t)]\ (\pi a/1\ 000)^{0.5} F_b$$

其中：

$$F_m = 1.10 + \chi[0.152\ 41 + 16.772\ (\chi\theta/\pi)^{0.855} - 14.944(\chi\theta/\pi)]$$

$$F_b = 1.10 + \chi[-0.099\ 67 + 5.005\ 7\ (\chi\theta/\pi)^{0.565} - 2.832\ 9(\chi\theta/\pi)]$$

$$\chi = \left(\frac{a}{t}\right)$$

θ/π 为裂纹长度与管道内周长的比值。上式中的 F_m 和 F_b 在下面条件下有效：$l/a \geqslant 2$，$0.08 \leqslant \chi \leqslant 0.8$，$0.05 \leqslant \theta/\pi \leqslant 1.0$；当 $\theta/\pi \geqslant 0.5$ 时，令 $\theta/\pi = 0.5$。

极限载荷状态下的参考弯曲应力：

$$\sigma'_b = \frac{2\sigma_y}{\pi}\left[2\sin\beta - \frac{a}{t}\sin\theta\right]$$

其中：$\beta = \frac{1}{2}\left[\pi - \frac{a}{t}\theta - \pi\frac{\sigma_m}{\sigma_f}\right]$ 或者 $\theta + \beta > \pi$，$\sigma'_b = \frac{2\sigma_y}{\pi}\left[\left(2 - \frac{a}{t}\right)\sin\beta\right]$，$\sigma_f =$ 300 MPa，$\beta = \pi\left(1 - \frac{a}{t} - \frac{\sigma_m}{\sigma_f}\right)\Big/\left(2 - \frac{a}{t}\right)$

极限载荷状态的参考薄膜应力：

$$\sigma'_m = \sigma_y\left[1 - \frac{a}{t}\frac{\theta}{\pi} - \frac{2\varphi}{\pi}\right]$$

$$\varphi = \arcsin\left[0.5\frac{a}{t}\sin\theta\right]$$

式中　l——裂纹长度；

σ'_b——参考弯曲应力；

σ_m——一次薄膜应力；

σ'_m——参考一次薄膜应力；

σ_f——流变应力；

σ_y——屈服应力。

线弹性破裂模式下，对于环向裂纹，裂纹深度下 K_{I} 计算公式如下：

$$K_{\mathrm{I}} = K_{\mathrm{Im}} + K_{\mathrm{Ib}} + K_{\mathrm{Ir}}$$

其中：$K_{\mathrm{Im}} = (SF_{\mathrm{M}})F_{\mathrm{m}}\sigma_{\mathrm{m}}(\pi a)^{0.5}$；$K_{\mathrm{Ib}} = [(SF_b)\sigma_b + \sigma_e]F_b(\pi a)^{0.5}$；$K_{\mathrm{Ir}}$ 来源于缺陷位置的残余应力。

对于轴向裂纹，裂纹长度下 K_{I} 计算公式如下：

$$K_{\mathrm{I}} = K_{\mathrm{Im}} + K_{\mathrm{Ib}}$$

式中　$K_{\mathrm{Im}} = F_{\mathrm{m}}\sigma_{\mathrm{m}}(\pi c)^{0.5}$

$K_{\mathrm{Ib}} = F_{\mathrm{b}}[\sigma_{\mathrm{b}} + \sigma_e](\pi c)^{0.5}$

$F_{\mathrm{b}} = 1 + A_{\mathrm{b}}(\theta/\pi)^{1.5} + B_{\mathrm{b}}(\theta/\pi)^{2.5} + C_{\mathrm{b}}(\theta/\pi)^{3.5}$

$F_{\mathrm{m}} = 1 + A_{\mathrm{m}}(\theta/\pi)^{1.5} + B_{\mathrm{m}}(\theta/\pi)^{2.5} + C_{\mathrm{m}}(\theta/\pi)^{3.5}$

$A_{\mathrm{b}} = -3.26543 + 1.52784(R_{\mathrm{m}}/t) - 0.072698(R_{\mathrm{m}}/t)^2 + 0.0016011(R_{\mathrm{m}}/t)^3$

$A_{\mathrm{m}} = -2.02917 + 1.67763(R_{\mathrm{m}}/t) - 0.07987(R_{\mathrm{m}}/t)^2 + 0.00176(R_{\mathrm{m}}/t)^3$

$B_{\mathrm{b}} = 11.36322 - 3.91412(R_{\mathrm{m}}/t) + 0.18619(R_{\mathrm{m}}/t)^2 - 0.004099(R_{\mathrm{m}}/t)^3$

$B_{\mathrm{m}} = 7.09987 - 4.42394(R_{\mathrm{m}}/t) + 0.21036(R_{\mathrm{m}}/t)^2 - 0.00463(R_{\mathrm{m}}/t)^3$

$C_{\mathrm{b}} = -3.18609 + 3.84763(R_{\mathrm{m}}/t) - 0.18304(R_{\mathrm{m}}/t)^2 + 0.00403(R_{\mathrm{m}}/t)^3$

$C_{\mathrm{m}} = 7.79661 + 5.16676(R_{\mathrm{m}}/t) - 0.24577(R_{\mathrm{m}}/t)^2 + 0.00541(R_{\mathrm{m}}/t)^3$

在计算应力强度时，如何考虑载荷对结果影响较大，因此，在计算时载荷考虑一定要全面、合理。

分析考虑的载荷应该包括内压、热瞬态应力和由内压、自重、热膨胀及地震载荷导致的管道载荷。

（1）热瞬态载荷。

热应力结果可以通过有限元计算得到，计算时需考虑热载荷的瞬态效应。一般情况下，热应力沿着壁厚方向非线性分布。可认为热应力极值与管道内壁弯曲应力和薄膜应力之和的极值同时出现，以此确定每次热瞬态的热应力变化范围。

（2）焊接残余应力。

裂纹扩展分析需要考虑焊接残余应力的影响。可根据现场的焊层焊道布置和焊接热输入情况，应用有限元法进行传热分析和热应力计算，提取计算结果作为载荷施加到计算模型中，以应力的表现形式考虑该载荷对应力强度因子的影响。

（3）其他载荷。

裂纹扩展分析还需要考虑的其他载荷包括内压、热膨胀和地震等载荷。

这些载荷可以转化为线性载荷或者等效为轴力和弯矩。因此在计算应力时可以将其统一考虑成轴力和弯矩产生的应力。

如果设计中采用反应谱法或等效静力法，则获取的地震载荷为无符号载荷，可以发生在任意方向，需要试算最保守的加载方向，目的是得到最大的应力强度因子变化幅值，试算方向可根据热载荷的计算结果初步确定。

7.2.2 J 积分计算

当材料界面为弹塑性失效时，裂纹附近的应力应变场非常复杂，已经不能简单的用应力或者应力强度因子对其进行描述，这时便定义了新的力学参数 J 积分。J 积分在弹塑性断裂力学中是重要参数，它是描述的是由于裂纹的存在所吸收的能量，与线弹性断裂力学的应力强度因子一样，能够描述裂纹尖端应力应变场的强度。J 积分具有守恒性，即 J 积分值与路径无关。目前，对于 J 积分计算一般有两大类：一类是按照简化模型或者工程估算方法进行计算；另一类是通过有限元分析或者实验方法获取 J 积分值。J 积分最大的特点在于无论裂纹附近的材料是处于弹性状态还是发生大范围塑性变形，它都能准确的表征材料裂纹的扩展行为。

7.2.2.1 经验公式计算 J 积分方法

目前圆管裂纹 J 积分的理论计算方法主要有 GE/EPRI 方法、Paris－Tada 方法、LBB. NRC 方法、LBB. GE 方法及 LBB. ENG2 方法等。

1. GE/EPRI 方法

GE/EPRI 方法[1,2]是一种典型的 J 积分经验公式计算方法，该方法认为材料的应力应变服从 Ramberg-Osgood 模型，其具体关系如式（7-17）所示。

$$\frac{\varepsilon}{\varepsilon_0}=\frac{\sigma}{\sigma_0}+\alpha\left(\frac{\sigma}{\sigma_0}\right)^n \tag{7-17}$$

式中　σ 和 ε 分别对应真实应力和真实应变；

E 为弹性模量；

α 为应变硬化系数；

n 为应变强化指数；

σ_0 和 ε_0 分别为参考应力和参考应变（一般为屈服应力和屈服应变）。

两者的关系如式（7-18）所示。

$$\sigma_0/\varepsilon_0 = E \tag{7-18}$$

GE/EPRI 方法认为含裂纹管道的 J 积分由两部分组成——弹性部分和塑性部分，其计算式如式（7-19）所示：

$$J = J_e + J_p \tag{7-19}$$

式中：J_e、J_p 分别为 J 积分值的弹性部分和塑性部分。

2. Paris-Tada 方法

与 GE/EPRI 方法类似，采用 Paris-Tada 方法[3] 计算 J 积分的基本思想也是先分别计算 J 积分的弹性部分和全塑性部分，然后进行插值。

对于承受弯曲载荷的含周向贯穿裂纹的管道，其 J 积分计算如式（7-20）所示：

$$J = J_e + J_p \tag{7-20}$$

式中：J_e、J_p 分别是 J 积分值中的弹性部分和塑性部分。

弹性部分 J 积分 J_e 的计算如式（7-21）所示。

$$J_e = \frac{K^2}{E} \tag{7-21}$$

式中：E 为弹性模量；K 为应力强度因子。

计算如式（7-22）所示。

$$K = \sigma\sqrt{\pi R\theta}F_b(\theta) \tag{7-22}$$

式中：$\sigma = M/Z$ ，为外加弯曲 M 产生的应力；Z 为截面抗弯模量，$Z = \pi R^2 t$ ；$F_b(\theta)$ 为插值函数，在参考文献中[4,5] 中给出。

塑性部分的 J 积分 J_p 由式（7-23）确定所示。

$$J_p = -\int_0^{\Phi_p} \frac{\partial M}{\partial A}\bigg|_{\Phi_p} \mathrm{d}\Phi_p = \frac{F_j(\theta)}{4Rt\,\overline{M}(\theta)}\int_0^{\Phi_p} M(\theta)\,\mathrm{d}\Phi_p \tag{7-23}$$

式中　$\overline{M}(\theta) = \cos\left[\frac{1}{2}\theta\right] - \frac{1}{2}\sin\theta$；

$F_j(\theta) = \sin\left[\frac{1}{2}\theta\right] - \frac{1}{2}\cos\theta$；

$M = \frac{EZ}{I_B(\theta_{eff})}\Phi$；

$I_B(\theta_{eff}) = 4\int_0^{\theta_{eff}} \theta F_b^2(\theta)\,\mathrm{d}\theta$；

$$\theta_{\mathrm{eff}} = \theta + \frac{1}{\beta} S^2 G(\theta_{\mathrm{eff}})\text{。}$$

式中：β 为应力状态系数，平面应力情况下，$\beta = 2$；平面应变情况下，$\beta = 6$；$G(\theta) = \theta^2 F_{\mathrm{b}}{}^2(\theta)$；$S = \sigma/\sigma_y$

3. LBB. NRC 方法

LBB. NRC 方法[3]是美国核管理委员会（NRC）提出的 J 积分计算方法，其基本原理与 Paris-Tada 方法一致，只是在塑性区参量本构关系方面考虑了参量的应变硬化，两者的差别主要表现在两方面：

（1）LBB. NRC 方法认为 J_{e} 的近似计算方法有两种，一种为与 Paris-Tada 方法相同的利用裂纹半角 θ 计算 J_{e} 方法，另一种是利用有效裂纹半角 θ_{eff} 计算 J_{e}，其计算如式（7-24）所示：

$$J_{\mathrm{e}} = \frac{[K(\theta_{\mathrm{eff}})]^2}{E} = \frac{1}{E} \pi R \theta_{\mathrm{eff}} \left[\frac{MF(\theta_{\mathrm{eff}})}{Z}\right]^2 \tag{7-24}$$

式中 $\theta_{\mathrm{eff}} = \theta + \dfrac{\sigma}{\sigma_{\mathrm{p}}} \dfrac{G(\theta_{\mathrm{eff}})}{G'(\overline{\theta_{\mathrm{eff}}})}$；

$\overline{\theta_{\mathrm{eff}}} = \theta + \dfrac{G(\theta_{\mathrm{eff}})}{G'(\overline{\theta_{\mathrm{eff}}})}$；

$\sigma_{\mathrm{p}} = \dfrac{4}{\pi} \sigma_{\mathrm{f}} \overline{M}(\theta)$。

（2）Paris-Tada 方法只考虑材料的理想塑性，而 LBB. NRC 方法则利用 Ramberg-Osgood 应力应变关系式引入应变强度强化效应，由于裂纹存在引起的塑性转角表示为

$$\Phi_p = L\alpha \left(\frac{\sigma}{\sigma_\theta}\right)^{n-1} \Phi_e(\theta) \tag{7-25}$$

式中：L 是空间位置的函数，依赖于材料性质和构件的几何特征，在 LBB. NRC 方法中，L 记为 L_{NRC}，由式（7-26）确定。

$$L_{\mathrm{NRC}} = \frac{\Phi_e(\theta_{\mathrm{eff}})}{\Phi_e(\theta)} \tag{7-26}$$

4. LBB. GE 方法

LBB. GE 方法是用塑性有限变形的有限元计算结果[6]确定 LBB. NRC 方法中计算塑性转角的空间位置函数 L，其计算式如式（7-27）所示。

$$L = \frac{h_2}{4V_1} \left[\frac{\pi i}{4\overline{M}(\theta)}\right]^n \tag{7-27}$$

式中：h_2 和 V_2 在文献[6]中已列表给出，

i 为壳厚因子，由式（7-28）确定。

$$i = 1 + t^2/(4R^2) \tag{7-28}$$

式（7-27）对于尺寸比较小的裂纹误差较大，因此对于裂纹半角 $\theta \leqslant 30°$ 的情况，将

式（7-27）修正为式（7-29）。

$$\Phi_p = L\alpha\left(\frac{\sigma}{\sigma_\theta}\right)^{n-1}\Phi_e(\theta_{eff}) \tag{7-29}$$

即用 $\Phi_e(\theta_{eff})$ 代替 $\Phi_e(\theta)$，并用 Paris-Tada 的分离假设，当 $\theta \leqslant 30°$ 时，J_P 的计算如式（7-30）所示。

$$J_p = -\int_0^{\Phi_p}\frac{\partial M}{\partial A}\bigg|_{\Phi_p}d\Phi_p = \frac{F_j(\theta)}{4Rt\overline{M}(\theta)}\int_0^{\Phi_p}M(\theta)d\Phi_p \tag{7-30}$$

对于裂纹半角 $\theta > 30°$ 的情况，无需考虑对式（7-27）的修正，则 J_P 的计算如式（7-31）所示。

$$J_p = \alpha\sigma_0\varepsilon_0 R - \frac{\pi nLF_j(\theta)I_B(\theta)}{4(n+1)i\overline{M}(\theta)(2\sigma_0)^n}M^{n+1} \tag{7-31}$$

5. LBB. ENG2 方法

LBB. ENG2 方法最早由 Brust 和 Gills 提出，为计算含周向贯穿裂纹的管道在纯弯曲载荷作用下的能量释放率，20 世纪 80 年代 NRC 对此方法进行了深入研究与改进，改进后的 LBB. ENG2 方法适用于材料的整个弹塑性范围。该方法的核心是将裂纹模拟为一小段局部壁厚减薄的管道，以此模拟由裂纹存在而造成的柔度减弱。

LBB. ENG2 方法与 GE/EPRI 方法一样，均假设材料的应力应变关系服从 Ramberg-Osgood 模型。

对于两端承受纯弯曲载荷的含裂纹管道，LBB. ENG2 方法也认为其 J 积分由弹性和塑性两部分组成，其中弹性部分与前面 Paris-Tada 方法一致，塑性部分的 J 积分如式（7-32）所示。

$$J_p - \frac{\alpha}{E\sigma_0^{n-1}}\frac{\pi R}{2(n-1)}H_B(n,\theta)L_B(n,\theta)I_B\left(\frac{M}{\pi R^2 t}\right)^{n+1} \tag{7-32}$$

式中：$H_B(n, \theta)$、$L_B(n, \theta)$ 和 I_B 由式（7-33）至式（7-36）确定。

$$H_B(n,\theta) = \frac{4\theta F_B(\theta)^2}{I_B(\theta)} + \frac{1}{L_B(n,\theta)}\frac{\partial L_B(n,\theta)}{\partial\theta} \tag{7-33}$$

$$L_B(n,\theta) = \left\{\frac{\pi}{4\left[\cos\left(\frac{\theta}{2}\right) - \frac{1}{2}\sin\theta\right]}\right\}^{n-1}\left(\frac{\pi}{4\hat{K}}\right)^n \tag{7-34}$$

$$I_B(\theta) = 4\int_0^\theta \theta F_B(\theta)^2 d\theta$$

式中：

$$\hat{K} = \frac{\sqrt{\pi}}{2}\frac{\Gamma\left(1+\frac{1}{2}n\right)}{\Gamma\left(\frac{3}{2}+\frac{1}{2}n\right)} \tag{7-35}$$

$$\Gamma(u)=\int_0^{\infty}\xi^{u-1}\exp(\xi)\,\mathrm{d}\xi \tag{7-36}$$

6. LBB. ENG3 方法

LBB. ENG3 与 LBB. ENG2 方法类似，该方法的核心是将裂纹模拟为一小段局部壁厚减薄的管道，以此模拟由裂纹存在而造成的柔度减弱，不同的是 LBB. ENG3 方法用于计算周向贯穿裂纹位于管道焊缝处的结构的 J 积分。

假设管道以及焊缝材料的应力应变关系服从 Ramberg–Osgood 模型，即其应力应变关系如式 7-37 所示。

$$\frac{\varepsilon}{\varepsilon_{0i}}=\frac{\sigma}{\sigma_{0i}}+\alpha_i\left(\frac{\sigma}{\sigma_{0i}}\right)^{n_i} \tag{7-37}$$

式中 σ、ε——分别对应真实应力和真实应变；

α_i——应变硬化系数；

n_i——应变强化指数；

σ_{0i}——屈服应力；

ε_{0i}——屈服应变。

其中，$i=1$ 或 2，分别代表母材和焊缝材料。

对于两端承受纯弯曲载荷的含裂纹管道，将其等效为一在中心长度为 $\hat{a}$ 范围内厚度减小为 t_e 的不含裂纹的管道，此管道其他位置的壁厚为 t 。

LBB. ENG3 方法也认为其 J 积分由弹性和塑性两部分组成，其中其弹性部分与 LBB. NRC 方法中 Paris–Tada 方法一致，塑性部分的 J 积分如式 7-38 所示。

$$J_p=\frac{\alpha}{E\sigma_0^{n_1-1}}\frac{\pi R}{2}\frac{1}{n_1+1}H_B L_B^d I_B\left(\frac{M}{\pi R^2 t}\right)^{n_1+1} \tag{7-38}$$

式中 $H_B=\dfrac{1}{I_B}\dfrac{\partial I_B}{\partial\theta}+\dfrac{1}{L_B^d}\dfrac{\partial L_B^d}{\partial\theta}$；

$$L_B^d=\frac{\left(\dfrac{M}{M_{01}}\right)^{n_1}\left(\dfrac{\hat{a}}{2}-\dfrac{L_w}{2}\right)\left(\dfrac{t}{t_e}\right)^{n_1}+\left(\dfrac{M}{M_{02}}\right)^{n_2}\dfrac{L_w}{2}\left(\dfrac{t}{t_e}\right)^{n_2}}{\left(\dfrac{M}{M_1}\right)\varepsilon_{01}\left(\dfrac{\hat{a}}{2}-\dfrac{L_w}{2}\right)\dfrac{t}{t_e}+\left(\dfrac{M}{M_2}\right)\varepsilon_{02}\dfrac{L_w}{2}\dfrac{t}{t_e}}\times\frac{1}{\alpha_1\left(\dfrac{M}{M_1}\right)^{n_1-1}};$$

$M_i=\sigma_{0i}\dfrac{I}{R}$。

式中 I 为管道的惯性矩；

L_w 为焊缝的长度。

7.2.2.2 有限元计算 J 积分方法

随着有限元技术的发展，有限元方法开始逐渐应用到裂纹稳定性评价中。可以利用有限元软件求解裂纹张开位移，通过求解裂纹 J 积分来评估裂纹稳定性。常用的通用断裂力学计算软件有 ABAQUS[12,13]、ANSYS、ADINA 等。其中，大型通用有限元软件 ABAQUS

不仅提供了与 J 积分计算相适应的材料弹塑性本构模型，还具备简单的含裂纹的结构的建模功能以及 J 积分计算结果的直接输出功能。另外，相较于其他计算临界裂纹长度的方法，有限元方法不仅仅可以计算管道的临界裂纹长度，还可以用于一些特殊结构如接管嘴的临界裂纹长度的计算。

1. 含裂纹模型通用设置

首先，通过 Abaqus 可以设置丰富的弹塑性本构模型，其中包含了 7.2.2.1 节所述的 Ramberg-Osgood 本构模型，其应力应变关系如式（7-39）所示。

$$\frac{\varepsilon}{\varepsilon_0}=\frac{\sigma}{\sigma_0}+\alpha\left(\frac{\sigma}{\sigma_0}\right)^n \tag{7-39}$$

在 Abaqus 软件中设置此本构模型的具体操作：选择【Property】模块后进入材料属性设置界面，选择材料本构模型为【Mechanical】｜【Deformation Plasticity】，如图 7-2 所示。

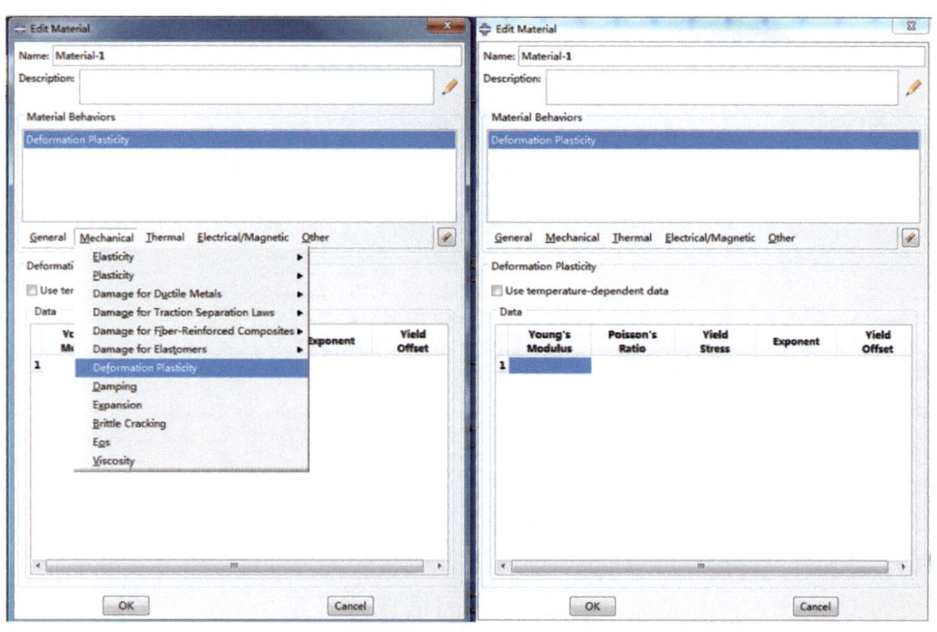

图 7-2　Ramberg-Osgood 本构设置示意图

Abaqus 软件具备简单的含裂纹结构的建模功能。软件中与裂纹相关的设置在【Interaction】模块，通过该模块下的【Special】｜【Crack】路径，可以进行裂纹相关参数的设置。【Special】｜【Crack】｜【Assign Seam】路径下可以设置裂纹面参数，操作路径及建模效果如图 7-3 及图 7-4 所示。

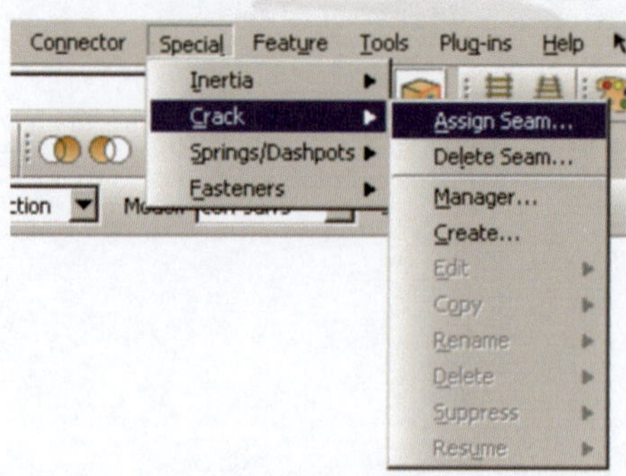

图 7-3　设置裂纹面操作路径

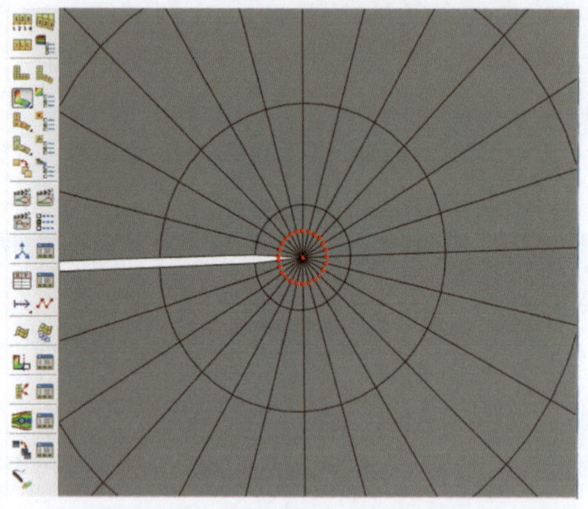

图 7-4　设置裂纹面后计算效果示意图

【Special】|【Crack】|【Creat】路径下可以设置裂纹尖端参数，其操作路径如图 7-5 所示，设置界面如图 7-6 所示。【Crack front】下可以定义裂纹尖端的位置，【Crack Extension Dirction】下可以定义裂纹扩展方向。裂纹尖端参数设置后的结构如图 7-7 所示，其中交叉点为裂纹尖端点，箭头方向指代裂纹扩展方向。

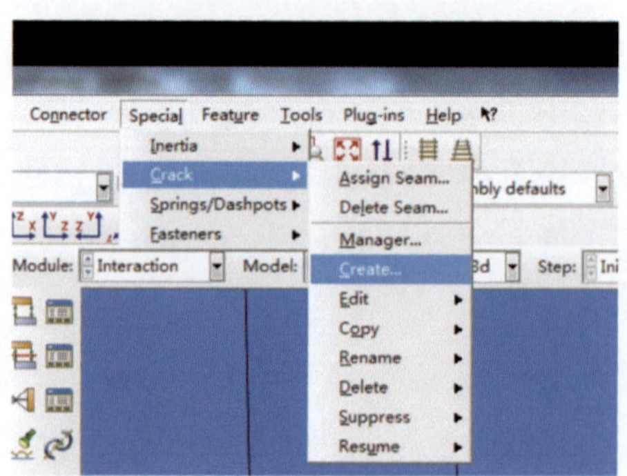

图 7-5　设置裂纹尖端操作路径

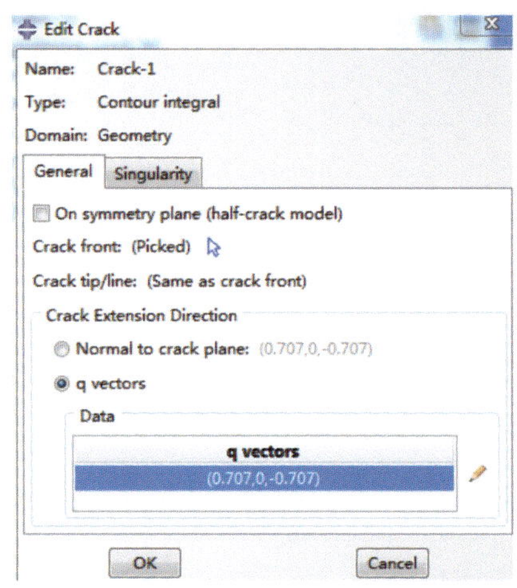

图 7-6　裂纹尖端设置功能界面示意图

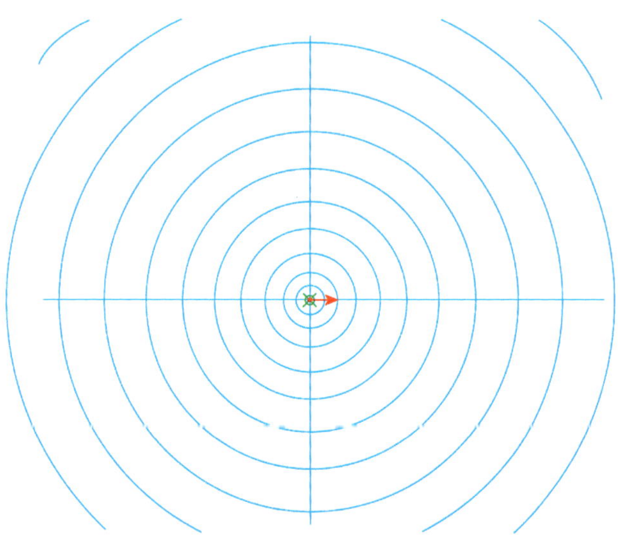

图 7-7　裂纹尖端设置效果示意图

2. 含裂纹模型 J 积分计算结果输出设置

另外，Abaqus 软件还提供了直接输出 J 积分计算结果的功能。首先，需要在【Step】模块下的【Histoy Output Request】功能中进行 J 积分输出需求设置，相关的设置如图 7-8 所示。【Domain】选取“Crack”，并选择对应的裂纹尖端名“Crack-1”；【Frequency】选择【Last increment】即可，输出最后的结果，不输出迭代计算过程中的结果，也可以设置成其他输出选项；【Number of contours】中输入整数，标识 J 积分结果输出几层围绕裂纹尖端单元的结果；【Type】选择“J-integral”即为输出 J 积分的结果。

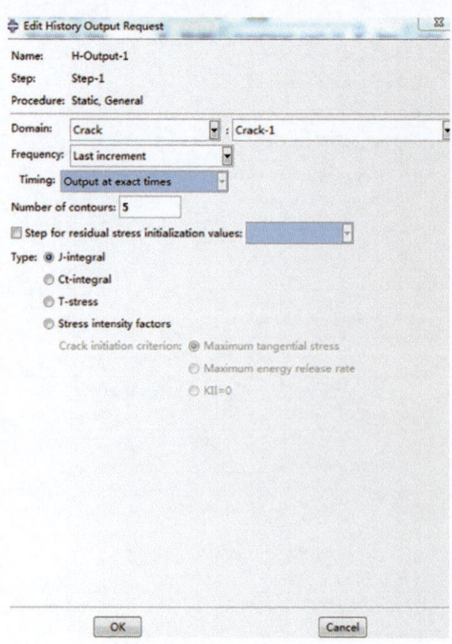

图 7-8　裂纹简单 J 积分值结果输出设置

计算完成后，J 积分的计算结果可以在 Abaqus 软件生成的 dat 历史记录文件的“J-INTEGRAL ESTIMATES”项中获得，也可以在结果模块中通过查看历史输出数据得到，如图 7-9 及图 7-10 所示。

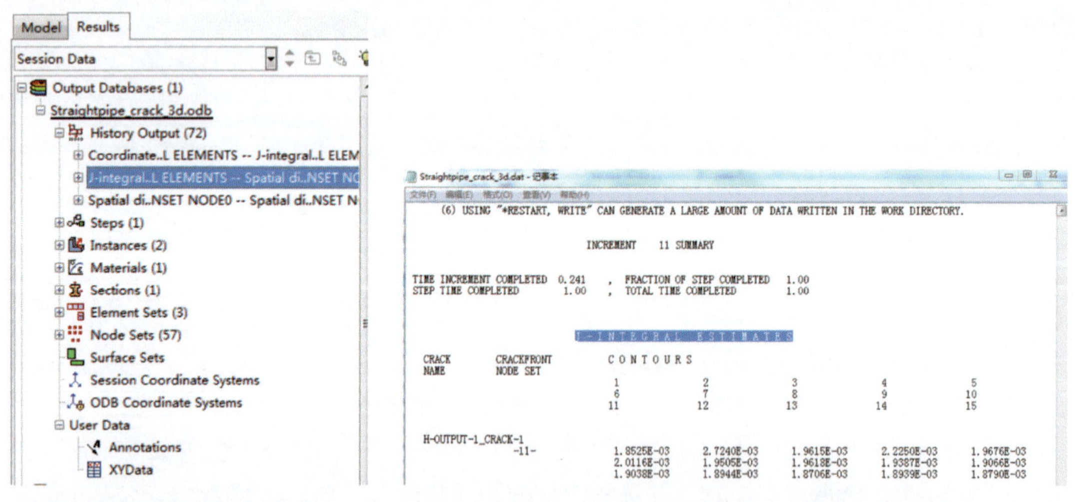


```
(6) USING "*RESTART, WRITE" CAN GENERATE A LARGE AMOUNT OF DATA WRITTEN IN THE WORK DIRECTORY.

                    INCREMENT    11 SUMMARY

TIME INCREMENT COMPLETED  0.241   ,  FRACTION OF STEP COMPLETED   1.00
STEP TIME COMPLETED        1.00   ,  TOTAL TIME COMPLETED          1.00

                    J - I N T E G R A L   E S T I M A T E S

CRACK       CRACKFRONT       C O N T O U R S
NAME        NODE SET
                             1            2            3            4            5
                             6            7            8            9           10
                            11           12           13           14           15

H-OUTPUT-1_CRACK-1
              -11-       1.8525E-03   2.7240E-03   1.9615E-03   2.2250E-03   1.9676E-03
                         2.0116E-03   1.9505E-03   1.9618E-03   1.9387E-03   1.9066E-03
                         1.9038E-03   1.8944E-03   1.8706E-03   1.8939E-03   1.8790E-03
```

图 7-9　J 积分结果查看示意图　　　　图 7-10　J 积分结果 dat 文件输出示意图

有限元方法是一种通用的计算临界裂纹长度的方法，该方法可以构造裂纹的实际形状来计算得到相关的裂纹参数，获得相对精确地计算结果。可以通过有限元方法可以模拟不同结构不同材料性能的缺陷，计算含裂纹结构的 J 积分。

7.3　基于 RSE-M 规范方法的典型部位裂纹 J 积分计算流程

RSE-M 规范中 J 积分评价方法分析流程如图 7-11 所示。以带有环向裂纹的直管道为例，J 值计算公式如下：

$$J=\left(\sqrt{J_{\mathrm{S}}^{\mathrm{mt}}}+K_{\mathrm{th}}^{*}\cdot\sqrt{J_{\mathrm{el}}^{\mathrm{th}}}\right)^{2}$$

$$J_{\mathrm{S}}^{\mathrm{mt}}=J_{\mathrm{el}}\cdot\frac{1}{K_{\mathrm{r}}^{2}}$$

$$J_{\mathrm{el}}^{\mathrm{th}}=\frac{\left[K_{\mathrm{eq}}^{\mathrm{th}}\right]^{2}}{E^{*}}$$

式中：$K_{\mathrm{r}}=\left[\frac{E\varepsilon_{\mathrm{ref}}}{L_{\mathrm{r}}S_{y}}+0.5\frac{L_{\mathrm{r}}^{2}}{L_{\mathrm{r}}^{2}+1}\right]^{\frac{1}{2}}$；其中 $\varepsilon_{\mathrm{ref}}$ 是应力值 $\sigma=L_{r}\cdot S_{y}$ 对应的参考应变，在材料真实应力应变曲线中查到：

$$K_{\mathrm{th}}=\mathrm{Max}\left[0.5;\ \sqrt{1.28\cdot\frac{\sigma_{\mathrm{th}}}{E\cdot\varepsilon_{\mathrm{th}}}-0.28\cdot\left(\frac{\sigma_{\mathrm{th}}}{E\cdot\varepsilon_{\mathrm{th}}}\right)^{2}}\right]$$

$$\varepsilon_{\mathrm{th}}=0.85\cdot\frac{\alpha\cdot\left(\frac{\Delta T_{1}}{2}+\Delta T_{21}\right)}{\frac{4}{3}\cdot(1-\nu)}\cdot f\left(\frac{a}{t}\right)$$

L_{r} 为裂纹结构外加载荷与参考载荷的比值。对于带有环向裂纹的直管道，L_{r} 计算公式如下（CLC 方法）：

$$L_{r}=\sqrt{\left[\frac{3}{5}\frac{m_{2}}{q_{\mathrm{m}}\mu_{\mathrm{em}}\mu_{\mathrm{t}}}+\sqrt{\left(\frac{n_{1}}{q_{\mathrm{n}}\mu_{\mathrm{en}}\mu_{\mathrm{t}}}\right)^{2}+\left(\frac{2}{5}\frac{m_{2}}{q_{\mathrm{m}}\mu_{\mathrm{em}}\mu_{\mathrm{t}}}\right)^{2}}\right]^{2}+\left[(1-\mu_{\mathrm{ti}})\frac{P}{\mu_{\mathrm{ep}}}\right]^{2}+\left[\frac{m_{1}}{q_{\mathrm{n}}\mu_{\mathrm{en}}}\right]^{2}}+\mu_{\mathrm{ti}}\frac{P}{\mu_{\mathrm{ep}}}$$

式中：P、n_{1}、m_{1}、m_{2} 由以下求得

$$p=\frac{\sqrt{3}}{2}\frac{Pr_{m}}{tS_{y}}\quad n_{1}=\frac{N_{1}}{2\pi r_{m}tS_{y}}$$

$$m_{1}=\frac{\sqrt{3}}{2}\frac{M_{1}}{\pi r_{m}^{2}tS_{y}}\quad m_{2}=\frac{M_{2}}{4\pi r_{m}^{2}tS_{y}}$$

式中：N_{1} 为轴力；M_{1} 为扭矩；M_{2} 为弯矩；P 为内压。

其中，系数由表 7-2 确定。

表 7-2　CLC 方法系数确定

系数	$\beta<2\pi\frac{a}{t}$	$\beta>2\pi\frac{a}{t}$
q_{m}	$\cos\left(\frac{\beta}{2}\frac{a}{t}\right)-\frac{1}{2}\frac{a}{t}\sin(\beta)$	$1-\frac{a}{t}$

续表

系数	$\beta < 2\pi \frac{a}{t}$	$\beta > 2\pi \frac{a}{t}$
q_n	$1 - \frac{\beta}{\pi}\frac{a}{t} - \frac{2}{\pi}\arcsin\left[\frac{1}{2}\frac{a}{t}\sin(\beta)\right]$	$1 - \frac{a}{t}$
μ_{en}	$0.97\left[1 - 0.16\sqrt{\frac{a}{t}}\right]$	$0.92 + 0.12\frac{t}{r_m}$
μ_{em}	$1 - 0.16\sqrt{\frac{a}{t}}$	1
μ_{ep}	1	
μ_t	$1 + \frac{1}{2}\frac{a}{t}\frac{\beta}{\pi}$	$1 + \frac{1}{2}\frac{a}{t}$

并且 $\mu_{ti} = \frac{\sqrt{\mu_t^2 - 1}}{\mu_t}$；$\beta$ 是裂纹的张开角的一半；内壁：$\beta = \frac{c}{R_i}$，外壁：$\beta = \frac{c}{R_e}$。

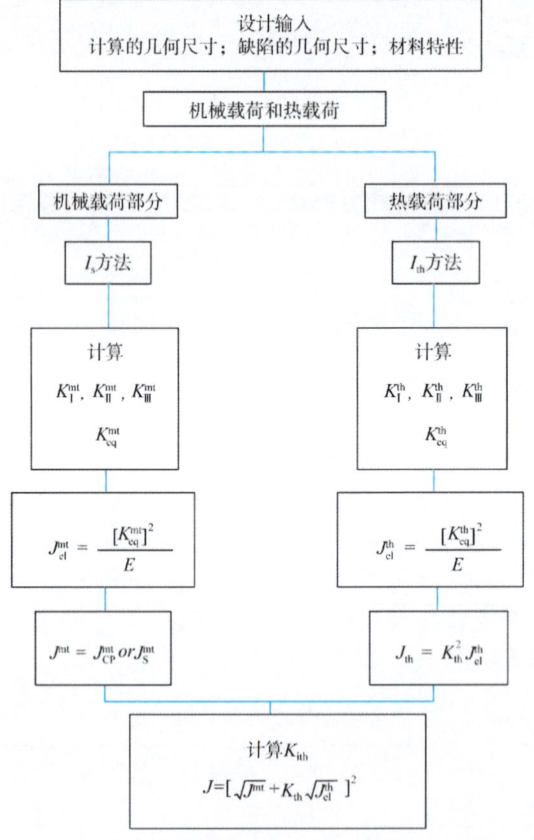

图 7-11　RSE-M 规范中 J 积分法分析流程图

对于过度区域、不同类型的裂纹形式的 J 积分计算流程，基本思路与方法与直管方法类似，但在一些系数计算时略有差别。

7.4　在管道破裂预防过程中穿壁裂纹的稳定性分析方法

贯穿裂纹的应力强度因子可采用有限单元法建立裂纹结构模型进行弹塑性断裂力学分析获得，或者根据由评价规范给出的经验公式进行计算。经验公式法往往需要根据不含裂纹的原管道结构建立线弹性有限元模型，开展弹性体应力分析。然后沿裂纹面垂直方向提取应力分布结果进行计算。一种较为常见的方法是应用裂纹扩展路径上的应力线性化结果（薄膜应力和弯曲应力）结合裂纹和管道结构的几何参数计算应力强度因子。

以 ASME 规范提供的一种方法为例，贯穿裂纹其应力强度因子的计算公式如下：

$$K_{\mathrm{I}} = [(\sigma_m + p_c)G_0 + \sigma_b(G_0 - 2G_1)]\sqrt{\pi a} \tag{7-40}$$

$$G_{0,1} = \frac{A_0 + A_1\lambda + A_2\lambda^2 + A_3\lambda^3}{1 + A_4\lambda + A_5\lambda^2 + A_6\lambda^3} \tag{7-41}$$

$$\lambda = \frac{1.818c}{\sqrt{R_i t}} \tag{7-42}$$

式中：σ_m 为薄膜应力；p_c 为内压；σ_b 为弯曲应力；A_0、A_1、A_2、A_3、A_4、A_5、A_6 分别为计算 G_0、G_1 时候的参数，具体数值见 ASME 规范Ⅺ卷附录五。

7.5　小结

对于管道结构来说，裂纹稳定性评价是其分析的核心内容，而应力强度因子和 J 积分又是裂纹稳定性评价中最为重要的两个断裂力学参数。业界较为广泛的使用经验公式方法进行两个参数的计算。本章介绍了应力强度因子和 J 积分参数的物理意义以及不同规范的计算方法。

参考文献

[1] Taupin P, Gilles P, BhandariS. Analysis of two simplified methods (R6 & GE2EPR I) for circumferential crack stability in leak-before-break application. IntJ PresVesPiping, 1990, 43 (2).

[2] Kumar V, GermanM D, et al. Advances in elastic-plastic analysis. EPRI Report NP/3607. 1984

[3] KleckerR, Burst FW, Wilkowski G. NRC leak-before-break (LBB.NRC) analysis method for circumferentially through-wall cracked pipes under axial plus bending loads. NUREG/CR-4572, 1986.

[4] Sanders J L. Circumferential through2cracks in cylindrical shells under tension. J App 1Mech, 1982.

[5] Sanders J L. Circumferential through cracks in a cylindrical shell under combined bending and tension. JApplMech, 1983.

[6] Kumar V, GermanM D, et al. Advances in elastic-plastic analysis. EPRI report NP/3607. 1984.

[7] 王自强,陈少华. 高等断裂力学[M]. 北京:科学出版社,2008.

[8] S P Timoshenko, J N Goodier. 弹性理论[M]. 北京:高等教育出版社,2013.

[9] R6. Assessment of the Integrity of Structures Containing Defects[S]. R6 Panel, 2014.

[10] ASME Ⅺ. Rules for In-service Inspection of Nuclear Power Plant Components[S]. The American Society of Mechanical Engineers. 2019.

[11] RSE-M. In-service Inspection Rules for Mechanical Components of PWR Nuclear Islands [S]. French Association for Design, Construction, and In-service Inspection Rules for Nuclear Steam Supply System Components. 2012.

[12] Abaqus 6.10 帮助手册. Abaqus Scripting Reference Manaual.

[13] Abaqus 6.10 帮助手册. Abaqus Scripting User's Manaual.

第 8 章　裂纹的失效模式及其判定方法

8.1　引言

管道裂纹稳定性评价方法是与管道结构在载荷作用下的失效模式紧密相关的，不同的失效模式采用不同的评价方法。本章主要讲述裂纹的失效模式及其裂纹稳定性判定方法。

8.2　表面裂纹失效模式

在断裂力学分析中，考虑的失效模式分为三类：线弹性失效，弹塑性失效和全塑性失效。弹性失效时，裂纹尖端几乎不会发生塑性变形，结构快速失稳，由于失效时，几乎无预警，弹性失效是最为危险的一种失效模式。弹塑性和全塑性失效时裂纹尖端会发生较为明显的塑性变形，甚至整个裂纹界面都进入了屈服，有较大的变形能力，且变形为撕裂模式，这种失效模式为管道出现裂纹到结构失效提供了一定的安全空间，也是管道应用破前漏技术的前提条件。

裂纹尖端区域的变形特征主要分为三类：张开型裂纹（Ⅰ型裂纹）、滑开型裂纹（Ⅱ型裂纹）、撕开型裂纹（Ⅲ型裂纹）。

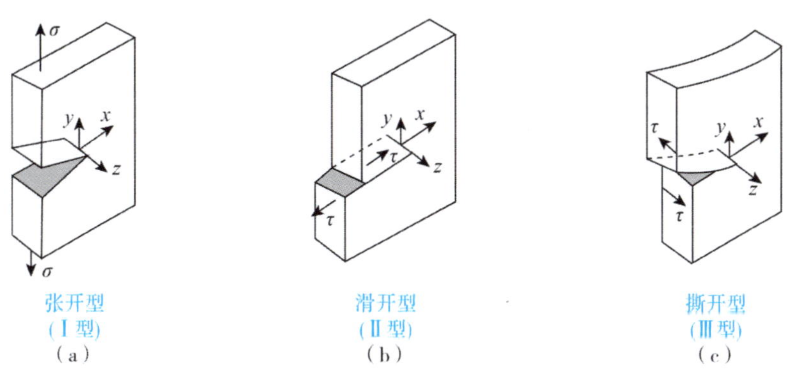

图 8-1　裂纹尖端区域的变形特征图

1. 张开型裂纹（Ⅰ型裂纹）

如图 8-1（a）所示，这类裂纹在上、下裂纹面位移分量 u 是相等的，而位移分量 v 大小相等而符号相反。也就是相对于 xz 平面，裂纹上、下表面对称张开。

2. 滑开型裂纹（Ⅱ型裂纹）

如图 8-1（b）所示，这类裂纹上、下裂纹面，位移分量 u 大小相等，方向相反，而位移分量 v 是相等的。也就是相对于 xz 平面，裂纹上、下表面反对称滑开。

3. 撕开型裂纹（Ⅲ型裂纹）

如图 8-1（c）所示，这类裂纹上、下裂纹面位移分量 w 大小相等，方向相反。也就是说，上、下裂纹表面，相对于 xz 平面，沿 z 方向反对称撕开。

8.2.1 线弹性失效

线弹性断裂力学主要研究裂纹起始扩展，亚临界扩展及失稳扩展的规律。目前主流观点处理裂纹扩展问题是采用应力强度因子方法，认为裂纹尖端应力强度因子达到表征材料断裂韧性的临界应力强度因子时，裂纹就起始扩展[1]。

应力强度因子是表征裂纹尖端应力奇异场的强度参量，它与坐标（x，y）无关，一般来说，K 的大小与加载方式，载荷大小，裂纹长度及裂纹几何形状有关。目前求应力强度因子的方法有解析法、数值解法和实验标定方法。解析法和数值解法包括复变函数方法、权函数方法、积分变换法、奇异积分方程及有限单元法。各种 K 计算方法在第八章节中会介绍。

裂纹尖端附近的应力状态完全由应力强度因子参量来决定的，一旦这些参量确定下来，裂纹尖端附近的应力场就完全确定了，因此对于理想的线弹性材料，Irwin 于 1957 年提出了应力强度因子断裂准则[2,3]：

$$K_{\mathrm{I}} = K_{\mathrm{C}}$$

对于Ⅰ型裂纹，当 K_{I} 值达到临界值 K_{C} 时，裂纹就会起始扩展。其中 K_{C} 为材料断裂韧性，它由试验确定，它是与试验温度、板厚、加载速率及环境有关的材料参数。一旦这些外部因素确定下来，K_{C} 即为材料常数，它不依赖于加载方式和试样几何。

对于平面应变状态下的张开型裂纹，脆断准则：

$$K_{\mathrm{I}} = K_{\mathrm{IC}}$$

对于理想线弹性材料，如果裂纹扩展引起应力强度因子增加（大多数受载情况下，裂纹长度增加，外载保持不变引起应力强度因子增加），那么裂纹起始扩展必然导致失稳扩展。

对于大多数工程材料，裂纹尖端存在一个塑性区，在塑性区内，应力应变状态与线弹性解完全不同。但是如果这个塑性区尺寸充分小，完全被 K 场控制的主导区包围。那么塑性区内的应力应变场将由 K 场所控制。因此，脆性断裂准则对常用工程材料也是适用的。

8.2.2 弹塑性失效

线弹性断裂力学适用于理想脆性材料，对于常用的工程材料，裂纹尖端附近必然存在塑性区。如果塑性区尺寸远远小于裂纹尺寸和试样尺寸，裂纹尖端塑性区内的应力应变场依然受 K 场控制，那么线弹性断裂力学经过适当修正仍然是适用的。

但是对于很多工程材料在役期间处于塑性变形状态，或者小裂纹，塑性区尺寸可与裂纹尺寸相比，K 场无法表征或控制裂纹尖端区域的应力应变场，此时必须考虑裂纹的弹塑性行为。

一般来说，弹塑性断裂在裂纹起始扩展后要经历一段稳态的亚临界扩展过程然后才进入失稳扩展直至断裂。弹塑性断裂理论大致可以分为两类，一类是静止裂纹尖端弹塑性应变场建立合适的弹塑性断裂准则，以描述裂纹起始扩展；另一类是分析扩展裂纹尖端附近的弹塑性应力应变场，描述裂纹扩展规律。

J 积分原理

Rice 于 1968 年提出了 J 积分理论，该理论可定量的描述含裂纹结构的应力应变场。随着近几十年以来的完善和发展，J 积分理论已经被纳入许多国家的标准体系中，成为弹塑性断裂力学的最主要参量之一。

如图 8-2，对于二维裂纹体，围绕裂纹尖端取任意光滑的封闭回路 Γ：由裂纹下表面任意点开始，按逆时针方向沿 Γ 环境裂纹尖端行进，终止于上表面任一点。

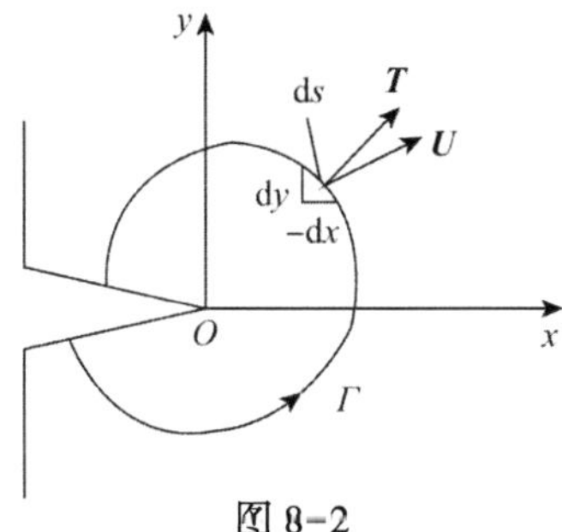

图 8-2

J 积分定义下述回路积分

$$J = \int_{\Gamma} W\mathrm{d}y - p\alpha \frac{\partial u_{\alpha}}{\partial x}\mathrm{d}s \tag{8-1}$$

式中：W 是应变能密度。

$$W = \int_{0}^{\varepsilon_{ij}} \sigma_{ij}\mathrm{d}\varepsilon_{ij} \tag{8-2}$$

考虑一类非线性材料，该材料的本构关系为

$$\sigma_{ij} = \frac{\partial W}{\partial \varepsilon_{ij}} \tag{8-3}$$

对于遵循（8-3）式本构关系的一类材料，不难证明 J 积分与路径无关，此处就不再赘述。

J 积分的计算方法有 GE/EPRI 方法、Paris-Tada 方法、LBB. NRC 方法、LBB. GE 方法及 LBB. ENG2 方法等。各种 J 积分计算方法在第九章中介绍。

对一类非线性材料，J 积分具有几个重要性质：

（1）J 积分是一种守恒积分，它与路径无关，可以选择远离裂纹尖端的路径求得精确地值。

（2）J 积分等于能量释放率 G。

（3）J 积分表征裂纹尖端弹塑性应力应变场奇性强度。

基于 J 积分的特性，J 积分可以作为弹塑性材料裂纹起始扩展准则，即当

$$J=J_{IC}$$

时，裂纹便起始扩展。式中：J_{IC} 为材料平面应变断裂韧性。

8.2.3 全塑性失效

ASME Ⅺ卷中对于裂纹稳定性评价中，给出了全塑性失效的判定方法，详细内容在 8.3.3 节中介绍。

8.3 主要工程规范中表面裂纹的失效判定方法

目前在工程实践中，应用的主要规范包括 RCC-M 规范[4]，RSE-M 规范[6]，ASME 规范[5]。对于不同规范，表面裂纹的判定方法及准则也有差异。

8.3.1 RCC-M 规范表面裂纹的失效判定方法

RCC-M 规范 ZG 篇中对于开展表面断裂按照图 8-3 所示。ZG3000 的包络计算方法也是针对碳钢容器，不包含碳钢管道计算方法。ZG4000 的详细计算方法为在 ZG3000 计算不通过时，可以参考其他规范计算方法开展，其他计算方法不受限制，但是所选方法最好与在役监测阶段适用的方法一致。

RCC-M 规范中对于管道表面裂纹断裂评价准则如表 8-1 所示。失效模式有脆性断裂评价、延性断裂评价等。

表 8-1　表面裂纹断裂评定表

A 工况	C 工况	D 工况
$K_{CP}(a_f) \leqslant K_{IC}/2$	$K_{CP}(a_f) \leqslant K_{IC}/1.6$	$K_{CP}(a_f) \leqslant K_{IC}/1.2$
$K_{CP}(a_f) \leqslant K_{J-\Delta a}/2$	$K_{CP}(a_f) \leqslant K_{J-\Delta a}/1.6$	$K_{CP}(a_f) \leqslant K_{J-\Delta a}/1.2$

8.3.2 RSE-M 规范表面裂纹的失效判定方法

RSE-M 规范附录 5 给出了对于存在缺陷管道的力学计算评价方法。表面裂纹断裂评价分析流程，一般包括如下几个部分：

（1）假定裂纹的形状和尺寸，给出裂纹的初始尺寸 a_0；

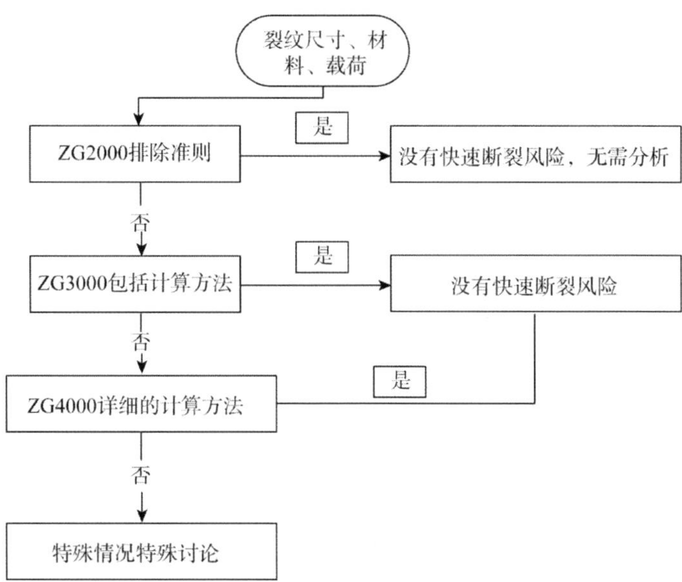

图 8-3　RCC-M 规范 ZG 篇表面裂纹断裂分析流程图

（2）选择合适的结构模型，根据初始裂纹尺寸获得形状修正因子；

（3）对管部件的运行工况进行分析，包络出保守的计算瞬态；

（4）计算某一瞬态下不含裂纹结构的应力，获得应力分布系数；

（5）计算某一瞬态下应力强度因子及其变化量；

（6）修正应力强度因子变化量，得到有效的应力强度因子变化量；

（7）计算裂纹的扩展量 Δa；

（8）得到新的裂纹尺寸 $a_0 + \Delta a$；

（9）重复（1）～（7）获得寿期末的裂纹尺寸 a_f；

（10）选择评价准则评价各工况载荷下裂纹的稳定性。

分析流程如图 8-4 所示。

RSE-M 规范中对于管道表面裂纹断裂评价准则如表 8-2 所示。失效模式有脆性断裂评价、延性断裂评价等。

表 8-2　表面裂纹断裂评定表

A 工况	C 工况	D 工况
$K_{CP}(1.5C_A,\ a_f) \leqslant K_{IC}/1.5$ $K_{CP}(1.5C_A,\ a_f) \leqslant K_{JC}/1.35$	$K_{CP}(1.3C_C,\ a_f) \leqslant K_{IC}/1.35$ $K_{CP}(1.3C_C,\ a_f) \leqslant K_{JC}/1.25$	$K_{CP}(1.1C_D,\ a_f) \leqslant K_{IC}/1.2$ $K_{CP}(1.1C_D,\ a_f) \leqslant K_{JC}/1.1$
$J(1.5C_A,\ a_f) \leqslant J_{0.2}$	$J(1.3C_C,\ a_f) \leqslant J_{0.2}$	$J(1.1C_D,\ a_f) \leqslant J_{0.2}$
$J(1.5C_A,\ a_f+\Delta a) \leqslant J_{\Delta a}$ $J(1.3C_A,\ a_f) \leqslant J_{0.2}$	$J(1.3C_C,\ a_f+\Delta a) \leqslant J_{\Delta a}/1.8$ $J(1.1C_C,\ a_f) \leqslant J_{0.2}$	$J(1.1C_D,\ a_f+\Delta a) \leqslant J_{\Delta a}/1.3$

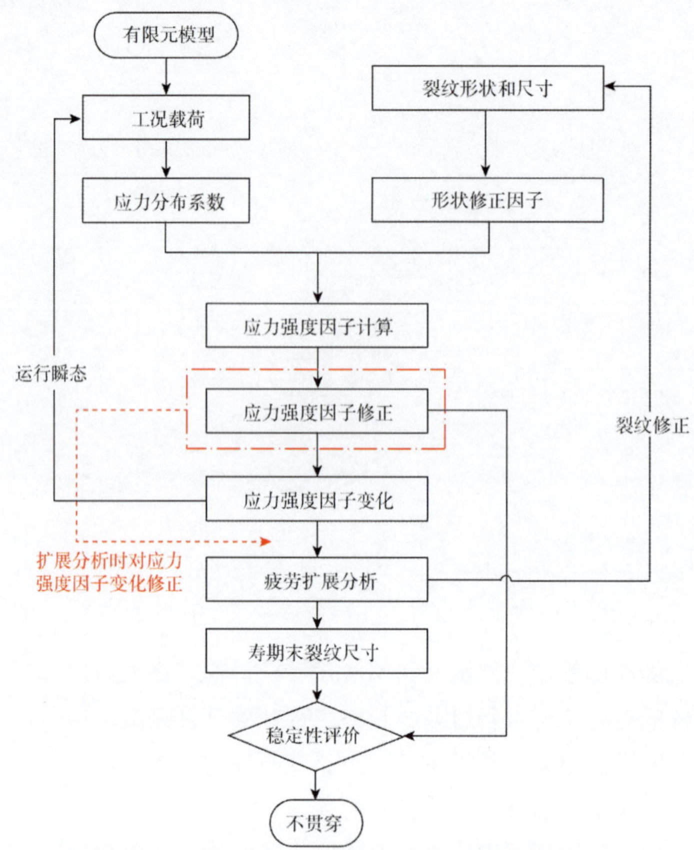

图 8-4　RSE-M 规范表面裂纹断裂分析流程图

8.3.3　ASME 规范表面裂纹的失效判定方法

ASME 规范Ⅺ给出了对于存在缺陷管道的力学计算评价方法。管道断裂评价分析流程，如图 8-5 所示。

8.3.3.1　失效模式判断

应用 ASME 开展快速断裂计算时，首先需要根据含缺陷管部件的失效模式来选择对应的评价方法，因为不同的材料往往表现出不同的失效过程和破裂行为。相应的失效评估准则也不相同。具体可分为全塑性破裂的验收准则（对应管道全截面的屈服效应）、基于弹塑性破裂的验收准则（对应管道的延性破裂失效）、基于线弹性破裂的验收准则（对应管道的脆性破裂失效）。对于不同的管部件，失效模式往往与管道材料特性、制造工艺、管道应力水平、管道几何尺寸和裂纹尺寸相关。

8.3.3.2　失效模式计算公式

图 8-6 中的筛选准则 $SC = K'_r/S'_r$ 中，K'_r 和 S'_r 计算公式如下：

$$K'_r = [1\,000K_I^2(1-\nu^2)/EJ_{IC}]^{0.5}$$

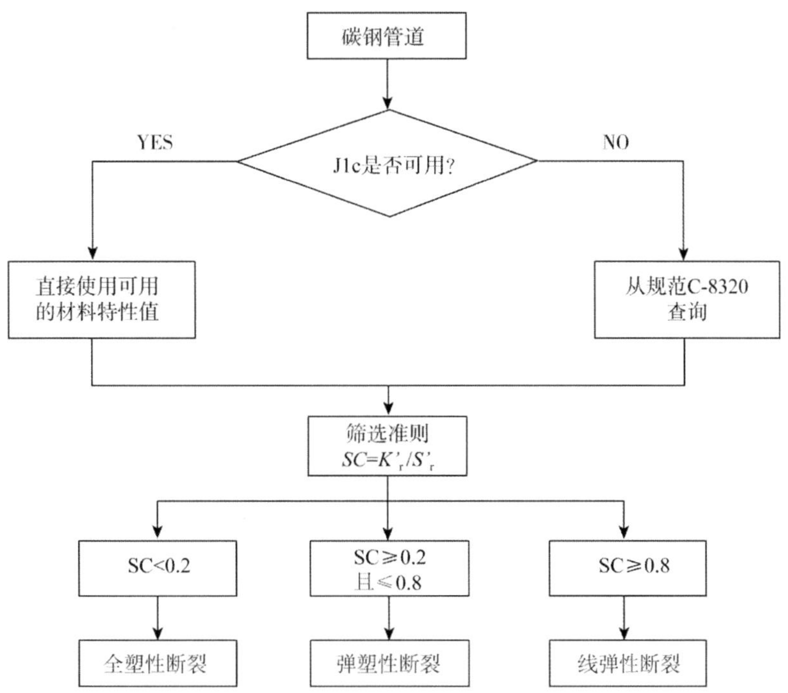

图 8-5　ASME 规范断裂分析流程图

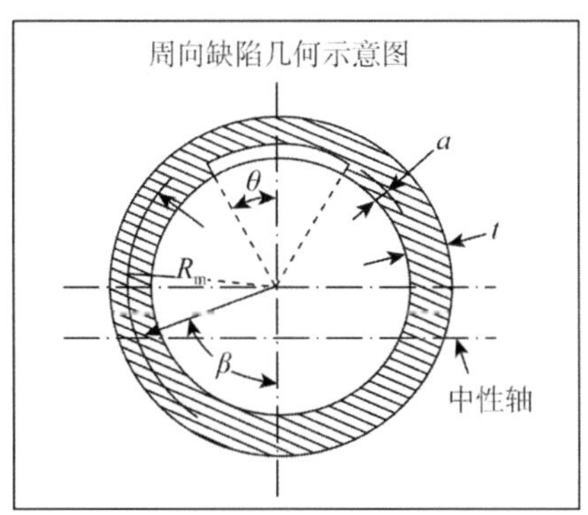

图 8-6　环向裂纹几何尺寸参数示意图

对于环向裂纹，当 $(\sigma_b + \sigma_e) \geq \sigma_m$ 时，

$$S'_{\mathrm{r}} = (\sigma_b + \sigma_e) / \sigma'_b$$

其他情况下：

$$S'_{\mathrm{r}} = \sigma_m / \sigma'_m$$

式中　K_{I}——裂纹应力强度因子；

ν——材料泊松比；

E——弹性模量；

J_{IC}——材料的破裂韧性 J 积分；

σ_m——一次薄膜应力；

σ'_m——参考一次薄膜应力；

σ_b——一次弯曲应力；

σ'_b——参考一次弯曲应；

σ_e——二次弯曲应力。

8.3.3.3 全塑性和弹塑性破裂模式计算方法

全塑性破裂或者弹塑性破裂模式下，表面裂纹评定一般有两种方法：表格法和分析法。表格法是一种基于裂纹尺寸的评价准则，即通过计算和查表确定裂纹尺寸扩展的评定限值。分析法是一种基于含裂纹管道应力状态的评价准则，即计算含裂纹管道的各类等效极限应力，作为裂纹尺寸扩展的评价限值。两种全塑性和弹塑性破裂模式计算方法参考ASME 规范Ⅺ卷 C-5000 和 C-6000。

1. 表格法

表格法根据各种参数指标，在规范给定的表格中查询裂纹扩展深度的限值。当裂纹扩展后的深度小于表格中对应的限值，则评定通过。表达式为下式：

$$a_f \leqslant \min(a_n,\ a_0)$$

式中 a_f——至评定寿期末，裂纹扩展到的深度；

l_f——至评定寿期末，裂纹长度；

a_n——正常运行工况（包括异常和试验工况），缺陷长度 l_f 最大允许缺陷深度；

a_0——紧急和事故工况下，缺陷长度 l_f 最大允许缺陷深度。

首先计算规范各类准则级别对应的载荷组合作用下的最大应力比，并结合裂纹和管道结构的几何尺寸参数，在 ASME 规范Ⅺ卷表格 C-5310-1、C-5310-2、C-5310-3、C-5310-4 中采用线性插值的方法确定裂纹深度限值，并取四个准则下最小值作为评定限值。

$$全塑性断裂模式下的应力比 = (\sigma_m + \sigma_b)/\sigma_f$$

$$弹塑性断裂模式下的应力比 = Z[\sigma_m + \sigma_b + \sigma_e/SF_b]/\sigma_f$$

式中 σ_f——流变应力；

σ_m——一次薄膜应力；

σ_b——一次弯曲应力；

σ_e——二次弯曲应力；

Z——修正系数，计算按照 ASME 规范表格 C-6330。

2. 分析法

分析法评定是基于许用应力的准则，即裂纹扩展到新的尺寸之后，如果含裂纹管道结构应力的薄膜应力和薄膜应力加弯曲应力小于规范中的限值，那么该裂纹评价通过。

$$\sigma_b \leqslant S_c$$

式中 σ_b——管道最大一次弯曲应力；

S_c——管道许用弯曲应力。

$$\sigma_m \leqslant S_t$$

式中　σ_m——管道最大一次薄膜应力；

S_t——管道许用薄膜应力。

8.3.3.4　线弹性破裂模式计算方法

线弹性破裂模式下，评价公式如下：

$$K_{\mathrm{I}} \leqslant (J_{\mathrm{IC}}E'/1\,000)^{0.5} = K_{\mathrm{C}}$$

对于环向裂纹，裂纹深度下 K_{I} 计算公式如下：

$$K_{\mathrm{I}} = K_{\mathrm{Im}} + K_{\mathrm{Ib}} + K_{\mathrm{Ir}}$$

其中：$K_{\mathrm{Im}} = (SF_M)F_m\sigma_m(\pi a)^{0.5}$；

$K_{\mathrm{Ib}} = [(SF_b)\sigma_b + \sigma_e]F_b(\pi a)^{0.5}$；

K_{Ir} 来源于缺陷位置的残余应力。

对于轴向裂纹，裂纹长度下 K_{I} 计算公式如下：

$$K_{\mathrm{I}} = K_{\mathrm{Im}} + K_{\mathrm{Ib}}$$

其中：$K_{\mathrm{Im}} = F_m\sigma_m(\pi c)^{0.5}$

$K_{\mathrm{Ib}} = F_b[\sigma_b + \sigma_e](\pi c)^{0.5}$

$F_b = 1 + A_b(\theta/\pi)^{1.5} + B_b(\theta/\pi)^{2.5} + C_b(\theta/\pi)^{3.5}$

$F_m = 1 + A_m(\theta/\pi)^{1.5} + B_m(\theta/\pi)^{2.5} + C_m(\theta/\pi)^{3.5}$

$A_b = -3.265\,43 + 1.527\,84(R_m/t) - 0.072\,698(R_m/t)^2 + 0.001\,601\,1(R_m/t)^3$

$A_m = -2.029\,17 + 1.677\,63(R_m/t) - 0.079\,87(R_m/t)^2 + 0.001\,76(R_m/t)^3$

$B_b = 11.363\,22 - 3.914\,12(R_m/t) + 0.186\,19(R_m/t)^2 - 0.004\,099(R_m/t)^3$

$B_m = 7.099\,87 - 4.423\,94(R_m/t) + 0.210\,36(R_m/t)^2 - 0.004\,63(R_m/t)^3$

$C_b = -3.186\,09 + 3.847\,63(R_m/t) - 0.183\,04(R_m/t)^2 + 0.004\,03(R_m/t)^3$

$C_m = 7.796\,61 + 5.166\,76(R_m/t) - 0.245\,77(R_m/t)^2 + 0.005\,41(R_m/t)^3$

8.4　小结

本章介绍了裂纹的失效模式以及相应的判定方法，并对工程设计中常用的设计规范方法进行了介绍。

参考文献

[1] 王自强,陈少华. 高等断裂力学[S]. 北京:科学出版社,2008.

[2] Irwin G R. Fracture, in encyclopedia of physics. New York: Springer-Verlag, 1958, VI: 551-590.

[3] Irwin G R. Fracture dynamics, in fracturing of metals. Cleveland, Am. Soc. Metals, 1948: 147-166.

[4] RCC-M. Design and construction rules for mechanical components of PWR nuclear islands [S]. French association for design, construction, and in-service inspection rules for nuclear island component. 2012.

[5] ASME. ASME boiler and pressure vessel code [S]. The American society of mechanical engineers. 2019.

[6] RSE-M. In-service inspection rules for mechanical components of PWR nuclear islands[S]. French association for design, construction, and in-service inspection rules for nuclear steam supply system components. 2012.

第9章 典型管道缺陷工程评价分析实例

9.1 引言

核电厂在运行维护过程中，可能检出管道焊缝存在缺陷，发现缺陷后根据对应的在役检查规范对缺陷的性状进行分析判断，例如平面缺陷比体积型缺陷更具有扩展断裂的风险，不明原因造成的缺陷比制造缺陷更具风险，大尺寸缺陷比微小缺陷更具风险。对于认定为高风险的管道缺陷，首先通过在役检查规范中的直接验收标准（该验收标准一般是根据管道的重要性分级，材料和几何、在役检查精度进行分级，综合以上因素给出各部位可容许的最大裂纹尺寸。），判断是否可以简化评价通过。如果超过了直接验收标准，则需要对缺陷进行力学评价，力学评价的内容一般包括对缺陷几何形状的简化，对缺陷之间关系的简化处理、缺陷扩展分析、缺陷的稳定性评价等，根据分析结果，可以对所选择的评价周期，给出是否评价通过的结论。如果通过，则根据在役检查规范的要求，该缺陷可以在评价周期末进行维修或者更换。也可以根据力学分析的结果，识别关键风险，采取其他的保护措施。

管道缺陷的力学分析评价方法及思路，本书前文已经有了较为系统性的介绍。本章根据 ASME 规范、RSE-M 规范和 R6 规范，给出相关的工程分析评价实例，以帮助读者建立较为直观的认识，为实际工作提供一定的借鉴作用。

9.2 基于 ASME 方法的分析实例

9.2.1 分析背景

假设某压水堆核电厂核一级管道通过在役检查发现在一个直管接头焊缝部位的内表面存在一个焊接未熔合缺陷，焊缝位置最小壁厚为 28 mm 该缺陷的所在管道结构如图 9-1 所示。

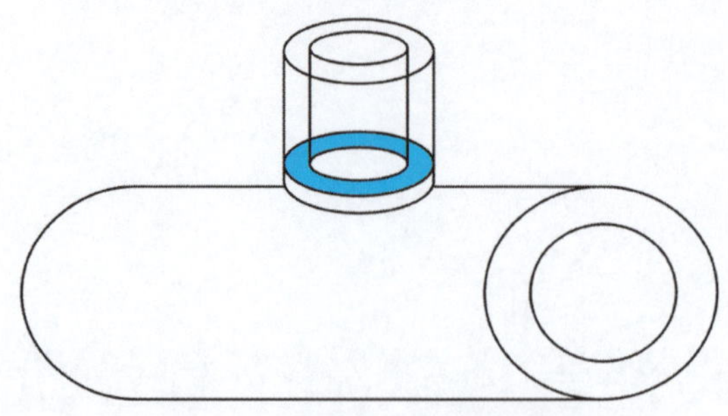

图 9-1 缺陷所在的管道截面

核电厂在役检查期间 RT 射线检查照片如图 9-2 所示。

图 9-2 缺陷位置示意图

9.2.2 对缺陷实际形状的简化

缺陷形状接近平面型缺陷，可简化为一个平面裂纹，由于具体在役检查条件的限制，无法给出详细的三维裂纹尺寸和形状信息。为了充分考虑其不确定性的影响，保守假设裂纹为沿支管周向贯穿的内表面裂纹，且裂纹面垂直于支管内部介质流向，距离支管 6 mm，深度为 8 mm。裂纹形状如剖面图 9-3 所示。

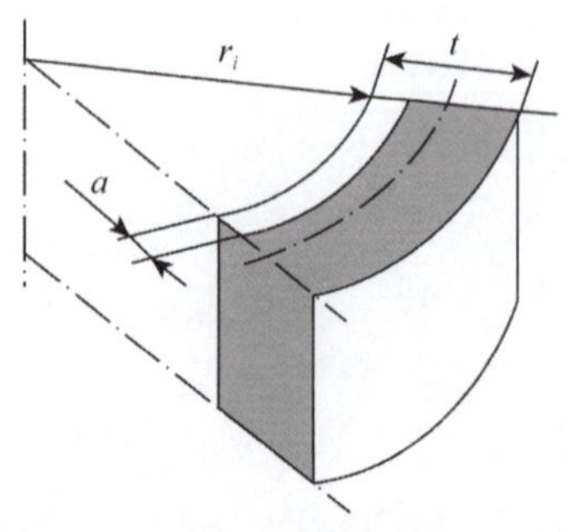

图 9-3 缺陷假设

9.2.3　设计输入参数

该缺陷所在管线共经历 64 种瞬态，通过包络合并，考虑计算以下 3 种瞬态的影响。保守考虑缺陷所在位置经历的核电厂运行瞬态表 9-1 所示。

表 9-1　瞬态载荷列表

名称	压力/MPa	温度/℃	次数
瞬态 1	12.0~14.0	30~50	69 423
瞬态 2	0~19.7	40~120	80
瞬态 3	0.4~17.1	328~7	6

焊缝部位在核电厂运行条件下承受结构自重、热膨胀和地震载荷（图 9-4），这些载荷对分析单元的作用，根据其所在管系计算单元的力学分析结果进行提取，通过力和弯矩的形式施加在分析模型上。

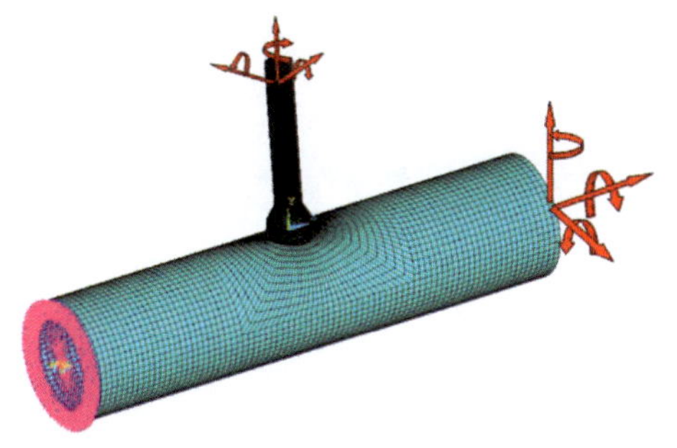

图 9-4　载荷施加示意图

在 ASME 规范Ⅺ卷中明确规定了在裂纹扩展分析的时候需要考虑焊接残余应力[3]。一般情况下焊接残余应力可以通过有限元模拟、现场实测或者经验公式的方法获得。

有限元方法可以根据现场的焊层焊道布置，焊接热输入时程，应用有限单元法进行三维实体有限元传热分析和热应力计算，提取应力结果作为载荷施加到计算模型中，以体载荷的形式考虑焊接残余应力对裂纹尖端应力强度因子的影响。有限元方法受焊接工艺参数的影响较大，需要与试验结果来验证，一般用来开展参数敏感性分析。

焊接残余应力的测量方法有多种，一般常用的方法为盲孔法、取条法、X 射线衍射法以及磁测法等。现场测量焊接残余应力优点是可以较为准确的获得实际结构的应力结果，但是由于现场空间条件、时间和环境因素的影响，应用范围受到了限制。

本实例的焊接残余应力采用经验公式方法获得。研究文献通过试验数据和有限元分析结果[3]，给出当管道壁厚不小于 25.4 mm 时，管壁中轴向残余应力分布的经验如公式 9-1：

$$\sigma = \sigma_i \begin{bmatrix} 1.0 - 6.91(a/t) + 8.69(a/t)^2 \\ - 0.48(a/t)^3 - 2.03(a/t)^4 \end{bmatrix} \tag{9-1}$$

式中 t——管道壁厚；

a——与管道内壁的距离；

σ_i——管道内壁的应力值，工程中可保守使用屈服应力代替。

管道母材的材料牌号为 Z2CN1812，焊材为 308L，原接头焊缝的焊接工艺为现场手工埋弧焊（SMAW），保守采用 340 ℃条件下的材料性能如表 9-2 所示。

表 9-2 焊缝材料力学性能

名称	数值
杨氏模量 E	172 GPa
屈服强度 S_y	128 MPa
抗拉强度 S_u	390 MPa
许用应力强度 S_m	115 MPa

焊缝材料的传热学属性参考 RCCM 规范[1]，详细参数如表 9-3 所示。

表 9-3 焊缝材料的传热学属性表

温度 T_f/℃	热导率 K/(W/m/K)	热扩散率 α/(10^{-8} · m²/s)	热膨胀 $\beta/10^{-6}$	弹性模量 $E/10^9$ · Pa
20	14.70	13.70	16.40	197.00
50	15.20	15.70	16.84	195.00
100	15.80	16.90	17.23	191.50
150	16.70	17.30	17.62	187.50
200	17.20	17.00	18.02	184.00
250	18.00	15.90	18.41	180.00
300	18.60	13.20	18.81	176.50
350	19.30	7.88	19.20	172.00
400	20.00	1.86	19.59	168.00

9.2.4 备选维修方案简述

针对该含缺陷支管接头连接部位，假设项目进度要求在 20 工作日内完成处置，假设主要的维修方案如下：

假定方案一：更换该部位管部件，重新焊接，通过无损检测保证焊接质量。项目上遇到的困难是备件不足，联系厂家重新采购备件要花费接近 2 个月的时间。

假定方案二：根据 ASME 规范Ⅺ卷，对已经存在的内外部缺陷进行剩余寿命评估，验证其在一个换料周期之后开始更换维修是否满足规范要求。

假定方案三：挖除 20 mm 深度外侧焊缝，祛除内部夹渣，将原夹渣占位空隙进行焊接充填，然后回焊 20 mm 的外侧焊缝至原挖除焊缝厚度。保守假设原来夹渣处的仍然存在环向平面裂纹，根据 ASME 规范Ⅺ卷评估其是否满足要求，并通过无损检测技术验证焊接质量（图 9-5）。

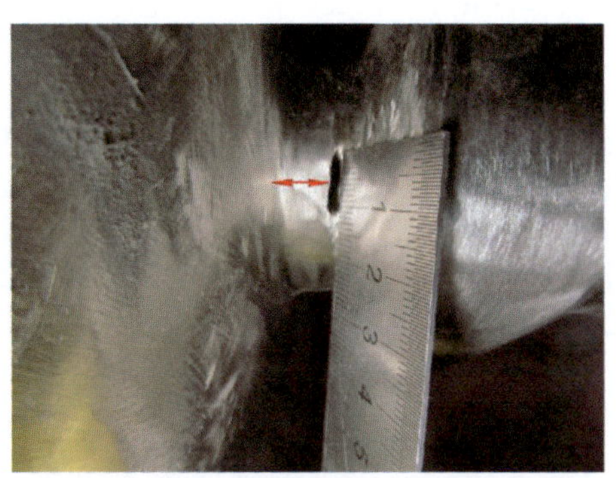

图 9-5　挖补后发现的实际内部缺陷

9.2.5　分析过程与分析模型

待分析部位附近区域的传热分析边界条件示意图见图 9-6。

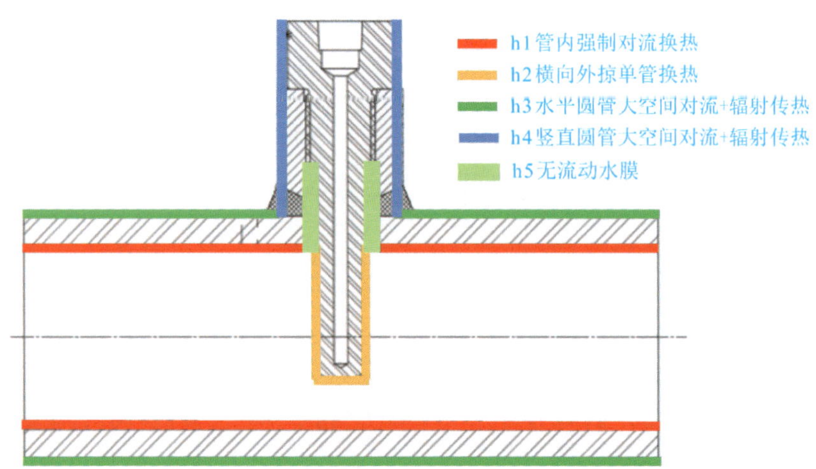

图 9-6　分析模型传热计算边界条件示意图

本次有限元计算未对外部空气及内部流体进行建模，而是采用传热学中等效换热系数方法来考虑内外部流体的对流传热、辐射传热的影响。相关的实验关联式如下：

（1）h1-管内流体与管壁之间强制对流换热系数。

管内流体与管壁之间为强制对流换热，使用下述公式[7]计算出努赛尔数 Nu。

$$\mathrm{Nu} = 0.023\ \mathrm{Re}^{0.8}\ \mathrm{Pr}^{n} \tag{9-2}$$

该公式的适用条件为：$\mathrm{Re} \geqslant 10^4$，$0.7 \leqslant \mathrm{Pr} \leqslant 160$，$L/d \geqslant 10$

当壁面温度大于流体温度时，$n = 0.4$；

当壁面温度小于于流体温度时，$n = 0.3$。

（2）h2-流体横向外掠单管换热系数。

管内流体与管壁之间为外掠单管换热，使用下述公式[3]计算出努赛尔数 Nu。

$$\mathrm{Nu} = 0.3 + \frac{0.62\ \mathrm{Re}^{\frac{1}{2}}\ \mathrm{Pr}^{\frac{1}{3}}}{\left[1 + (0.4/\mathrm{Pr})^{\frac{2}{3}}\right]^{\frac{1}{4}}}\left[1 + \left(\frac{\mathrm{Re}}{282\,000}\right)^{\frac{5}{8}}\right]^{\frac{4}{5}} \tag{9-3}$$

该公式的适用条件为：$\mathrm{RePr} \geqslant 0.2$

（3）h3-水平圆管与管道外部大空间流体的自然对流换热系数。

外部空气与管壁之间自然对流换热，使用下述公式[3]计算出努赛尔数 Nu。

$$\mathrm{Nu} = \left\{0.6 + \frac{0.387\mathrm{Ra}^{\frac{1}{6}}}{\left[1 + (0.559/\mathrm{Pr})^{\frac{9}{16}}\right]^{\frac{8}{27}}}\right\}^2 \tag{9-4}$$

该公式的适用条件为：$Ra \leqslant 10^{12}$

（4）h4-竖直圆管与管道外部大空间流体自然对流换热系数。

外部空气与管壁之间自然对流换热，使用下述公式[3]计算出努赛尔数 Nu。

$$\mathrm{Nu} = \left\{0.825 + \frac{0.387\mathrm{Ra}^{\frac{1}{6}}}{\left[1 + (0.492/\mathrm{Pr})^{\frac{9}{16}}\right]^{\frac{8}{27}}}\right\}^2 \tag{9-5}$$

（5）管道外壁与环境的辐射换热系数。

管道外壁与环境的辐射换热，辐射热量与管道外壁面积 A，玻尔兹曼常量 σ 、表明发生率 ε 相关，辐射传热计算公式[3]如下。

$$Q = A\sigma\varepsilon(T_1^4 - T_0^4) \tag{9-6}$$

（6）h5-水膜换热系数。

由于水膜空间细长狭小，假设其不存在流动，只考虑其介质的传热效果，其热导率见参考文献［7］。

特别需要指出的是在分析管道表面与空气之间的自然对流换热系数时，需要假设管道外表面的温度，根据该温度求得的换热系数，施加到瞬态温度场分析模型中去，需要校核管道瞬态温度场分析结果中管壁温度是否与分析换热系数时的假设温度大体一致。如果不一致，则需要开展迭代分析。在实际的工程分析中，可先建立一个最简化的均匀厚度的管壁轴对称模型，完成试算迭代过程，以求得最合理的传热边界条件，再施加到相对复杂的三维实体模型中（见图 9-7）。

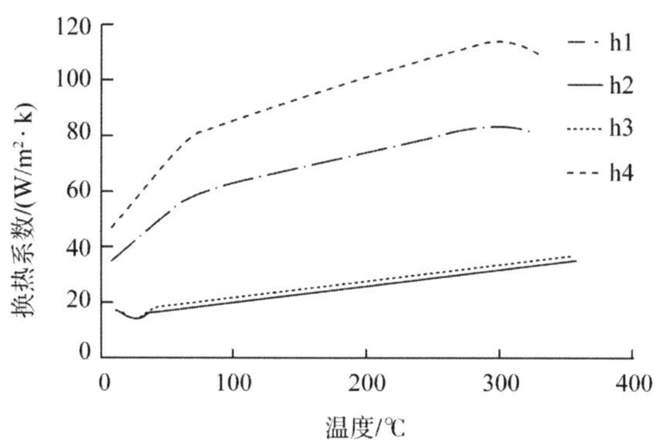

图 9-7　换热系数曲线-瞬态 3

若要对管道焊缝中的缺陷开展裂纹疲劳扩展分析和裂纹稳定性评价，前提是获得裂纹尖端区域的应力分布情况（以 J 积分或者应力强度因子 K 表征）。其计算过程简要叙述如下：首先确定分析模型的传热边界条件和约束边界。开展瞬态传热分析获得瞬态温度场，将其作为体载荷施加到力学分析模型中并叠加其他作用载荷，分析获得瞬态应力场。在此基础上得到在核电厂运行瞬态变化过程中裂纹尖端的 J 积分或者应力强度因子。主要分析过程详见图 9-8。

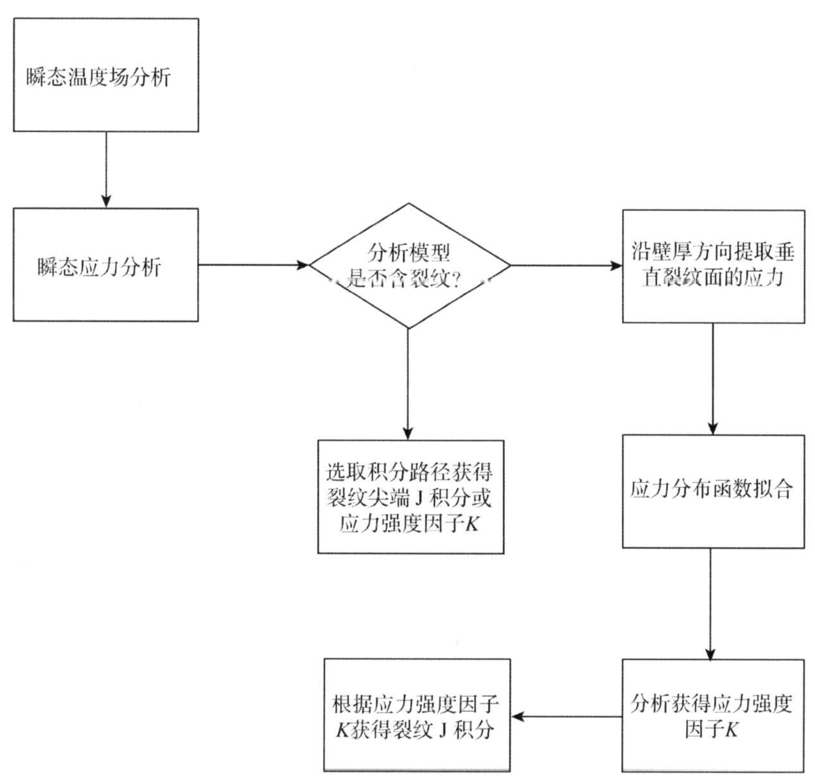

图 9-8　J 积分和应力强度因子 K 的分析流程

对于Ⅰ型张开裂纹的情况，关键是获得垂直于裂纹平面的拉伸应力。计算垂直于Ⅰ型裂纹平面拉伸应力所采用的方法根据载荷和管道局部结构形状的复杂程度有所不同。对于较为复杂的情况，可采用有限单元法进行分析。依据在役检查规范的验收要求，既可以建立含裂纹结构的有限元分析模型，根据材料的真应力应变曲线，通过直接积分法，开展弹塑性分析求得裂纹尖端的J积分和应力强度因子 K；也可以建立不含裂纹的线弹性模型，提取裂纹所在位置的应力场分布，并依据不同在役检查规范的要求进行多项式函数拟合，提取拟合系数，结合裂纹形状和结构形状系数，分析裂纹应力强度因子，并采用经验公式进行塑性修正，获得应力强度因子 K 的时程曲线，进而求得J积分参数。

一般来说，从含裂纹结构的弹塑性有限元分析应力结果得到的裂纹J积分和不含裂纹的线弹性有限元分析应力结果经简化塑性修正后得到的裂纹J积分都可以被力学评价规范所认可，相对而言，经验公式得出的结果往往含有较大的保守性，在弹塑性分析模型上直接求解的J积分结果更加切合实际情况。但是，含裂纹结构的弹塑性分析模型对计算者的知识专业技能要求更高，计算难度相对较大，在实际的工程应用中，需要分析不同载荷工况下，不同裂纹尺下的J积分和应力强度因子 K，因此计算量也很大。计算者可以充分发挥两种分析模型的优点，结合使用：比如，在分析裂纹疲劳扩展或者应力腐蚀开裂时，采用不含裂纹结构的线弹性模型进行分析，在分析裂纹稳定性时，在必要的情况下采用弹塑性分析模型直接积分求得J积分，去除经验公式分析结果的保守性。

在本算例中，应用 ANSYS 软件建立不含裂纹结构的线弹性分析模型。使用了3维实体单元进行的热瞬态与结构应力分析，模型如图 9-9、图 9-10 所示，主要采取映射和扫略相结合的方式进行网格划分，总计 50 184 个单元。

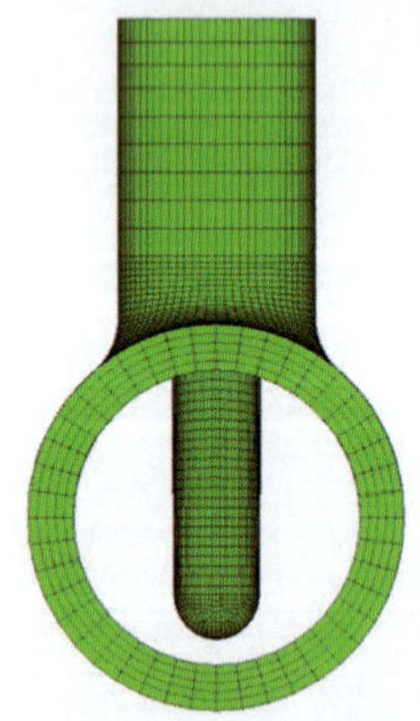

图 9-9　有限元分析模型示意图 1

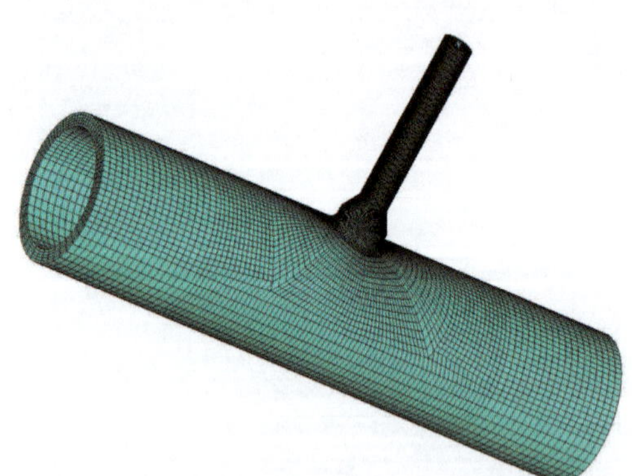

图 9-10　有限元分析模型示意图 2

根据计算结果中极值应力分布位置及实际焊缝位置，确定了如下 9 条应力提取路径，位于 1/4 焊缝区域的 3 个截面上，详细位置见图 9-11、图 9-12。

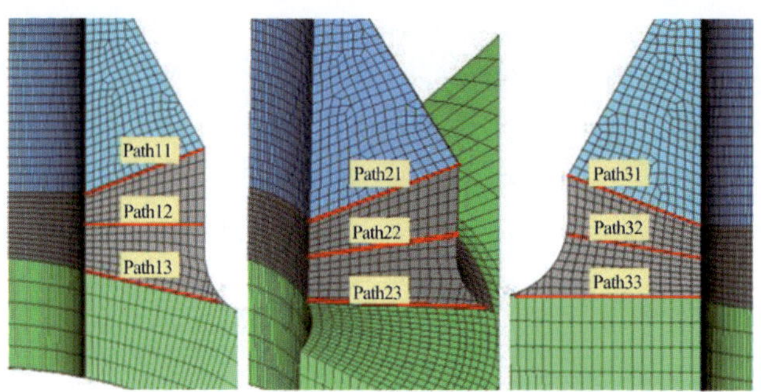

图 9-11　焊缝应力提取路径示意图 1

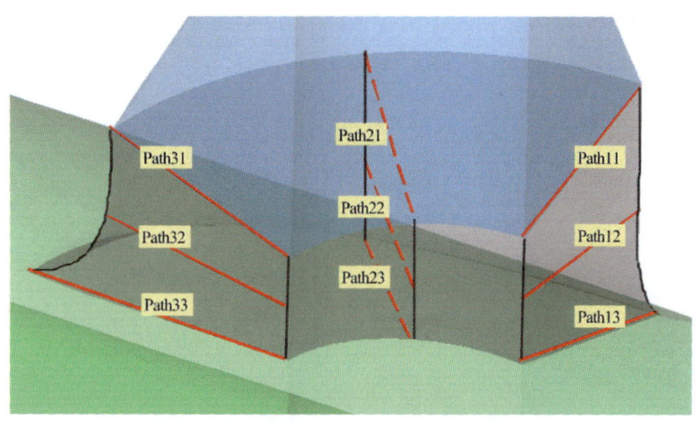

图 9-12　焊缝应力提取路径示意图 2

9.2.6　瞬态温度场和热应力分析

在 ANSYS 软件中提供了两种分析瞬态热应力的方法，一种是直接热固耦合分析法：选取热固耦合分析单元，可同时完成瞬态温度场及其对应的热应力分析。一种是间接分析法：先采用热分析单元开展瞬态温度场分析，然后把热分析单元转换为对应的力学分析单元，将瞬态温度场作为体载荷施加在力学分析单元上开展热应力分析。为了更好的向读者展示传热分析过程及其结果，在本算例中介绍间接分析法。

载荷步划分：将每个单调变化的过程划分为一个载荷步。例如以下瞬态变化过程（见图 9-13），可划分为 5 个载荷步。对于阶跃载荷，可保守假设其变化时间为 0.1 s。

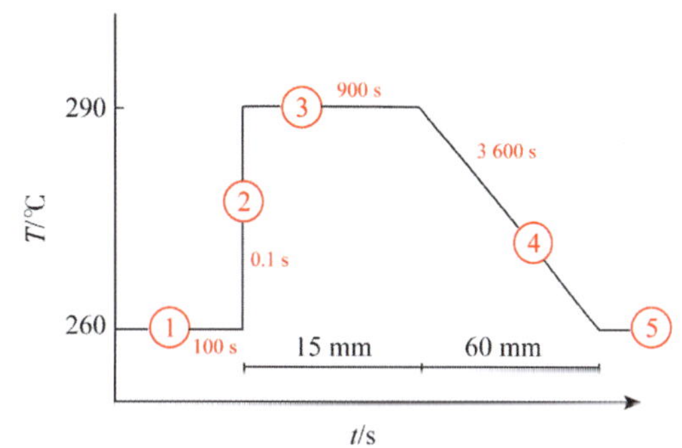

图 9-13　管内瞬态工况图

第 1 阶段，管内流体温度为 260 ℃，并且达到稳定状态，持续时间为 100 s；

第 2 阶段，管内流体温度在 0.1 s 时间内，由 260 ℃升为 290 ℃；

第 3 阶段，管内流体温度在 900 s 时间内，保持为 290 ℃；

第 4 阶段，管内流体温度在 3 600 s 时间内，由 290 ℃降为 260 ℃；

第 5 阶段，管内流体温度在 600 s 时间内，维持 260 ℃的状态。

载荷步的设置是为了获得相关解答的载荷配置，它的作用的在给定的时间间隔内施加一组载荷。因此在瞬态温度场分析过程中，常常用多个载荷步来描述载荷变化时程曲线的不用分段函数。

瞬态温度场分析属于非线性分析的一种，每个载荷步都需要设置多个载荷子步。时间步长的大小对计算精度有重要影响。一般来说，时间步长越小，计算精度越高，但是完成迭代计算所需的时间也越长。在实际分析过程中，针对具体的分析结构和载荷条件，可通过试算获得较为合理的步长设置。

热瞬态载荷作用下，某个时刻点的温度场应力云图见图 9-14、图 9-15。

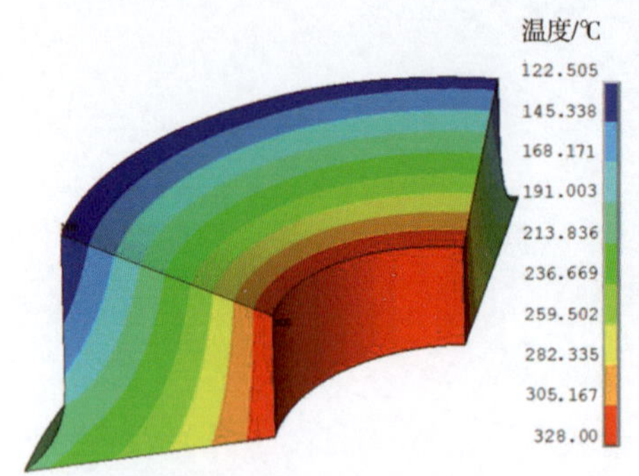

图 9-14　某时刻焊缝温度场

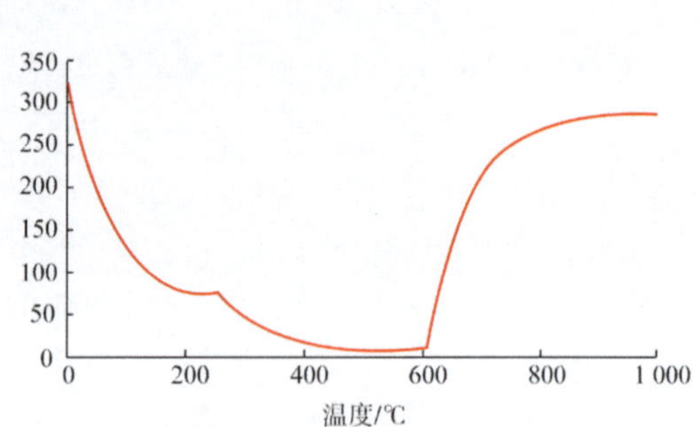

图 9-15　热瞬态 3 作用下焊缝中心温度时程

热瞬态载荷作用下，某个时刻点的热应力云图见图 9-16、图 9-17。

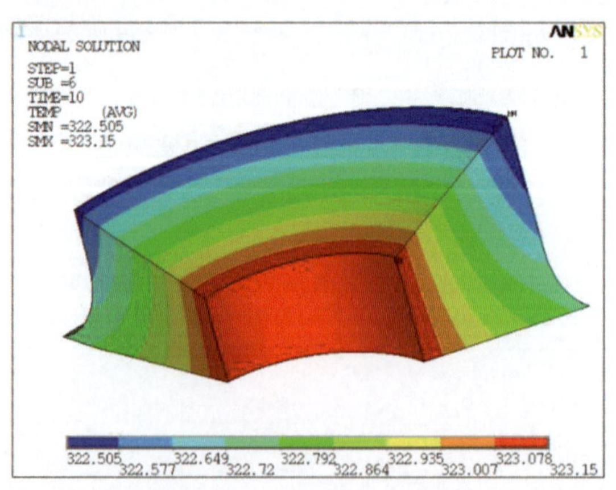

图 9-16　热瞬态 1 和 2 作用下某时刻热应力分布

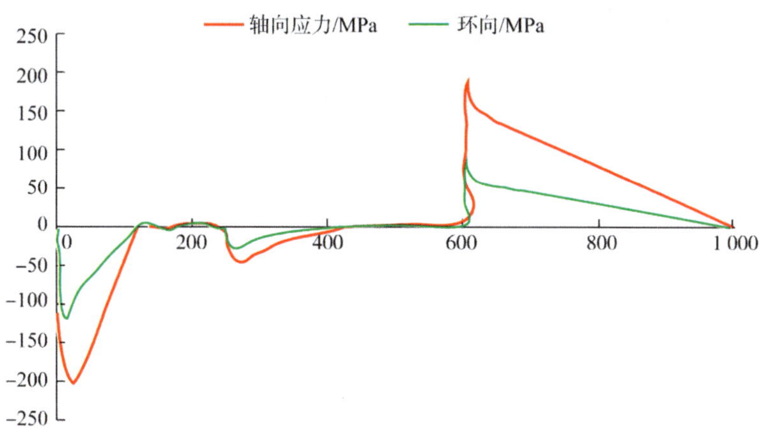

图 9-17　热瞬态 3 作用下焊缝中心热应力时程

根据三维实体模型的瞬态应力分析结果，提取数据文件 2 376 份（3 个瞬态、9 条路径，2 种载荷类型，平均 22 个时刻点，轴向、环向 2 个方向）如图 9-18 范例，本节不一一例举：

```
##########################################################################
 TIME = 5.62159          时刻点
***** PATH VARIABLE SUMMARY *****
```

壁厚 S	轴向应力 AXIAL	环向应力 HOOP
0.00000	85.31577	91.86527
2.00824	53.14686	59.41877
4.01649	20.98375	26.97965
6.02473	0.95044	7.50267
8.03297	−5.15817	2.89630
10.04122	−11.26793	−1.72383
12.04946	−12.70158	−1.69124
14.05771	−13.78624	−1.31760
16.06595	−14.87402	−0.95401
18.07419	−15.47496	−1.32590
20.08244	−16.05187	−1.72301
22.09068	−16.62567	−2.11389
24.09893	−16.73411	[illegible]
26.10717	−16.83876	−2.24766
28.11541	−16.94210	−2.31201
30.12365	−16.97933	−2.36164
32.13190	−17.01655	−2.41164
34.14014	−17.05376	−2.46199
36.14839	−17.06536	−2.51191
38.15663	−17.07510	−2.56203
40.16487	−17.08488	−2.61239
42.17312	−17.08706	−2.67144
44.18136	−17.08782	−2.73232
46.18960	−17.08867	−2.79341
48.19785	−17.08494	−2.86359
50.20609	−17.07972	−2.93701
52.21433	−17.07461	−3.01061
54.22258	−17.06522	−3.09343
56.23082	−17.05361	−3.18128
58.23907	−17.04213	−3.26932
60.24731	−17.02522	−3.36661

图 9-18　热瞬态应力结果提取示例

9.2.7　瞬态机械应力分析

考虑以下状态，结合自重、地震、内压、热膨胀载荷，开展机械应力分析：(50 ℃，14.0~16.0 MPa)、(50 ℃，0~19.7 MPa)、(7~328 ℃，4.0~17.1 MPa)，对于地震载荷

按照任意方向进行试算，以得到最保守应力结果（见图 9-19）。

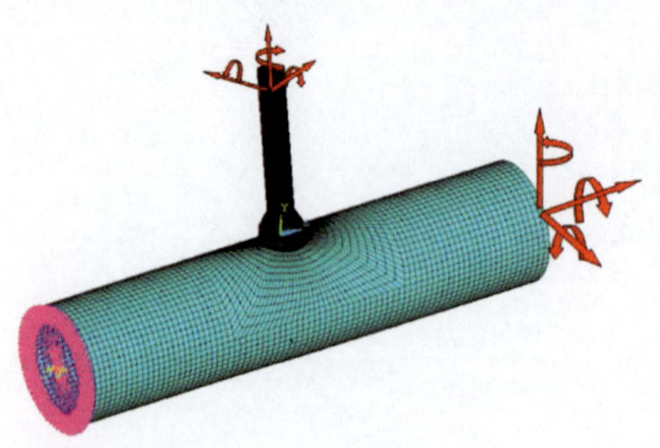

图 9-19　载荷施加示意图

以 50 ℃，16.0 MPa 状态为例，结果如图 9-20 所示。

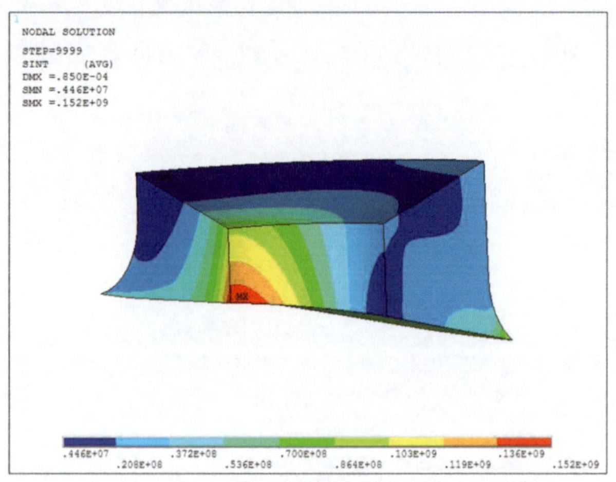

图 9-20　某时刻焊缝结构机械应力分布

路径提取结果数据如下图所示，焊缝处共取 9 条路径，每个状态下 6 个结果文件，共 54 个数据文件，报告中不一一列举见图 9-21。

sx 径向应力	sy 周向应力	sz 轴向应力
0.332412E+01	0.577342E+01	0.464830E+01
0.316022E+01	0.540264E+01	0.436026E+01
0.283323E+01	0.496619E+01	0.355813E+01
0.260838E+01	0.447969E+01	0.284294E+01
0.243597E+01	0.397247E+01	0.218973E+01
0.229618E+01	0.346717E+01	0.156097E+01
0.217885E+01	0.298062E+01	0.958739E+00
0.207896E+01	0.252296E+01	0.381080E+00
0.199404E+01	0.210191E+01	-.202931E+00
0.191659E+01	0.171611E+01	-.780714E+00
0.184572E+01	0.137398E+01	-.133377E+01
0.178037E+01	0.108013E+01	-.183987E+01
0.171752E+01	0.837766E+00	-.226183E+01
0.165265E+01	0.649095E+00	-.253272E+01
0.159611E+01	0.542680E+00	-.249206E+01
0.133948E+01	0.414907E+00	-.202859E+01

图 9-21　机械应力数据结果

9.2.8　应力强度因子计算

表面裂纹的应力强度因子计算表达式如下[1]：

$$K_{\mathrm{I}} = [(A_0 + A_p)G_0 + A_1G_1 + A_2G_2 + A_3G_3]\sqrt{\frac{\pi a}{Q}} \tag{9-7}$$

式中　G_0、G_1、G_2、G_3——影响系数；

a——裂纹长度；

t——壁厚；

Q——形状缺陷系数；

A_P——内表面缺陷对应的内压；

A_0、A_1、A_2、A_3——应力分布参数。

应力分布参数可以通过下式拟合函数得到（见图 9-22、图 9-23）

$$\sigma = A_0 + A_1\left(\frac{x}{t}\right) + A_2\left(\frac{x}{t}\right)^2 + A_3\left(\frac{x}{t}\right)^3 \tag{9-8}$$

式中　σ——壁厚方向任意点的应力；

x——分析位置到管道内壁的距离。

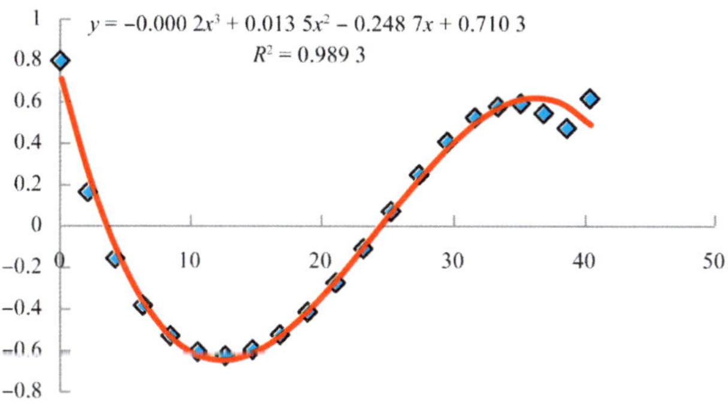

图 9-22　t=9 910.8 s 截面 3 路径 1 在热瞬态载荷下沿壁厚方向的环向应力函数拟合

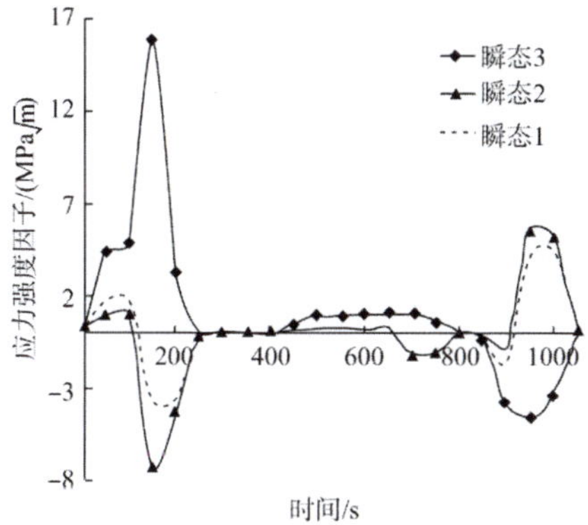

图 9-23　某个路径下的应力强度因子

9.2.9 裂纹扩展分析

空气环境中奥氏体不锈钢的裂纹扩展速率可以参考 ASME Ⅺ C-3210 的规定[6]，在压水堆环境下奥氏体不锈钢的裂纹扩展速率是空气环境下的 2 倍[13]。

在压水堆环境下奥氏体不锈钢管道及其焊缝中裂纹扩展速率计算[6,13]公式为：

$$\left(\frac{da}{dN}\right) = C_0\ (\Delta K_{\mathrm{I}}\ )^n \tag{9-9}$$

式中 ΔK_{I}—— 应力强度因子变化幅值；

da/dN—— 裂纹扩展速率(mm/ 次)；

n——$\log(da/dN)$ 与 $\log\ (\Delta K_{\mathrm{I}})$ 之间函数曲线的斜率；

C_o—— 修正函数。

对于奥氏体不锈钢管道，采用如下公式计算裂纹的应力腐蚀扩展速率[1]。

$$\frac{da}{dt} = A_{\mathrm{SCC}}\ (K_{\mathrm{I}}\ )^{\eta} \tag{9-10}$$

式中 A_{SCC}—— 扩展速率系数；

K_{I}—— Ⅰ 型裂纹应力强度因子，单位 $\mathrm{MPa}\sqrt{\mathrm{m}}$；

η—— 扩展速率指数。

计算对象包含多个瞬态的，根据瞬态内的应力强度因子 K 极值，和瞬态发生次数，按照雨流计数法进行组合。

分别评估处置方案二内外部裂纹的扩展深度之和与处置方案三内部裂纹的扩展深度。

根据应力强度因子的时程曲线，计算在 3 类瞬态载荷的累积作用下，一个换料周期（18 个月）时间内裂纹生长过程如图 9-24 所示。

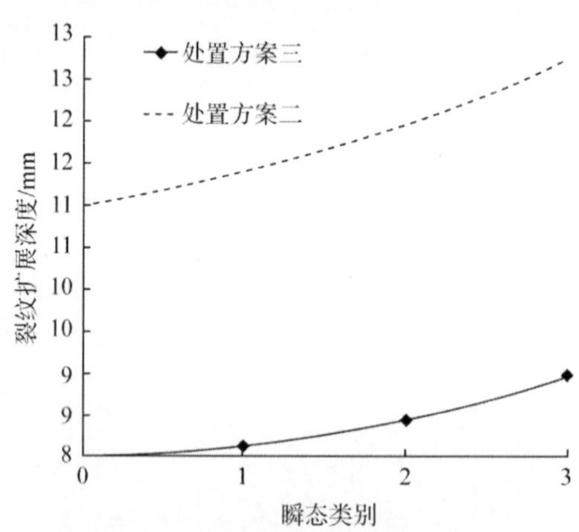

图 9-24 一个换料周期内裂纹生长过程

9.2.10 裂纹许用扩展深度分析

在 ASME 规范Ⅺ卷中，需要根据含缺陷结构的失效模式选择裂纹稳定性评价模式[3]，不同失效过程对应的评估准则各不相同。奥氏体不锈钢管道及其焊缝材料可选用全塑性断裂的验收准则（对应管道全截面的屈服失效）如下：

$$a_f \leqslant \min(a_n,\ a_o) \tag{9-11}$$

式中　a_f——至评定寿期末，通过计算发现的缺陷扩展到最大的深度；

l_f——至评定期末，通过计算的缺陷扩展的最大长度；

a_n——正常运行工况（包括异常和实验），缺陷长度 l_f 最大允许缺陷深度；

a_o——紧急和事故工况下，缺陷长度 l_f 最大允许缺陷深度。

首先计算规范 A，B，C，D 准则级别对应的载荷组合作用下的最大应力和应力比，并结合裂纹和管道结构的几何尺寸参数，在 ASME 规范Ⅺ卷表格 C-5310-1，C-5310-2，C-5310-3，C-5310-4 中采用线性插值的方法确定裂纹深度限值，并取四个准则级别下的最小值作为评定限值（见表 9-4）。

表 9-4　许用临界裂纹深度

处置方案	许用临界裂纹深度/mm
方案二	11.52
方案三	21.00

9.2.11　分析结论

本节所述三种备选方案的力学评估结果见表 9-5。

表 9-5　力学评估结果

处置方案	裂纹扩展深度/mm	许用扩展深度/mm	评定结论
方案 1	不需评估	—	—
方案 2	12.74	11.52	不通过
方案 3	8.98	21.00	通过

综合三种备选方案的信息见表 9-6。

表 9-6　处置方案优化比选表

处置方案	维修周期	力学评定结果	推荐的决策结果
方案 1	60 天	通过	不采用
方案 2	0 天	不通过	不采用
方案 3	7 大	通过	采用

经计算分析，优选维修方案 2 可在保证核安全的前提下避免因发电延误造成核电厂较

大的经济损失。

在初始裂纹尺寸相同的条件下，整理分析单位循环次数下的系统瞬态发生时对裂纹扩展深度的影响见表 9-7。

表 9-7　电厂瞬态对裂纹生长的影响分析结果

处置方案	瞬态 1（mm/次）	瞬态 2（mm/次）	瞬态 3（mm/次）
方案 1	—	—	—
方案 2	1.9×10^{-6}	3.9×10^{-3}	9.1×10^{-2}
方案 3	5.6×10^{-6}	6.9×10^{-3}	1.0×10^{-1}

研究表明，焊缝内裂纹的生长对系统瞬态 3 载荷最为敏感，在后续一个换料周期内可根据该分析结果制订优化的运行规程，或者选择可替代的运行方案，减少瞬态 3 的发生次数。以此作为焊缝缺陷临时处置方案中的补充措施。

9.3　基于 RSE-M 方法的管道缺陷撕裂稳定性评价

9.3.1　分析背景

假设某核电厂核一级管道与阀门接管处的焊缝通过在役检查发现在焊缝中心位置内表面存在一个环向半椭圆形裂纹，初始裂纹深度 $a=3$ mm，初始裂纹长度 $2c=18$ mm 如图 9-25、图 9-26 所示。

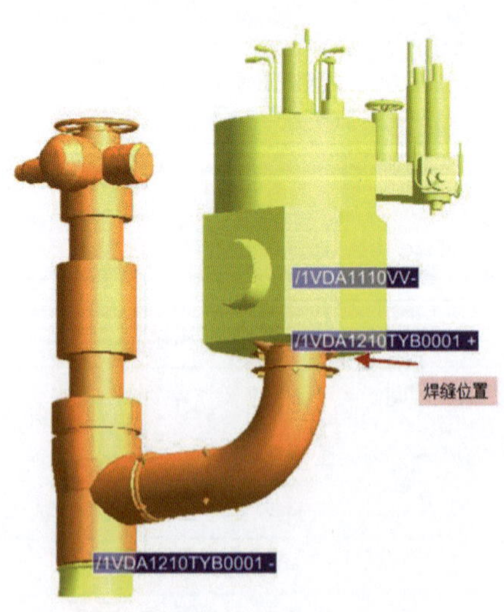

图 9-25　管道与阀门接管处焊缝位置图

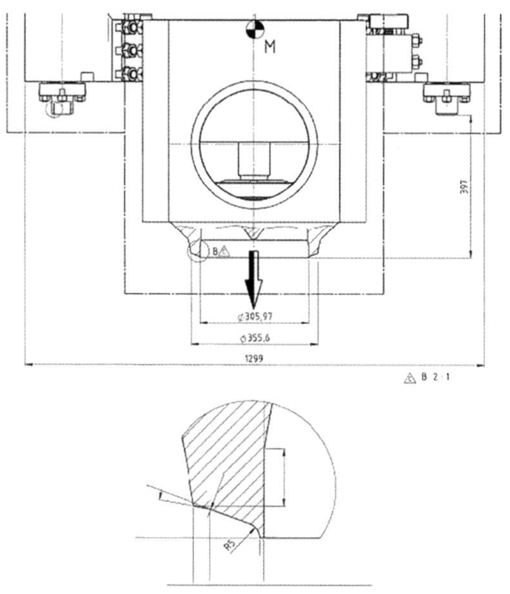

图 9-26　管道与阀门接管处焊缝示意图

根据核电厂在役检查期间 RT 射线检查照片，绘制裂纹简化信息如图 9-27 所示。

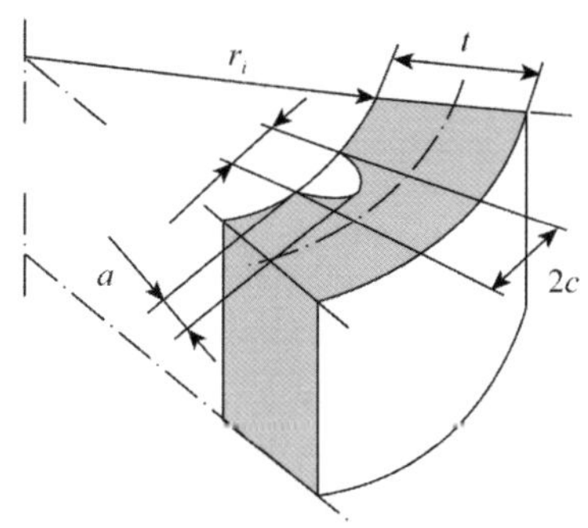

图 9-27　裂纹尺寸示意图

9.3.2　设计输入参数

分析考虑的载荷包括由内压、自重、热膨胀、地震及热瞬态载荷；同时，需要考虑焊接残余应力。计算考虑瞬态见表 9-8，温度变化方式保守假设为阶跃。

表 9-8　瞬态载荷列表

名称[①]	压力/MPa	温度/℃	流量/(kg/s)	次数
瞬态 1	13.3～0.1	357.5～10	794.7～0	69 423

其他载荷来自对应的管系力学分析结果，载荷选取如表 9-9 所示。

表 9-9　管道与阀门接管处焊缝位置载荷表

名称	Mu（kN·m）	Mv（kN·m）	Mw（kN·m）
自重	-3	-1	-13
最大内压	-120	-35	40
正常工况气候效应	14	5	-5
事故工况气候效应	28	79	-50
热膨胀载荷 1	0	-6	2
热膨胀载荷 2	5	168	-71
运行检查地震载荷	145	78	34
安全停堆地震载荷	151	79	77
破管载荷	48	41	58
阀门排放载荷 1	23	16	37
阀门排放载荷 2	29	22	39
注：*M*u、*M*v、*M*w 为局部坐标系三个方向的弯矩，其中 *M*u 为围绕管道轴向的弯矩			

在 ASME 规范 Ⅺ卷中明确规定了在裂纹扩展分析的时候需要考虑焊接残余应力[3,6]。

管壁中轴向残余应力分布情况如本章公式 9-12，以体载荷的形式考虑其对裂纹对应力强度因子的影响。

$$\sigma = \sigma_i \begin{bmatrix} 1.0 - 6.91(a/t) + 8.69(a/t)^2 \\ - 0.48(a/t)^3 - 2.03(a/t)^4 \end{bmatrix} \tag{9-12}$$

管道母材为 P355NH，焊缝材料（见图 9-28）、阀门本体材料选择和管道母材相同的材料参数，见表 9-10、表 9-11。

表 9-10　P355NH 的材料参数

温度 T/℃	热导率 K（W/m·K）	热扩散率 α（$10^{-8}m^2/s$）	热膨胀系数 β（10^{-6}/℃）	弹性模量 E/GPa	屈服强度 S/MPa
20	54.60	14.70	10.90	205.00	330
50	53.30	14.07	10.92	204.00	319
100	51.80	13.40	11.14	203.50	300
150	50.30	12.65	11.50	200.50	281

续表

温度 T/℃	热导率 K（W/m·K）	热扩散率 α（$10^{-8}m^2/s$）	热膨胀系数 β（10^{-6}/℃）	弹性模量 E/GPa	屈服强度 S/MPa
200	48.80	11.95	11.87	197.00	263
250	47.30	11.27	12.24	193.00	244
300	45.80	10.62	12.57	189.50	225
350	44.30	10.00	12.89	185.00	—
400	42.90	9.33	13.24	180.00	—

表 9-11　经热处理和老化后的焊缝材料断裂韧性值

温度 T/℃	韧性区域断裂韧性值/MPa$\sqrt{m}$
10	49
20	52.4
30	83.6
40	106
55	132.7
73	158
130	158

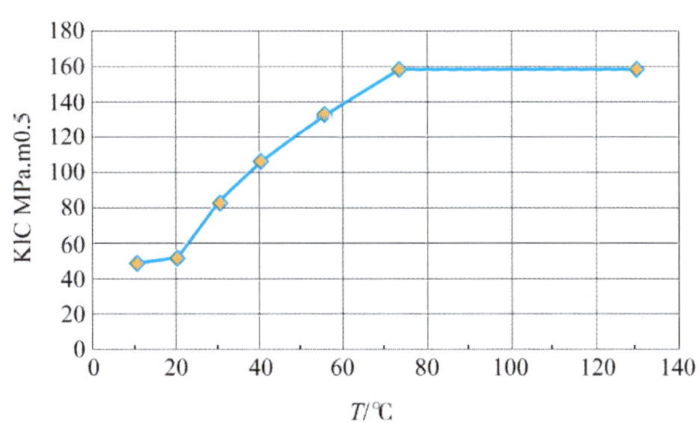

图 9-28　经热处理和热老化后的焊缝材料脆转温度曲线

9.3.3　分析模型

用 ANSYS 软件进行有限元建模，根据管嘴处结构的几何特点，建立了轴对称模型，瞬态温度场分析时模型采用 PLANE77 热单元，结构应力场分析时采用 PLANE183 结构单元，对应力集中区域进行了网格细化。有限元模型详图如图 9-29、图 9-30 所示。

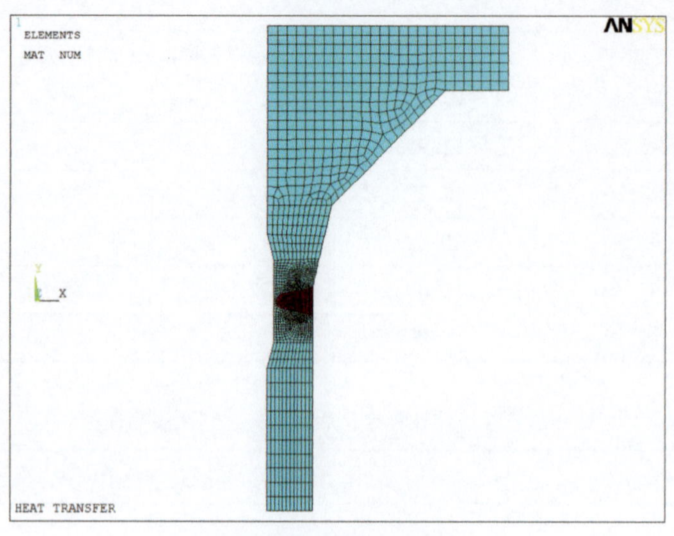

图 9-29　有限元分析模型

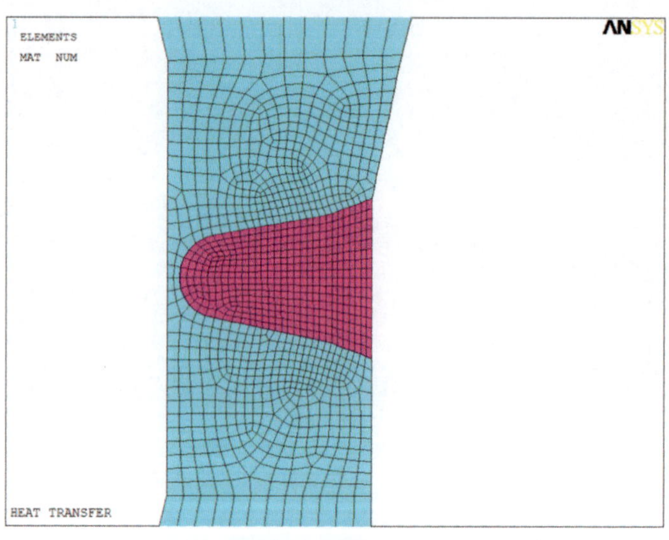

图 9-30　焊缝剖面图

保守假设焊缝外部为绝热，为求解管内流体与管壁之间强制对流换热系数，作为传热边界条件施加到有限元分析模型上，可使用下述公式[7]计算出努赛尔数 Nu。

$$Nu = 0.023Re^{0.8}Pr^{n} \tag{9-13}$$

该公式的适用条件为：$Re \geqslant 10^4$，$0.7 \leqslant Pr \leqslant 160$，$L/d \geqslant 10$

当壁面温度大于流体温度时，$n = 0.4$；

当壁面温度小于于流体温度时，$n = 0.3$。

有限元分析模型的网格划分过于精细，会造成迭代分析速度较慢，占用较多的计算资源，网格划分过于粗糙则可能造成分析结果的不准确。所以在开展瞬态温度场分析之前，需要针对细部网格的划分方式开展敏感性分析，以确定最佳的网格划分方式。具体的方式是在不同网格密度的有限元分析模型施加相同的简单瞬态载荷开展试算，根据结果的对比，确定合理的网格划分密度。在本算例中，通过典型热瞬态作用下的应力和热梯度分析结果对比，可认为图 9-31 中两种网格划分方式均可满足计算要求。

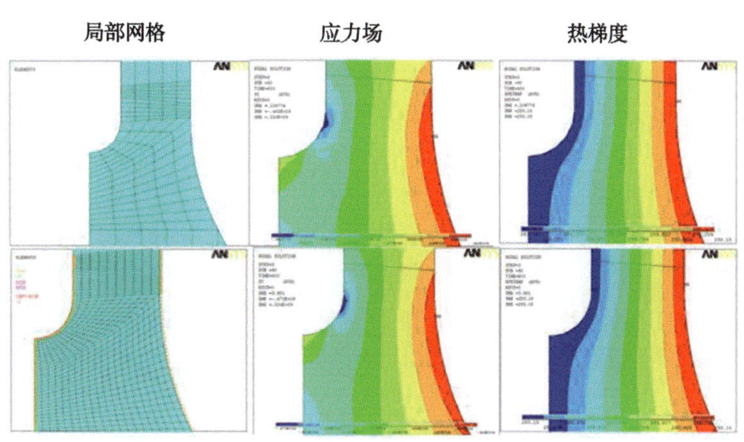

图 9-31　模型网格密度的敏感度分析

9.3.4　分析评定要求

1. 裂纹扩展速率计算

根据 RSE-M 规范[2]附录 5.6，进行裂纹扩展计算。

$$\frac{da}{dN} = C_0 \left(\Delta K_{eff}\right)^n \tag{9-14}$$

式中　ΔK_{eff}——在每个循环工况下有效应力强度因子的变化幅度；

C_0 和 n——材料参数；

N——循环工况出现的次数。

2. K_{CP}（弹塑性应力组合强度因子）计算

表面裂纹的应力强度因子计算参考 RSE-M 提供方法，具体见附录 5.4。应力多项式近似分布，考虑到影响函数方法，应力强度因子的计算式为

$$K_{\mathrm{I}} = \sqrt{\pi a}\left(\sigma_0 i_0 + \sigma_1 (a/L) i_1 + \sigma_2 (a/L)^2 i_2 + \sigma_3 (a/L)^3 i_3 + \sigma_4 (a/L)^4 i_4\right. \tag{9-15}$$

式中：i_0、i_1、i_2、i_3、i_4 是影响函数，可以通过 a/t 的中心插值来求出，中心插值根据 RSE-M 规范中附录 5.4 中所列出的影响函数求出。

为了在缺陷处考虑塑性，根据 RSE-M 规范[2]的规定，对 K_{I} 进行修正。

修正值 K_{CP} 计算公式如下：

$$K_{CP} = \alpha K_{\mathrm{I}} \sqrt{\frac{a + r_y}{a}} \tag{9-16}$$

$$r_y = \frac{1}{6\pi}\left(\frac{K_{\mathrm{I}}}{R_{\mathrm{P}}}\right)^2 \tag{9-17}$$

式中，R_{P}指材料在裂纹处所考虑温度下的屈服强度值。

α值的求解方法如下：

如果 $r_y \leqslant 0.5\ (t-a)$ 则 $\alpha=1$

如果 $0.5\ (t-a) < r_y \leqslant 0.12\ (t-a)$ 则 $\alpha=1+\left[\frac{r_y-0.05\ (t-a)}{0.035\ (t-a)}\right]^2$

如果 $r_y > 0.12\ (t-a)$ 则 $\alpha=1.6$

3. J积分计算

根据RSE-M规范[2]附录5.4节给出计算方法，J计算公式如下所示：

$$J = \left(\sqrt{J_{\mathrm{S}}^{\mathrm{mt}}} + K_{\mathrm{th}}^{*} \cdot \sqrt{J_{\mathrm{el}}^{\mathrm{th}}}\right)^2 \tag{9-18}$$

$$J_{\mathrm{S}}^{\mathrm{mt}} = J_{\mathrm{el}} \cdot \frac{1}{K_{\mathrm{r}}^2} \tag{9-19}$$

$$J_{\mathrm{el}}^{\mathrm{th}} = \frac{[K_{\mathrm{eq}}^{\mathrm{th}}]^2}{E^*} \tag{9-20}$$

式中：K_{r}、K_{th}^{*}、J_{el}、$K_{\mathrm{eq}}^{\mathrm{th}}$、$E^*$ 按照本书7.3节提供的公式开展计算。

4. 评价准则

采用RSE-M规范附录5.6的评定准则对假设缺陷开展快速断裂评定工作。具体评价公式如表9-12所示。

表9-12 快速断裂评定表

正常/扰动工况	紧急工况	事故工况
$K_{\mathrm{CP}}(1.5C_{\mathrm{A}},\ a_{\mathrm{f}}) \leqslant K_{\mathrm{IC}}/1.5$ $K_{\mathrm{CP}}(1.5C_{\mathrm{A}},\ a_{\mathrm{f}}) \leqslant K_{\mathrm{JC}}/1.35$	$K_{\mathrm{CP}}(1.3C_{\mathrm{C}},\ a_{\mathrm{f}}) \leqslant K_{\mathrm{IC}}/1.35$ $K_{\mathrm{CP}}(1.3C_{\mathrm{C}},\ a_{\mathrm{f}}) \leqslant K_{\mathrm{JC}}/1.25$	$K_{\mathrm{CP}}(1.1C_{\mathrm{D}},\ a_{\mathrm{f}}) \leqslant K_{\mathrm{IC}}/1.2$ $K_{\mathrm{CP}}(1.1C_{\mathrm{D}},\ a_{\mathrm{f}}) \leqslant K_{\mathrm{IC}}/1.1$
$J(1.5C_{\mathrm{A}},\ a_{\mathrm{f}}) \leqslant J_{0.2}$	$J(1.3C_{\mathrm{C}},\ a_{\mathrm{f}}) \leqslant J_{0.2}$	$J(1.1C_{\mathrm{D}},\ a_{\mathrm{f}}) \leqslant J_{0.2}$
$J(1.5C_{\mathrm{A}},\ a_{\mathrm{f}}+\Delta a) \leqslant J_{\Delta a}$ $J(1.3C_{\mathrm{A}},\ a_{\mathrm{f}}) \leqslant J_{0.2}$	$J(1.3C_{\mathrm{C}},\ a_{\mathrm{f}}+\Delta a) \leqslant J_{\Delta a}/1.8$ $J(1.1C_{\mathrm{C}},\ a_{\mathrm{f}}) \leqslant J_{0.2}$	$J(1.1C_{\mathrm{D}},\ a_{\mathrm{f}}+\Delta a) \leqslant J_{\Delta a}/1.3$

9.3.5 管道应力计算结果

管道应力计算结果见图9-32至图9-36。

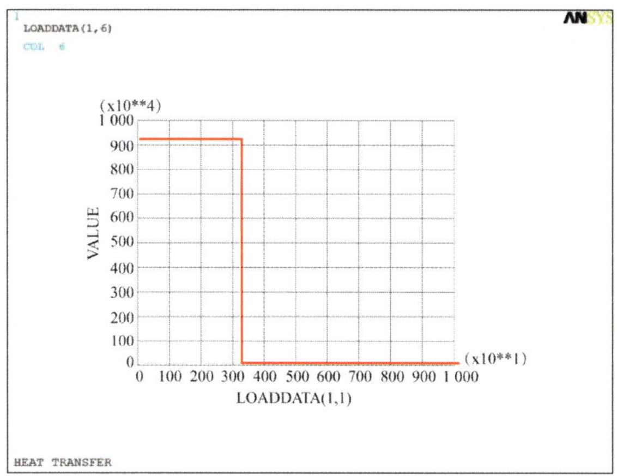

图 9-32　施加在模型上的热瞬态曲线

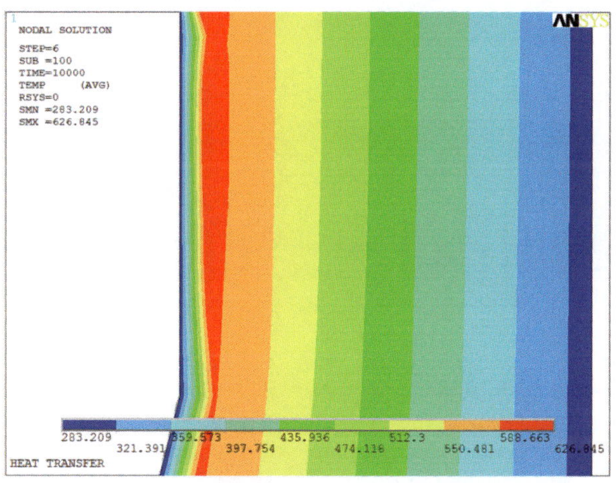

图 9-33　某时刻瞬态温度场结果（焊缝区域）

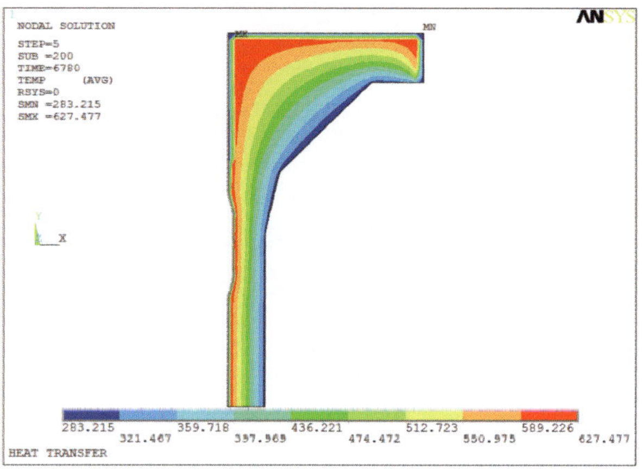

图 9-34　某时刻瞬态温度场结果（整体结构）

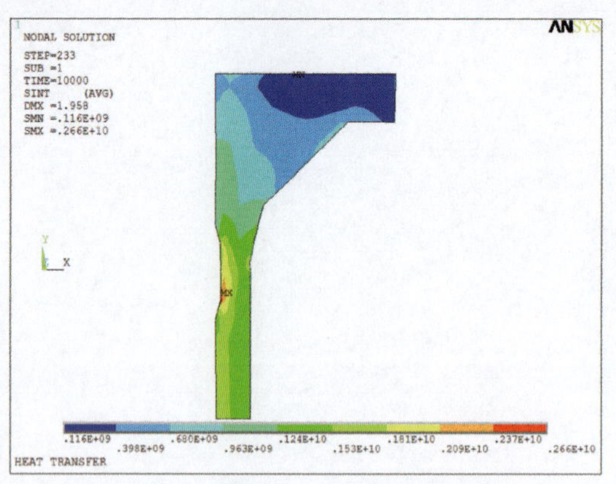

图 9-35　某时刻结构瞬态应力场分析结果

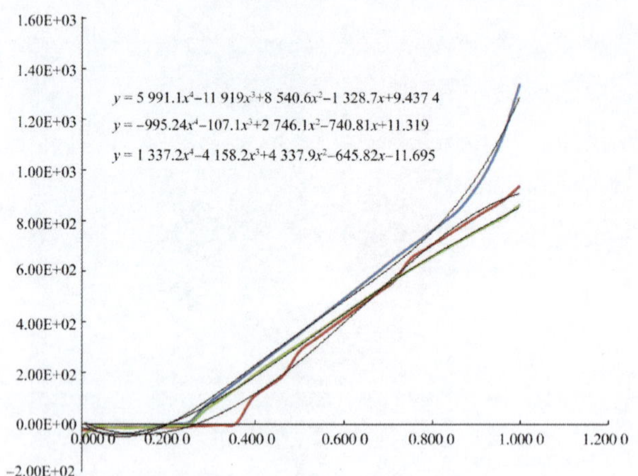

图 9-36　某刻裂纹位置三个方向应力沿壁厚分布的拟合函数

9.3.6　管道缺陷撕裂稳定性评价

根据评价准则及评价限值[2]，结合材料性能，各工况下的评定结果如表 9-13 至表 9-15 所示。

1. 正常、扰动工况

表 9-13　正常、扰动工况评定结果

正常、扰动工况				
计算值		限值		结论
$K_{cp}(1.5C_A, a_f)$ (MPa · $\sqrt{m}$)	4.07	$K_{IC}/1.5$ (MPa · $\sqrt{m}$)	32.67	通过
$J(1.5C_A, a_f)$ (kJ/m^2)	14.48	$J_{0.2}$ (kJ/m^2)	55	通过

2. 紧急工况

表 9-14　紧急工况评定结果

紧急工况				
计算值		限值		结论
$K_{cp}(1.3C_C, a_f)$ (MPa · $\sqrt{m}$)	3.52	$K_{IC}/1.35$ (MPa · $\sqrt{m}$)	36.30	通过
$J(1.3C_C, a_f)$ (kJ/m^2)	7.09	$J_{0.2}$ (kJ/m^2)	55.00	通过

3. 事故工况

表 9-15　事故工况评定结果

事故工况				
计算值		限值		结论
$K_{cp}(1.1C_D, a_f)$ (MPa · $\sqrt{m}$)	2.98	$K_{IC}/1.2$ (MPa · $\sqrt{m}$)	40.83	通过
$J(1.1C_D, a_f)$ (kJ/m^2)	19.95	$J_{0.2}$ (kJ/m^2)	92.00	通过

通过以上分析，结合设计输入内容，本节所计算的管道与阀门接管处焊缝满足 RSE-M 规范中对裂纹撕裂稳定性的评价要求。

9.4　基于 R6 方法的管道缺陷容忍性评价

R6 规范考虑的失效模式主要有塑性垮塌和弹塑性断裂，运用 R6 开展分析的基本流程如图 9-37 所示[4]。

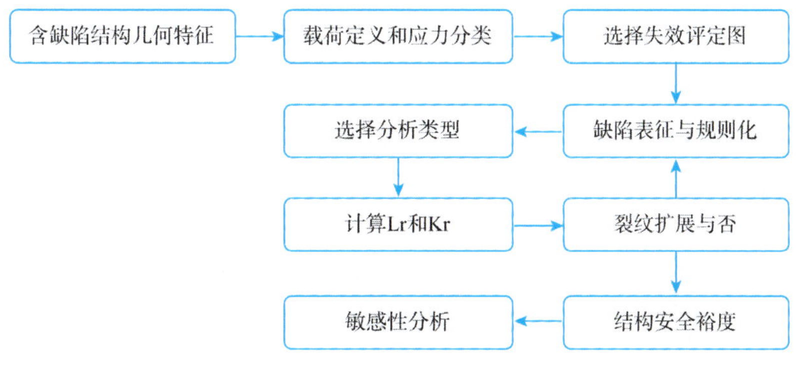

图 9-37　R6 规范分析基本流程

9.4.1　分析背景

假设某核电厂核一级管道通过在役检查发现在一个直管焊缝部位的内表面存在一个焊

接未融合缺陷，焊缝位置最小壁厚为 35 mm 该缺陷的所在管道结构如图 9-38 所示。

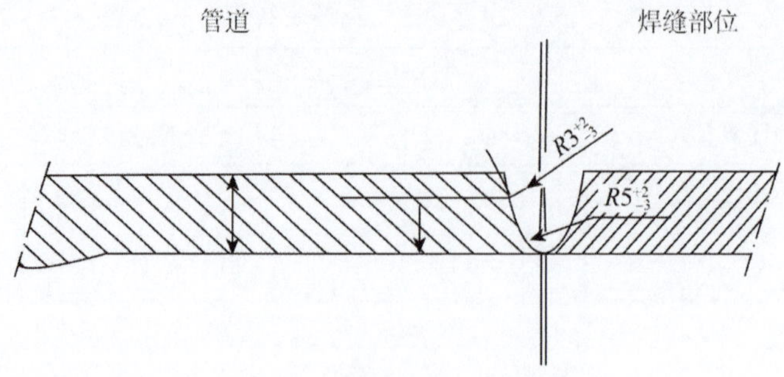

图 9-38　缺陷所在的管道截面

9.4.2　对缺陷实际形状的简化

缺陷形状接近平面型缺陷，可简化为一个平面裂纹。为了充分考虑其不确定性的影响，对初始缺陷进行假设，假设了一个半椭圆环形内表面裂纹，如图 9-39 所示，裂纹深度 $a=3$ mm，裂纹长度 $2c=18$ mm。裂纹形状如剖面图所示。

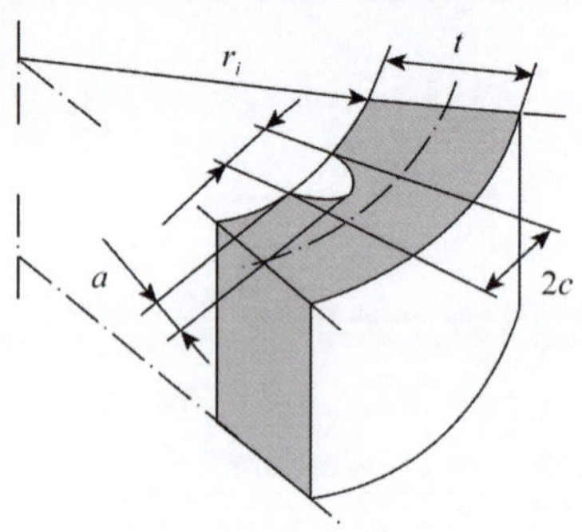

图 9-39　缺陷假设

9.4.3　有限元模型

运用 ANSYS 计算软件进行有限元建模，根据结构的几何特点，建立了轴对称模型，模型采用 PLANE233 热固耦合单元，对应力集中区域进行了网格细化，共 9 251 个单元，能够满足分析要求。详细的有限元模型如图 9-40 所示。

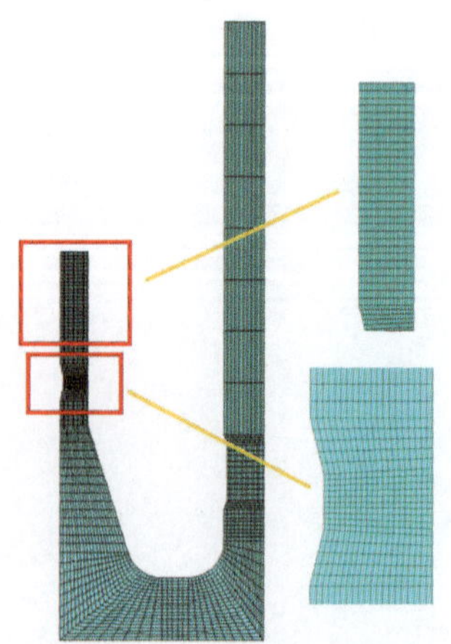

图 9-40　有限元模型

9.4.4　设计输入参数

对于不同部分使用的材料如图 9-41 所示，这些材料的属性来源于 RCC-M 规范。

（1）连接端材料：P280GH

（2）管道侧：P280NH

（3）焊缝处材料：焊丝为 ER70S-G，焊条为 E7018-1H4R

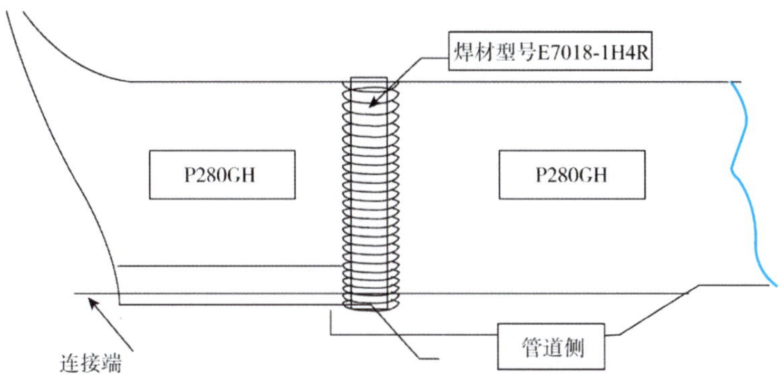

图 9-41　不同材料示意图

材料弹性模量、屈服应力强度均来自 RCC-M 规范[1]见表 9-16、表 9-17。

表 9-16　P280GH 材料弹性模量表

T/℃	0	20	100	200	300	350	400
E/GPa	205	204	200	193	185	180	176

表 9-17　P280GH 材料屈服应力强度表

T/℃	20	50	100	150	200	250	300
S/GPa	330	319	300	281	263	244	225

P280GH 的材料属性参考 RCC-M 规范[1]，详细参数如表 9-18、表 9-19 所示。

表 9-18　P280GH 的材料属性表

温度 T_f/℃	热导率 K/（W/m/K）	热扩散率 α（$10^{-8}\cdot m^2/s$）	热膨胀系数 β（10^{-6}）	弹性模量 E（$10^9\cdot Pa$）
20	54. 60	14. 70	10. 90	205. 00
50	53. 30	14. 07	10. 92	204. 00
100	51. 80	13. 40	11. 14	203. 50
150	50. 30	12. 65	11. 50	200. 50
200	48. 80	11. 95	11. 87	197. 00
250	47. 30	11. 27	12. 24	193. 00
300	45. 80	10. 62	12. 57	189. 50
350	44. 30	10. 00	12. 89	185. 00
400	42. 90	9. 33	13. 24	180. 00

表 9-19　焊缝材料应力强度因子表格

	P280GH	
温度范围/℃	方向	J_{IC}（kJ/m^2）
$T \geqslant 95$	周向	105
$T < 95$	周向	8
$T \geqslant 95$	轴向	53
$T < 95$	轴向	8

9.4.5　载荷

分析考虑的载荷包括内压、自重、热膨胀、地震及热瞬态载荷；同时，需要考虑焊接残余应力。考虑的工况应该有正常、扰动、紧急和事故工况。

考虑载荷中，一次载荷包括：自重、内压、地震等载荷。

二次载荷包括：热瞬态载荷，热膨胀及焊接残余应力。

9.4.6　计算过程

1. FAC 曲线选择

在 R6 规范 I6 节中[4]，提供了三种 FAC 曲线，本案例选择第一种曲线，这种曲线是最简单和保守的，与材料性能、几何条件和载荷条件均无关。该曲线公式如下：

$$f_1(L_r) = (1 + 0.5L_r^2)^{-1/2}[0.3 + 0.7\exp(-0.6L_r^6)]$$

式中：L_r应该小于 L_r^{max}，L_r^{max} 计算公式

$$L_r^{max} = \frac{\bar{\sigma}}{\sigma_{0.2}}$$

式中：流变应力 $\bar{\sigma} = (\sigma_{0.2} + \sigma_u)/2$。

FAC 曲线评定的结果可以决定构件是否继续运行、需作改变、维修、监控使用或需更换；也可为确定检验间隔周期提供指导。FAC 曲线评定示意图如图 9-42 所示。

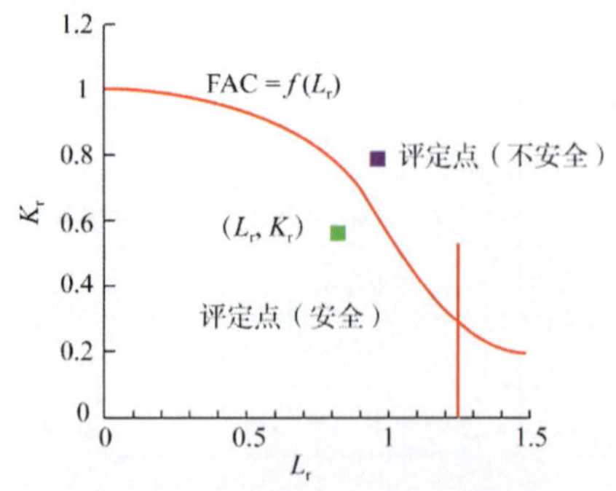

图 9-42　FAC 曲线评价示意图

2. 裂纹扩展计算

根据 RSE-M[2] 规范附录 5.6，进行裂纹扩展计算。

$$\frac{da}{dN} = C_0 (\Delta K_{eff})^n$$

式中：ΔK_{eff}——在每个循环工况下有效应力强度因子的变化幅度；

C_0 和 n——材料参数；

N——循环工况出现的次数。

3. 应力强度因子计算

表面裂纹的应力强度因子计算参考 RSE-M 提供方法，具体见附录 5. 4。应力多项式近似分布，拟合公式如下

$$\sigma = \sigma_0 + \sigma_1\left(\frac{x}{L}\right) + \sigma_2\left(\frac{x}{L}\right)^2 + \sigma_3\left(\frac{x}{L}\right)^3 + \sigma_4\left(\frac{x}{L}\right)^4$$

考虑到影响函数方法，应力强度因子的计算式为

$$K_{\mathrm{I}} = \sqrt{\pi a}(\sigma_0 i_0 + \sigma_1(a/L)i_1 + \sigma_2 (a/L)^2 i_2 + \sigma_3 (a/L)^3 i_3 + \sigma_4 (a/L)^4 i_4$$

式中：i_0、i_1、i_2、i_3、i_4、是影响函数，可以通过 a/t 的中心插值来求出，中心插值根据 RSE-M 规范[2] 中附录 5.4 中所列出的影响函数求出。

为了在缺陷处考虑塑性，根据 RSE-M 规范的规定，对 K_{I} 进行修正。

修正值 K_{cp} 计算公式如下：

$$K_{cp} = \alpha K_{\mathrm{I}} \sqrt{\frac{a + r_y}{a}}$$

$$r_y = \frac{1}{6\pi}\left(\frac{K_{\mathrm{I}}}{R_{\mathrm{P}}}\right)^2$$

其中，R_{P} 指材料在所考虑温度下的屈服强度值，RCC-M[1] 规范中 ZI 篇给出了具体值。

α 值的求解方法如下：

如果　$r_y \leqslant 0.5\ (t-a)$　则　$\alpha=1$

如果　$0.5\ (t-a) < r_y \leqslant 0.12\ (t-a)$　则　$\alpha=1+\left[\frac{r_y-0.05\ (t-a)}{0.035\ (t-a)}\right]^2$

如果　$r_y > 0.12\ (t-a)$　则　$\alpha=1.6$

4. L_r 计算

L_r 计算按照 R6 规范 I. 8 章节开展，L_r 计算公式如下：

$$L_r = \frac{\text{部件承受的一次载荷}}{\text{无缺陷结构的极限载荷}}$$

5. K_r 计算

K_r 计算公式如下：

$$K_r = \frac{K_{\mathrm{I}}^p + VK_{\mathrm{I}}^s}{K_{mat}}$$

式中：$K_{\mathrm{I}}^{\mathrm{p}}$ ——一次应力导致的应力强度因子；

$K_{\mathrm{I}}^{\mathrm{s}}$ ——二次应力导致的应力强度因子；

K_{mat} ——材料断裂韧性。

V 指二次应力修正系数，V 的计算公式如下：

$$V = 1 + 0.2L_r + 0.02\beta^s(1 + 2L_r) \quad 0 \leqslant L_r \leqslant L_r^*$$

$$V = 3.1 - 2L_r \quad L_r^* \leqslant L_r \leqslant 1.35$$

$$V = 0.4 \quad 1.35 \leqslant L_r$$

其中 $L_r^* = (105 - \beta^s)/(110 + 2\beta^s)$

9.4.7 计算结果

计算结果见图 9-43 至图 9-45 所示。

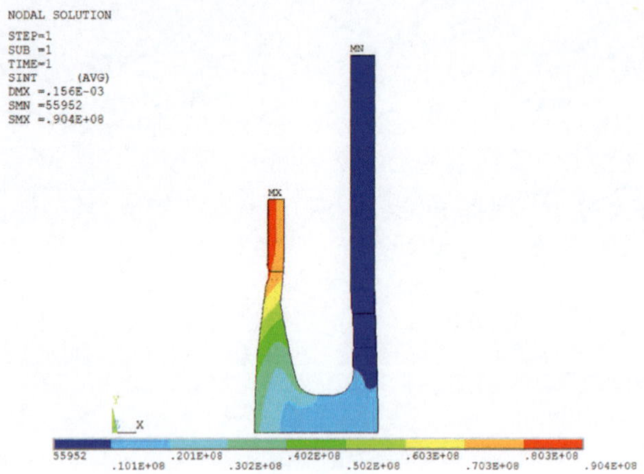

图 9-43　设计压力下结构受力示意图

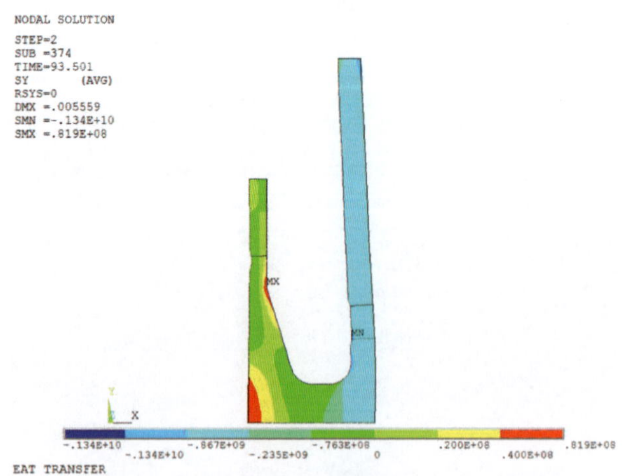

图 9-44　瞬态载荷作用下结构受力示意图

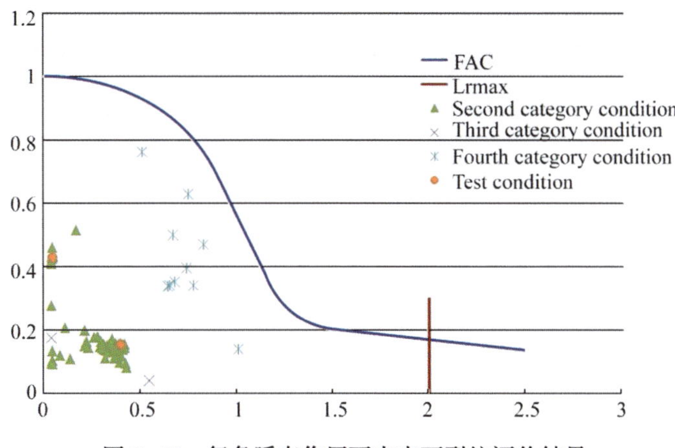

图 9-45　每条瞬态作用下内表面裂纹评价结果

通过以上分析，结合设计输入内容，本节所计算的管道与连接件处焊缝满足 R6 规范中对缺陷稳定性的评价要求。

9.5　分析实例 4-基于 ASME 方法的多缺陷简化验收分析

9.5.1　多缺陷的简化

对于多个缺陷，将缺陷简化成一个矩形区域，将矩形的长和宽定义为缺陷的长度和深度，对于相邻独立缺陷的处理则是通过判断两个缺陷之间的距离，来决定缺陷是进行合并包络，还是作为单独缺陷。

相邻表面缺陷之间的距离等于或小于缺陷深度的 0.5 倍，则可以将相邻的缺陷看作一个缺陷，缺陷的深度和长度由包络几个相邻缺陷的正方形或矩形边长尺寸来确定；深埋相邻缺陷之间的距离等于或小于缺陷深度，则可以将这些不连续的缺陷看作一个深埋缺陷。

将包络后形成的缺陷尺寸与表 9-20 中验收标准进行比较，在满足验收准则的包络缺陷基础上开展疲劳裂纹扩展分析。

表 9-20　最大允许平面缺陷[3]

裂纹深长比 a/l	壁厚小于等于 65 mm	壁厚 100~300 mm	壁厚大于等于 400 mm
	缺陷深与壁厚比值 $a/t/\%$	缺陷深与壁厚比值 $a/t/\%$	缺陷深与壁厚比值 $a/t/\%$
0.0	3.1	1.9	1.4
0.05	3.3	2.0	1.5
0.10	3.6	2.2	1.7
0.15	4.1	2.5	1.9

续表

裂纹深长比 a/l	壁厚小于等于 65 mm	壁厚 100~300 mm	壁厚大于等于 400 mm
	缺陷深与壁厚比值 $a/t/\%$	缺陷深与壁厚比值 $a/t/\%$	缺陷深与壁厚比值 $a/t/\%$
0.20	4.7	2.8	2.1
0.25	5.5	3.3	2.5
0.30	6.4	3.8	2.9
0.35	7.4	4.4	3.3
0.40	8.3	5.0	3.8
0.45	8.5	5.1	3.9
0.50	8.7	5.2	4.0

某核电厂反应堆压力容器热锻接管嘴，经过长期运行后检测到表面缺陷，缺陷有三处如图 9-46 所示，管嘴壁厚为 72 mm，缺陷 1 深度为 3 mm，长度为 5 mm；缺陷 2 深度为 2.5 mm，长度为 4 mm；缺陷 3 深度为 7 mm，长度为 21 mm。缺陷 1 与缺陷 2 之间距离为 1.1 mm，可将缺陷 1 和缺陷 2 包络成一个为深 3 mm，长 8.6 mm 的缺陷。包络后的缺陷 $a/t=3/72=0.04$，$a/l=3/8.6=0.35$，依据表 9-19，缺陷可以接受。对于缺陷 3 $a/t=7/72=0.10$，$a/l=7/21=0.33$ 依据表 9-19，缺陷不可以接受，需要开展疲劳裂纹扩展分析。保守假设初始裂纹深度为壁厚的 10%，深长比为 1/6，开展疲劳裂纹扩展分析，详细分析步骤见下文。

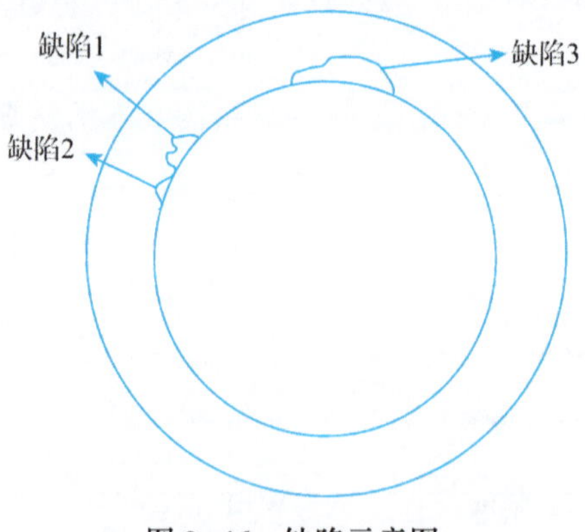

图 9-46　缺陷示意图

9.5.2　几何模型

本实例以管嘴处焊缝为分析目标，其模型示意图见图 9-47，其焊缝结构示意图见图 9-48。

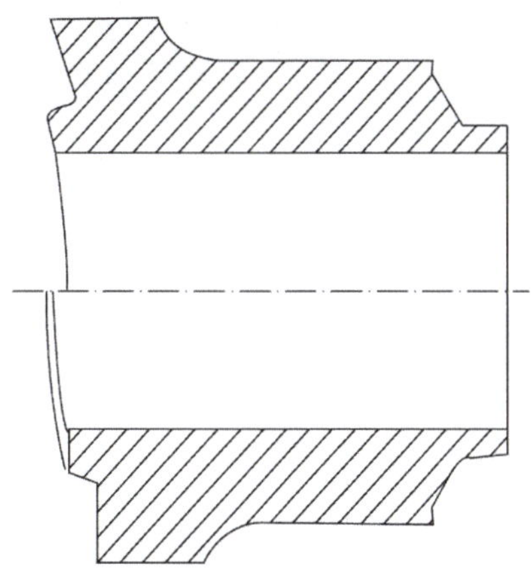

图 9-47　管嘴结构示意图

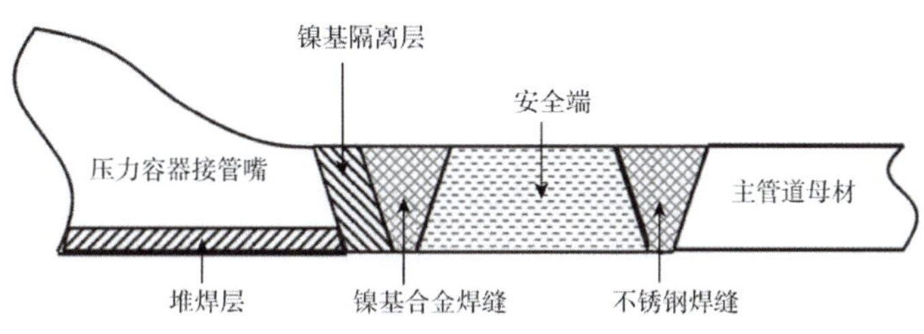

图 9-48　管嘴焊缝结构示意图

依据管嘴模型建立有限元模型，并针对模型的几何敏感性开展分析。管嘴简化模型见图 9-49，详细模型见图 9-50。

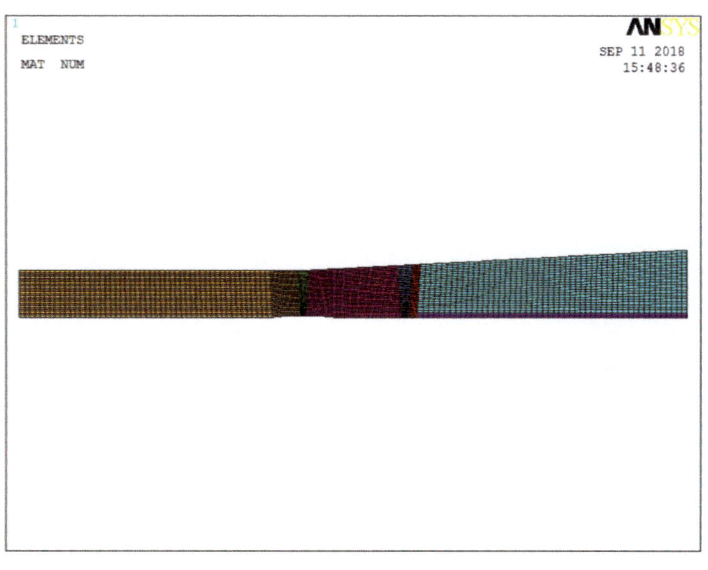

图 9-49　管嘴简化模型

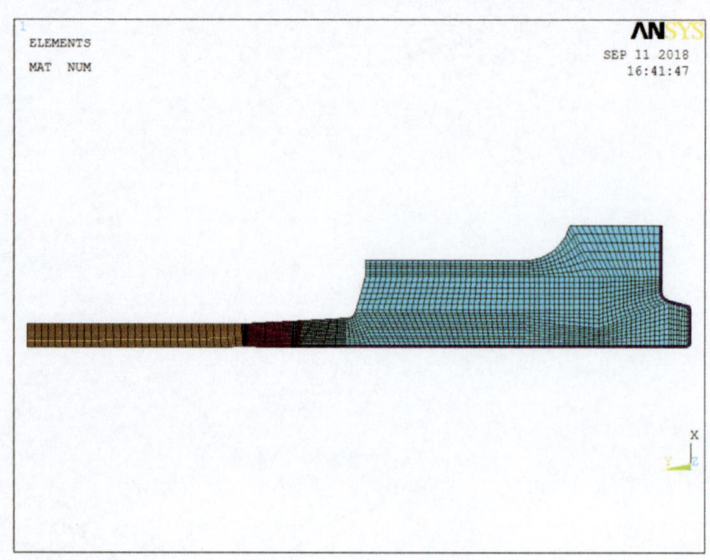

图 9-50　管嘴详细模型

采用两个模型施加相同的载荷开展分析，对比应力分布状况和大小，采用详细模型和简化模型应力分布一致，应力大小差异很小，详见图 9-51 和图 9-52，结果证明对于此实例分析的焊缝区域可以采用简化模型开展分析。

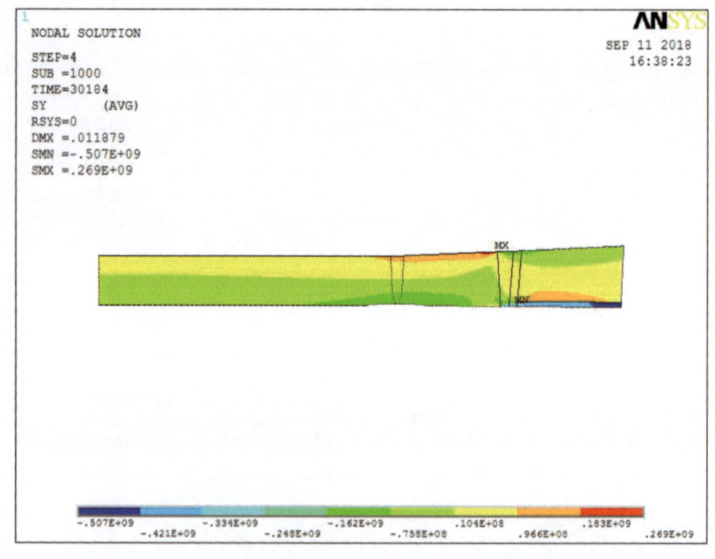

图 9-51　简化模型焊缝区域局部应力分布云图

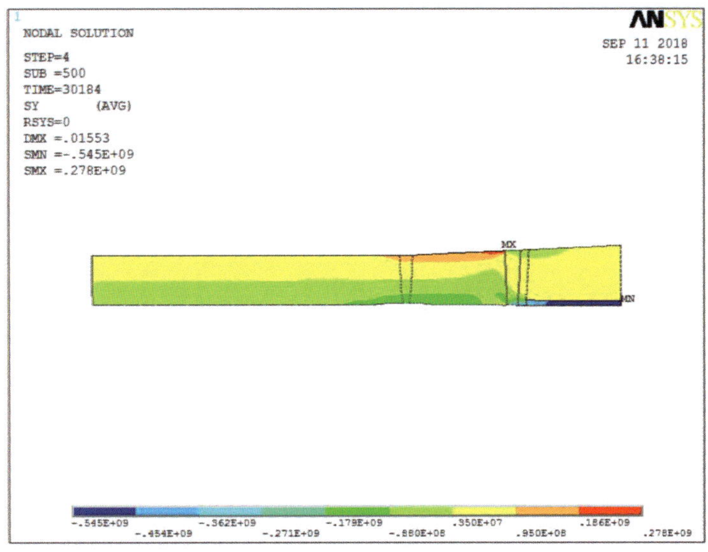

图 9-52　详细模型焊缝区域局部应力分布云图

9.5.3　网格敏感性分析

为保证计算的精度，本实例开展了网格敏感性分析，采用粗细两个网格模型开展应力分析。粗网格模型见图 9-53，网格密度加密一倍精细化网格模型见图 9-54。

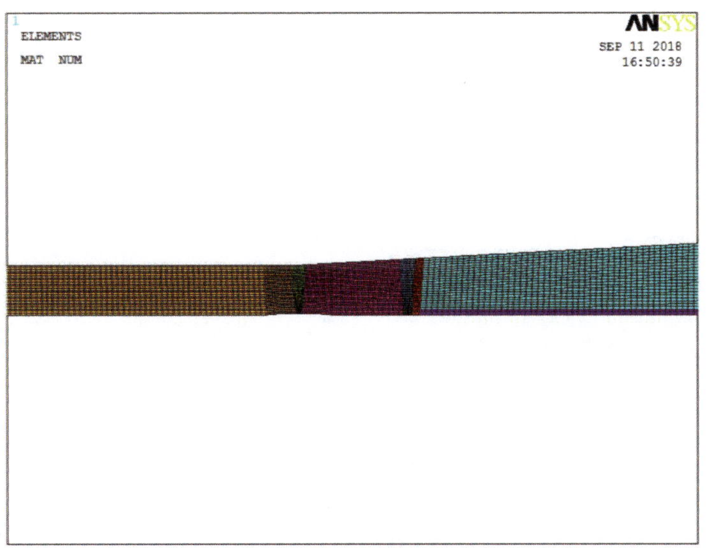

图 9-53　粗网格模型

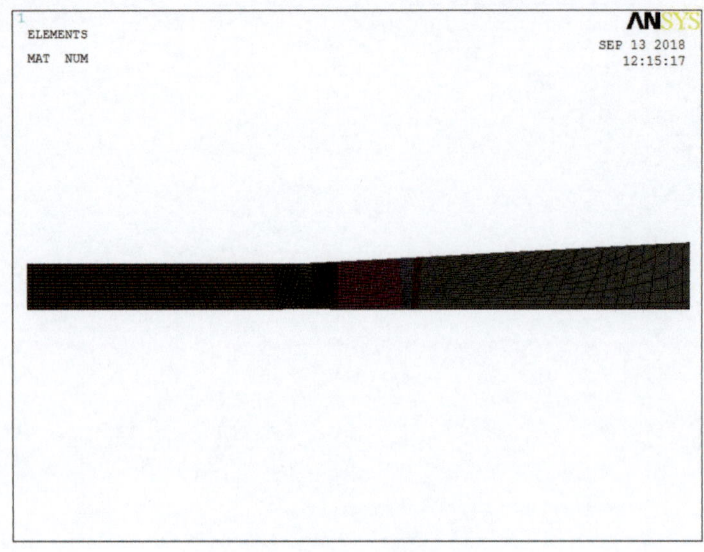

图 9-54 精细化网格模型

将两个不同密度的网格模型分析结果进行对比，两种密度网格模型，应力分布一致，应力大小变化不到2%，结果表明网格密度选取合适（见图 9-55、图 9-56）。

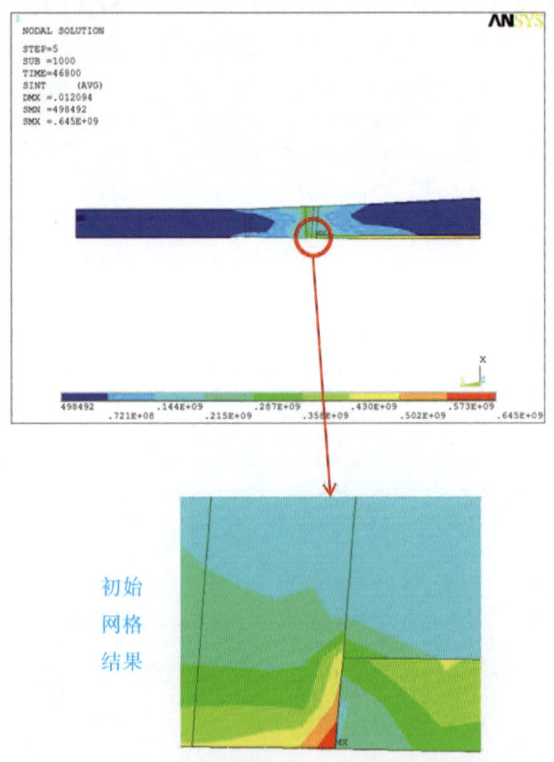

图 9-55 粗网格应力计算结果

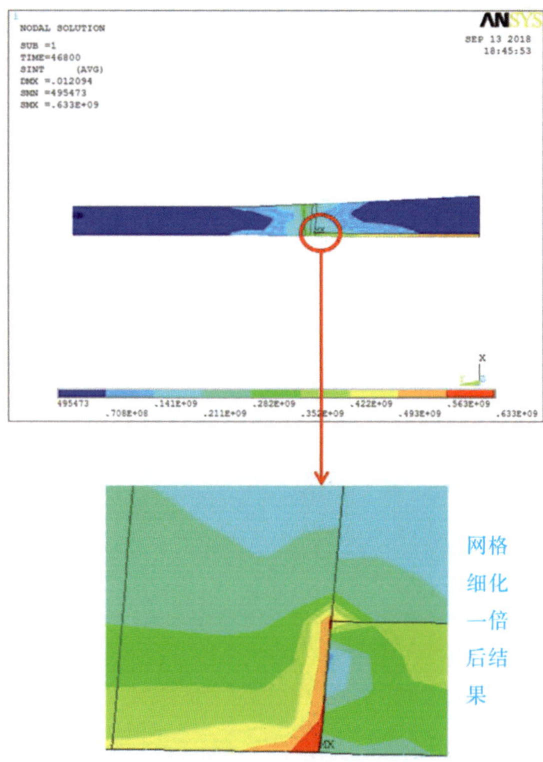

图 9-56　精细化网格应力计算结果

9.5.4　设计输入参数

该管嘴最共经历 60 种瞬态，通过包络合并，考虑计算以下 8 种瞬态的影响。保守考虑所在位置经历的电厂运行瞬态表 9-21 所示。

表 9-21　瞬态载荷列表

名称	压力/MPa	温度/℃	次数
瞬态 1	0~16. 59	10~325. 4	330
瞬态 2	16. 1~0	325. 4~10	330
瞬态 3	15. 95~16. 1	289. 4~325. 4	2 590
瞬态 4	16. 1~16. 28	325. 4~289. 4	1 680
瞬态 5	0~0	15~60	80
瞬态 6	15. 36~16. 1	292. 5~325. 4	180
瞬态 7	10. 71~16. 1	264~325. 4	635
瞬态 8	11. 6~16. 1	264~597. 5	2 070

核电厂运行条件下承受结构自重、热膨胀和地震载荷，这些载荷对分析单元的作用，根据其所在管系计算单元的力学分析结果进行提取，通过力和弯矩的形式施加在分析模型上。裂纹扩展分析的时候需要考虑焊接残余应力[1-9]。

根据现场的焊层焊道布置，焊接热输入时程，应用有限单元法进行有限元传热分析和热应力计算，提取计算结果作为载荷施加到计算模型中，考虑其对裂纹对应力强度因子的影响。

管道母材的材料牌号为 X2CrNi19. 10，焊材为 ER316L，保守采用 325 ℃条件下的材料性能如表 9-22 所示。

表 9-22　焊缝材料力学性能

名称	数值
杨氏模量 E	176. 5 GPa
屈服强度 S_y	131 MPa
抗拉强度 S_u	409 MPa

焊缝材料的传热学属性参考 RCCM 规范[1]，详细参数如表 9-23 所示。

表 9-23　焊缝材料的传热学属性表

温度 T_f/℃	热导率 K/(W/m/K)	热扩散率 $\alpha/(10^{-8}\cdot m^2/s)$	热膨胀系数 $\beta/10^{-6}$	弹性模量 $E/(10^9\cdot Pa)$
20	14. 70	13. 70	16. 40	197. 00
50	15. 20	15. 70	16. 84	195. 00
100	15. 80	16. 90	17. 23	191. 50
150	16. 70	17. 30	17. 62	187. 50
200	17. 20	17. 00	18. 02	184. 00
250	18. 00	15. 90	18. 41	180. 00
300	18. 60	13. 20	18. 81	176. 50
350	19. 30	7. 88	19. 20	172. 00
400	20. 00	1. 86	19. 59	168. 00

9. 5. 5　分析过程

本实例中管道外壁包有保温层，因此有限元计算未对外部空气及内部流体进行建模，保守认为其外壁绝热。管内壁对应换热系数参照本书 9. 2. 5 节方法计算。

对于 I 型张开裂纹的情况，关键是或者垂直于裂纹平面的拉伸应力。获得垂直于 I 型裂纹平面拉伸应力所采用的方法根据载荷和管道局部结构形状的复杂程度有所不同。对于较为复杂的情况，可采用有限单元法进行分析。依据在役检查规范的验收要求，既可以建立含裂纹结构的有限元分析模型，根据材料的真应力应变曲线，通过直接积分法，开展弹塑性分析求得裂纹尖端的 J 积分和应力强度因子 K；也可以建立不含裂纹的线弹性模型，提取裂纹所在位置的应力场分布，并依据不同在役检查规范的要求进行多项式函数拟合，提取拟合系数，结合裂纹形状和结构形状系数，分析裂纹应力强度因子，并采用经验公式进行塑性修正，获得应力强度因子 K 的时程曲线，进而求得 J 积分参数。

一般来说，从含裂纹结构的弹塑性有限元分析应力结果得到的裂纹 J 积分和不含裂纹的线弹性有限元分析应力结果经简化塑性修正后得到的裂纹 J 积分都可以被力学评价规范所认可，相对而言，经验公式得出的结果往往含有较大的保守性，在弹塑性分析模型上直接求解的 J 积分结果更加切合实际情况。但是，含裂纹结构的弹塑性分析模型对计算人的知识专业技能要求更高，计算难度相对较大，在实际的工程应用中，需要分析不同载荷工况下，不同裂纹尺下的 J 积分和应力强度因子 K，因此计算量也很大。计算者可以充分发挥两种分析模型优点，结合使用：比如，在分析裂纹疲劳扩展或者应力腐蚀开裂时，采用不含裂纹结构的线弹性模型进行分析，在分析裂纹稳定性时，在必要的情况下采用弹塑性分析模型直接积分求得 J 积分，去除经验公式分析结果的保守性

本算例应用 ANSYS 软件建立不含裂纹结构的线弹性分析模型。由于管嘴结构具有周对称性，因此采用轴对称开展热瞬态和结构应力分析，模型见图 9-57。

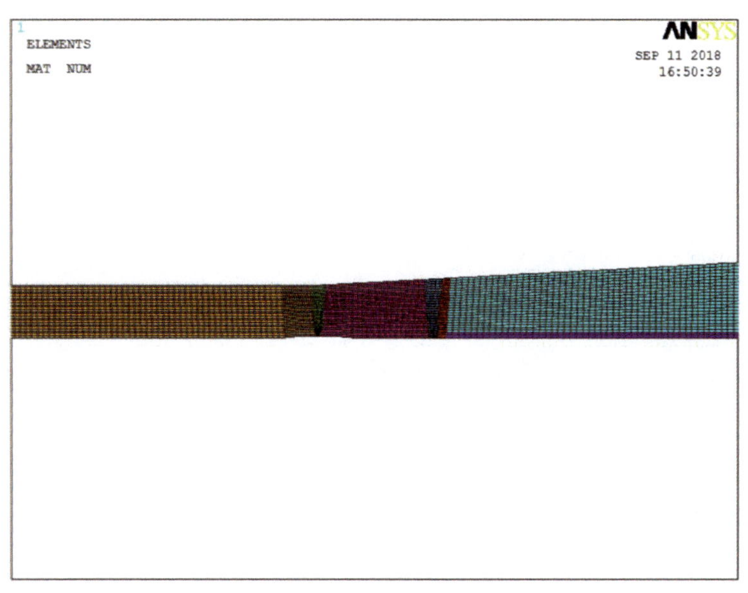

图 9-57　有限元模型

9.5.6 瞬态温度场和热应力分析

在 ANSYS 软件中提供了两种分析瞬态热应力的方法，一种是直接热固耦合分析法：选取热固耦合分析单元，可同时完成瞬态温度场及其对应的热应力分析。一种是间接分析法：先采用热分析单元开展瞬态温度场分析，然后把热分析单元转换为对应的力学分析单元，将瞬态温度场作为体载荷施加在力学分析单元上开展热应力分析。在本算例中采用的是直接分析法。

载荷步划分：将每个单调变化的过程划分为一个载荷步。例如以下瞬态变化过程，可划分为 4 个载荷步，见图 9-58。对于阶跃载荷，可保守假设其变化时间为 0.1 s。

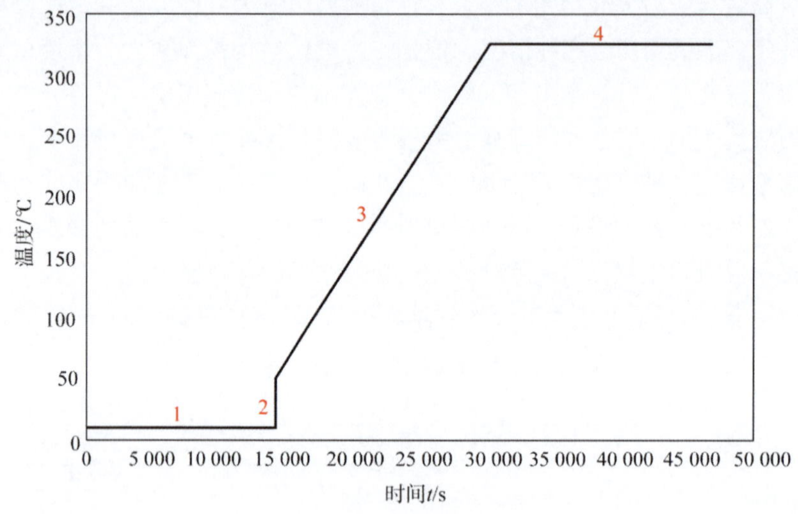

图 9-58　瞬态温度变化

第 1 阶段，管内流体温度为 10 ℃，并且达到稳定状态，持续时间为 14 000 s；

第 2 阶段，管内流体温度在 0.1 s 时间内，由 10 ℃升为 50 ℃；

第 3 阶段，管内流体温度在 16 000 s 时间内，由 50 ℃升为 325.4 ℃；

第 4 阶段，管内流体温度在 16 800 s 时间内，维持 325.4 ℃的状态；

载荷步的设置是为了获得相关解答的载荷配置，它的作用的在给定的时间间隔内施加一组载荷。因此在瞬态温度场分析过程中，常常用多个载荷步来描述载荷变化时程曲线的不用分段函数。

瞬态温度场分析属于非线性分析的一种，每个载荷步都需要设置多个载荷子步。时间步长的大小对计算精度有重要影响。一般来说，时间步长越小，计算精度越高，但是完成迭代计算所需的时间也越长。在实际分析过程中，针对具体的分析结构和载荷条件，可通过试算获得较为合理的步长设置。

瞬态 1 载荷作用下，某个时刻点的温度场及应力云图如图 9-59、图 9-60 所示。

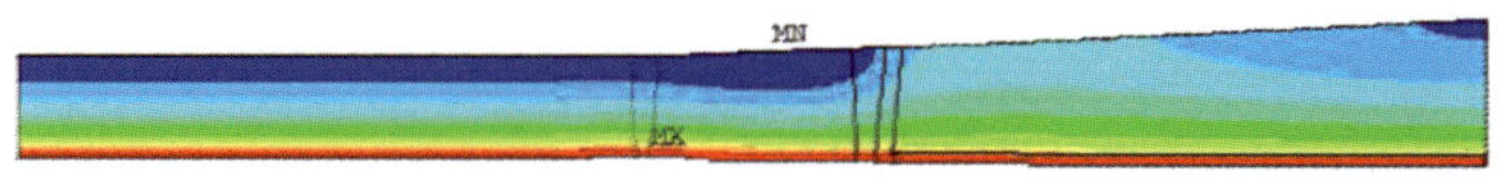

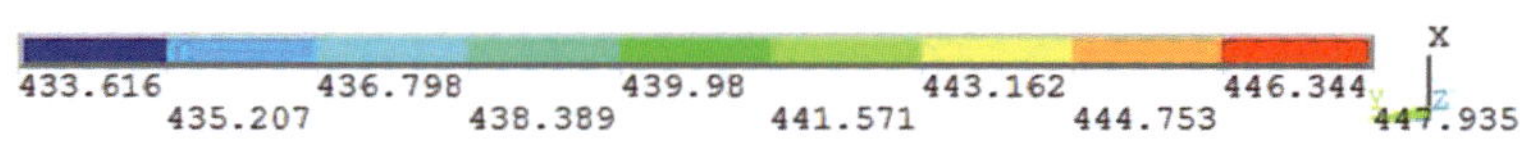

图 9-59　瞬态 1 某时刻的温度分布

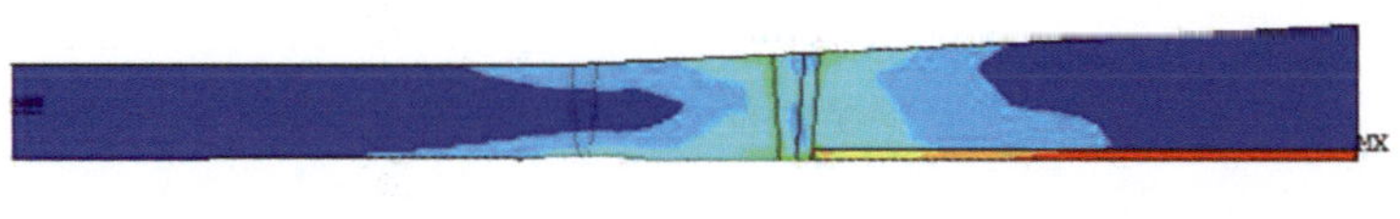

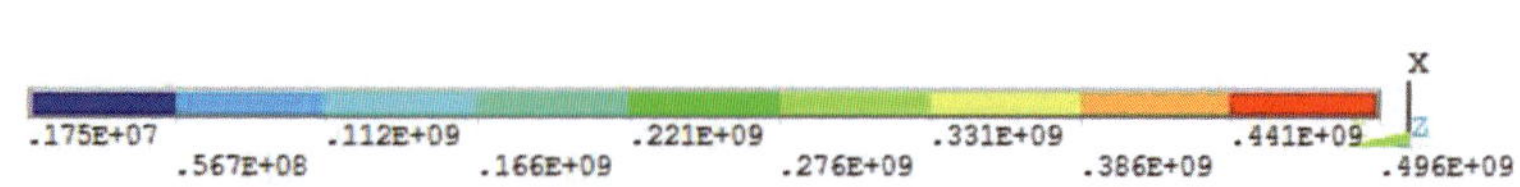

图 9-60　瞬态 1 某时刻的应力分布

提取分析焊缝位置应力沿壁厚方向上的分布，参照本书 9.2.8 节方法，拟合多项式函数，并计算应力强度因了（见图 9-61）。

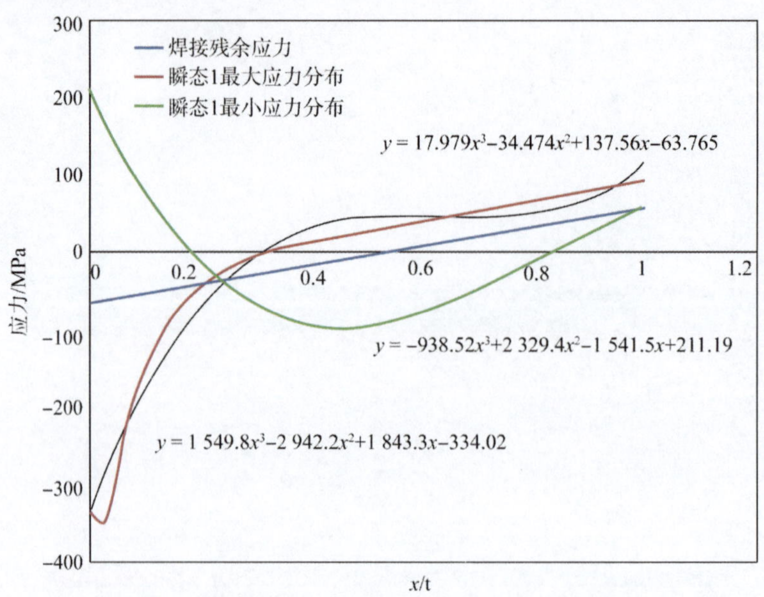

图 9-61　瞬态 1 热应力和焊接参与应力的多项式拟合

9.5.7　瞬态机械应力分析

由于分析是基于线弹性分析，因此应力与载荷的关系是线性的，机械应力分析在模型上施加单位载荷，提取模型在单位载荷下的应力分布情况，并根据载荷的瞬态变化乘以对应的载荷与单位载荷的比值，即可得出对应瞬态载荷下的应力分布情况（见图 9-62 至图 9-64）。

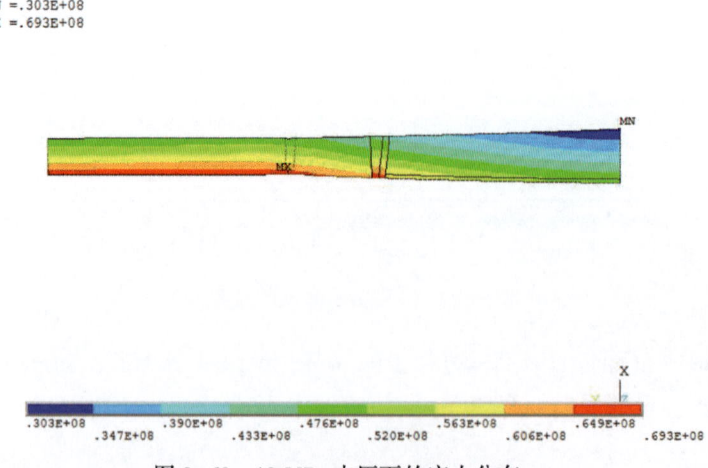

图 9-62　10 MPa 内压下的应力分布

NODAL SOLUTION

STEP=1
SUB =1
TIME=1
SINT (AVG)
DMX =.111E-03
SMN =15455.5
SMX =114636

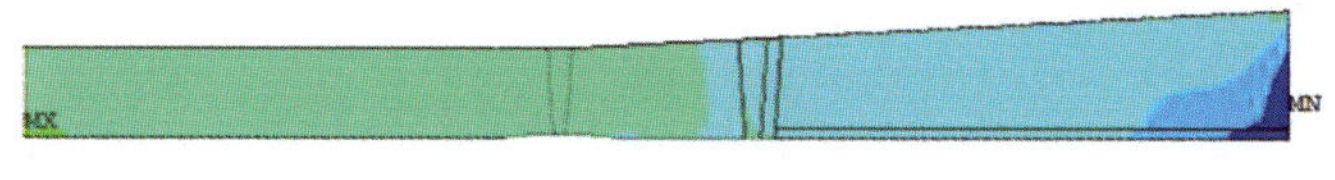

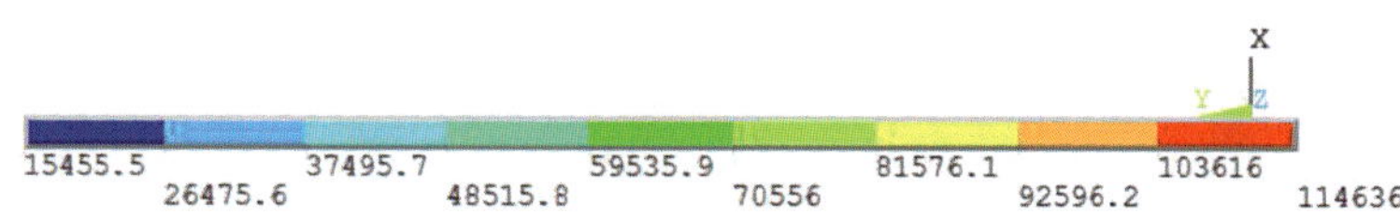

图 9-63　10 000 N 轴力下的应力分布

NODAL SOLUTION

STEP=1
SUB =1
TIME=1
SINT (AVG)
DMX =.111E-03
SMN =74773
SMX =504941

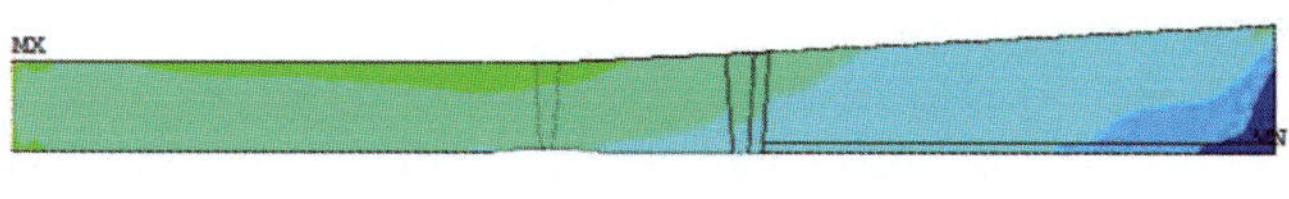

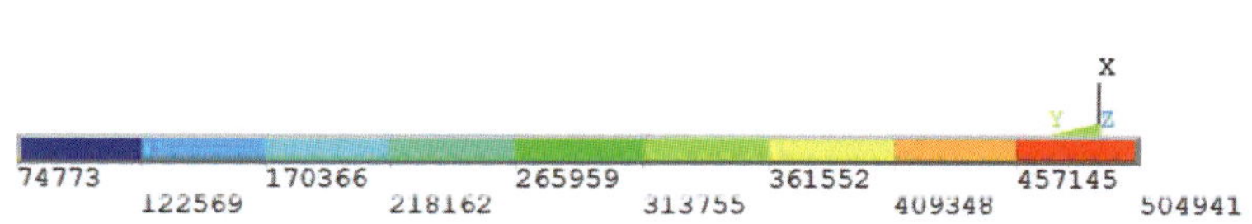

图 9-64　10 000 N · m 弯矩下的应力分布

提取焊缝路径沿壁厚的应力分布情况见图 9-65 至图 9-67。

sx径向应力	sy环向应力	sz轴向应力
-10.00132	20.78873	57.44353
-9.63001	20.99464	57.14721
-9.01480	21.25575	56.70449
-8.36742	21.41694	56.25889
-7.71429	21.51369	55.81289
-7.08162	21.58664	55.37076
-6.55696	21.66212	54.96815
-6.05713	21.75736	54.57590
-5.58169	21.87310	54.19482
-5.12707	22.00839	53.82510
-4.69062	22.16192	53.46670
-4.27019	22.33221	53.11939
-3.86415	22.51805	52.78291
-3.47135	22.71854	52.45697
-3.09116	22.93323	52.14126
-2.72335	23.16208	51.83551
-2.36824	23.40548	51.53942
-2.02668	23.66422	51.25265
-1.70014	23.93930	50.97473
-1.39065	24.23137	50.70492
-1.10012	24.53930	50.44199
-0.82817	24.85660	50.18379
-0.56760	25.16543	49.92688
-0.30007	25.43302	49.66682
-0.00312	25.62485	49.40013

图 9-65　10 MPa 内压下壁厚方向应力分布

sx径向应力	sy环向应力	sz轴向应力
0.00007	0.23833	0.01115
0.00026	0.24001	0.01130
0.00077	0.24219	0.01145
0.00155	0.24366	0.01146
0.00244	0.24469	0.01139
0.00324	0.24558	0.01127
0.00382	0.24654	0.01118
0.00420	0.24769	0.01111
0.00444	0.24904	0.01106
0.00459	0.25058	0.01104
0.00465	0.25229	0.01104
0.00465	0.25416	0.01107
0.00459	0.25617	0.01113
0.00449	0.25832	0.01121
0.00435	0.26060	0.01132
0.00417	0.26300	0.01145
0.00393	0.26554	0.01160
0.00364	0.26822	0.01177
0.00326	0.27105	0.01196
0.00278	0.27404	0.01216
0.00218	0.27718	0.01237
0.00149	0.28042	0.01256
0.00081	0.28356	0.01272
0.00030	0.28621	0.01278
0.00016	0.28793	0.01267

图 9-66　10 000 N 轴力下壁厚方向应力分布

sx径向应力	sy环向应力	sz轴向应力
0.00002	0.05524	0.00257
0.00006	0.05529	0.00258
0.00017	0.05528	0.00258
0.00035	0.05510	0.00255
0.00055	0.05482	0.00250
0.00073	0.05452	0.00243
0.00086	0.05428	0.00239
0.00094	0.05409	0.00234
0.00099	0.05395	0.00230
0.00101	0.05385	0.00226
0.00102	0.05379	0.00223
0.00101	0.05377	0.00221
0.00099	0.05377	0.00220
0.00096	0.05381	0.00219
0.00092	0.05387	0.00218
0.00088	0.05396	0.00218
0.00082	0.05407	0.00219
0.00075	0.05422	0.00220
0.00067	0.05439	0.00221
0.00057	0.05459	0.00222
0.00044	0.05482	0.00224
0.00030	0.05506	0.00225
0.00016	0.05529	0.00226
0.00006	0.05541	0.00225
0.00003	0.05535	0.00220

图 9-67　10 000 N · m 弯矩下壁厚方向应力分布

9.5.8 裂纹扩展分析

在裂纹疲劳扩展分析时候，将主管道材料按照碳钢和奥氏体不锈钢分别考虑，在分析中采用的裂纹扩展速率公式分别采用压水堆环境下奥氏体不锈钢和碳钢的裂纹扩展速率公式。

1. 奥氏体不锈钢的裂纹扩展速率[3]

根据研究文献[6]表明，在压水堆环境下奥氏体不锈钢的裂纹扩展速率是空气环境下的 2 倍。

$$\left(\frac{\mathrm{d}a}{\mathrm{d}N}\right)_{\mathrm{air}} = C_0\,(\Delta K_{\mathrm{I}})^n$$

式中　$C_0 = CS$；

$C = 10^{[-8.714+1.34\times10^{-3}T-3.34\times10^{-6}T^2+5.95\times10^{-9}T^3]}$；

$$S = \begin{cases} 1.0 & R \leqslant 0 \\ 1.0 + 1.8R & 0 < R \leqslant 0.79 \\ -43.35 + 57.97R & 0.79 < R < 1 \end{cases}；$$

T——金属温度（℉）取瞬态工况下的平均温度；

$R = \dfrac{K_{\min}}{K_{\max}}$；

$\Delta K = K_{\max} - K_{\min}$；

$n = 3.3$。

根据参考文献[14]，当 $R<0$ 的时候，取公式中 $\Delta K_{\mathrm{I}} = \Delta K_{\mathrm{eff}}$，$\Delta K_{\mathrm{eff}} = \dfrac{\Delta K_{\mathrm{I}}}{(1-R)^m}$，$m$ 为材料参数，取为 0.5。

2. 碳钢的裂纹扩展速率[3]

暴露于轻水堆环境下碳钢的裂纹扩展速率可，具体公式如下：

$$\left(\frac{\mathrm{d}a}{\mathrm{d}N}\right) = C_0\,(\Delta K_{\mathrm{I}})^n$$

对于 ΔK_{I} 值较小的情况下，

式中　$n = 5.95$

$C_0 = 1.48\times10^{-11}S$

$$S = \begin{cases} 1.0 & 0 \leqslant R \leqslant 0.25 \\ 26.9R - 5.725 & 0.25 < R \leqslant 0.65 \\ 11.76 & 0.65 < R < 1 \end{cases}；$$

$R = \dfrac{K_{\min}}{K_{\max}}$ 若 $K_{\min} \leqslant 0$，$R=0$

$\Delta K = K_{\max} - K_{\min}$

对于 ΔK_{I} 值较大的情况下,

式中 $n = 1.95$

$$C_0 = 2.13 \times 10^{-6} S$$

$$S = \begin{cases} 1.0 & 0 \leqslant R \leqslant 0.25 \\ 3.75R + 0.06 & 0.25 < R \leqslant 0.65 \\ 2.5 & 0.65 < R < 1 \end{cases}$$

$$R = \frac{K_{\min}}{K_{\max}} \text{若} K_{\min} \leqslant 0, \ R=0$$

$$\Delta K = K_{\max} - K_{\min}$$

当 ΔK_{I} 值大于下列数值的时候,认为 ΔK_{I} 值较大,碳钢的裂纹扩展速度采用前者。反之则认为 ΔK_{I} 值较小

$$\Delta K_{\mathrm{I}} = \begin{cases} 19.49 & 0 \leqslant R \leqslant 0.25 \\ 19.49 \times \left(\dfrac{3.75R + 0.06}{26.9R - 5.725}\right)^{0.25} & 0.25 < R \leqslant 0.65 \\ 13.23 & 0.65 < R < 1 \end{cases}$$

9.5.9 计算结果和结果评定

对于贯穿裂纹,初始裂纹的长度为可探测裂纹尺寸。本次分析裂纹的深度定义壁厚的10%,裂纹的深宽比定义为1/6。保守考虑在裂纹疲劳扩展分析中裂纹深宽比保持不变,计算的时候只分析深度方向的裂纹扩展,长度方向裂纹扩展为深度方向的6倍。

在实例中对表面裂纹和可探测裂纹(贯穿裂纹)按照表9-24给定的工况进行了疲劳扩展分析,同时对于1/3SSE地震载荷,表面裂纹分析中考虑了600次应力循环,对于可探测裂纹增加了一次SSE地震。表面裂纹在寿期末的形状需要满足ASME Ⅺ法规的要求。可探测裂纹在经历一次SSE地震后不会失稳。寿期末的计算结果分别见表9-24至表9-25。从表中可以看出,即使在计算中对于载荷输入、计算假设等方面都进行了保守的处理,结果评定仍然有很大的安全裕量。

表9-24 贯穿裂纹的扩展分析结果

分析位置	泄漏可监测裂纹长度/mm	临界裂纹长度/mm	经历一次SSE后裂纹长度/mm
RPV热段管嘴	395.14	790.28	508.84

表9-25 表面裂纹的扩展分析结果

分析位置	厚度/mm	初始深度/mm	最终深度/mm	允许深度/mm
RPV热段管嘴	72	7.2	12.05	54

9.6　小结

本章展示了管道缺陷力学分析评价的几个算例，希望对读者的相关工程实践提供可参考的经验。

参考文献

[1] RCC-M. Design and construction rules for mechanical components of PWR nuclear islands [S]. French association for design, construction, and in-service inspection rules for nuclear island component. 2018.

[2] RSE-M. In-service inspection rules for mechanical components of PWR nuclear islands[S]. French association for design, construction, and in-service inspection rules for nuclear steam supply system components. 2012.

[3] ASME. Rules for inservice inspection of nuclear plant components, section Ⅺ, division1-appendices [S]. 2019.

[4] R6. Assessment of the Integrity of Structures Containing Defects[S]. R6 Panel,2014.

[5] 李岗. 核电站工艺管道缺陷安全期评估方法研究[D]. 上海：上海交通大学，2014.

[6] Section Ⅺ task group for piping flaw evaluation, ASME Code. Evaluation of flaws in austenitic steel piping[J]. Journal of pressure vessel technology,1986,108:363.

[7] 杨世铭,等. 传热学[M].北京:高等教育出版社,2006.

[8] 刘震顺,等. 基于 ASME 和 RSE-M 规范的含平面缺陷奥氏体不锈钢核级管道剩余寿命预测方法的数值对比研究[J]. 核动力工程,2018,39(5):85-93.

[9] Zhenshun liu and hongdong zhen. Research on simplified method of transients combining and loading in fatigue crack growth analysis of carbon steel nuclear piping[J]. Proceedings of the 2018 26th international conference on nuclear engineering, 2018(2):2-10.

[10] 刘震顺,等. 某压水堆核电厂稳压器排放管疲劳分析方法改进[J]. 压力容器,2017,34(8):19-24.

[11].尤伟芳,等. P92 钢蒸汽管道焊接接头中两裂纹相互作用的有限元分析[J]. 压力容器,2017,34(8):57-65.

[12] 胡英杰,等. 合成回路蒸汽发生器管头缺陷成因分析及防止[J]. 压力容器,2017,34(8):70-75.

[13] W J Shack, T F Kassner. Review of environmental effecs on fatigue crack growth of austenitic stainless steels[R]. New York:technical report NUREG/CR-6176, 1994, 6-12.

[14] NUREG/CR-2189. Probability of pipe fracture in the primary coolant loop of a PWR plant, U.S. nuclear regulatory commission (lawrence livermore laboratory), 1981(5).

第 10 章　基于概率论的管道缺陷评价方法

10.1　引言

确定论的断裂力学分析方法是在给定的缺陷尺寸、载荷条件，确定的材料性能等情况下对管道已知缺陷的稳定性进行评估。目前核工程结构的完整性评估一般是基于确定论的断裂力学分析方法。在确定论的分析方法中，分析参数的取值包含有不确定性和随机性，如，设计载荷值与载荷实际加载过程和数值的偏离、设计材料强度取值与实际材料强度及其在使用过程中变化历程的偏离等。不确定性和随机性因素在确定论的分析方法中无法模拟，只能尽可能保守的进行包络性处理。在分析评价的各个环节，这种包络化的处理方式最终导致分析结果非常保守。该评估方法适用于按照规范或者标准的要求，对单一对象如设计中假定缺陷或电站运行中真实存在缺陷的评价，在确定的载荷和材料性能下，开展评估工作。采用确定论的评价方法可以近似或者保守的给出该裂纹是否稳定的结论，评估结构的完整性。确定论的断裂力学分析方法是目前管道裂纹评价采用的主要方法，本书第 4 章介绍了目前国际主流的管道裂纹评价规范，如法国规范 RSE - M[1]、美国规范 ASME XI[2]、以及英国规范 R6[3]等均主要采用确定论的断裂力学分析方法。国内的管道或承压容器缺陷评价常用的标准如 NB/T 20013[4]、GB/T 19624[5]等也是基于确定论的断裂力学分析分析方法。

在确定论的分析方法中某些参数无法保守处理，只能按照一定的规则取名义数值，无法真实反映实际情况。除此之外，在实际工程应用中还针对不确定性因素设置了安全裕量系数，采用保守的设计方法，不仅增加了成本，而且也可能导致一些关键工程技术解决方案不能实施。在设计和运行阶段需要量化管道断裂失效后对核电厂安全的影响，以便对管道断裂失效开展有针对性的防护，从而需要对核电厂重要的管道开展断裂失效评价。由于制造及安装过程引入的误差、不同批次材料之间的性能差异、焊接环境的差异、载荷事件变化等不确定性因素的影响，即使是同种型号、相同位置的管道，其当前的真实物理状态也是不同的。若忽略上述不确定性，采用传统确定论方法，将难以获得具有足够精确度的评估结果或者评估结果过于保守[6,22,23]。

另外，由于基于确定论的分析结果，不能给出方案失效的风险和失效后果的严重性，无法对核电厂的设计和运行给出可量化的风险指引。在现代核电厂的设计中，堆芯熔毁概率（CDF）和放射性泄漏概率（LRF）是两项关键的安全指标。基于概率的核电厂安全设计和评估越来越重要，概率断裂力学方法近年来开始在核电领域应用，主要的应用领域包括反应堆压力容器承压热冲击（PTS）、风险指引的在役检查、严重事故下的在役电厂运行评估（如地震等）、主管道的 LOCA 失效概率分析等领域[26]。对于安全重要相关的管道失效概率及其影响的评估也逐渐催生了管道概率断裂力学方法。将概率论的分析方法与断裂力学进行结合，将具有越来越重要的工程意义和应用前景。

早在 20 世纪 70 年代，美国就开始尝试应用概率断裂力学解决核工程问题。以反应堆一回路压力边界管道和设备为主要研究对象，针对特定的断裂失效模式，如应力腐蚀开裂、承压热冲击断裂等的主要工程参数，开展了一些基础性研究[7-10]。美国核管会制定了 10CFR50 附录 A—《Requirements for Protection Against Dynamic Effects of Postulated Pipe Ruptures》，并与美国电力研究院联合开发了相关的计算软件 PRO-LOCA、XLPR，正在开展针对概率断裂力学的破前漏技术敏感性分析和关键技术研究，后续计划发展相应的技术导则。

在日本，原子能研究委员会已经建立概率断裂力学分委员会，开发了 PASCAL3、PASCAL-SP、PASCAL-EC 、MSS-REAL-P 等计算工具，分别用于解决疲劳-高温徐变交互作用、壁厚冲刷减薄、承压热冲击、多裂纹相互作用、应力腐蚀、疲劳和地震条件下管道的断裂失效概率评估问题，但其中的工程参数主要借鉴了美国的阶段性研究成果，其分析成果没有形成技术导则并得到核安全监管部门的认可，也没有广泛应用于实际的核电厂设计和运行维护环节。2018 年编写出版了相应的学术专著，并准备继续开展研究，在反应堆压力容器断裂失效概率分析方面推动相关的研究计划，发布技术导则[26]。

在英国，R6 规范[3]中提出了基于概率断裂力学的分析方法，但没有给出具体可操作的分析步骤和可用的基础参数。近年来，国际上前沿性的研究主要集中于断裂力学工程不确定性参数的表达和处理及概率断裂力学分析结果的工程应用（如风险指引型的在役检查等）。在设计和运行阶段需要量化管道断裂失效后对核电厂安全的影响，从而有针对性的对管道断裂失效开展有针对性的防护工作，需要对核电厂重要的管道开展断裂失效评价工作。由于制造及安装过程引入的误差、不同批次材料之间的性能差异、焊接环境的差异、载荷事件变化等不确定性因素的影响，即使是同种型号、相同位置的管道，其当前的真实物理状态也是不同的。若忽略上述不确定性，采用传统确定性方法，将难以获得具有足够精确度的评估结果。因此，若要获得既可靠又合理的评估结果，就需要将上述不确定性因素的影响加以考虑，引入基于概率断裂力学的管道裂纹评价方法。

基于概率断裂力学的管道裂纹评价方法，综合考虑断裂问题中各设计变量的不确定性因素，分析研究这些变量，将其视为一个多值的随机现象，应用概率以及统计的方法计算，以求得含缺陷管道结构在给定寿命下的破坏概率或者可靠度，或者结合确定性的应力分析和材料模型来估计含缺陷结构的残余强度或寿命。

上文提到的不确定性可以分为两类：认知不确定性和随机不确定性。认知的不确定性是由于知识缺口（知识的不完备或者模型化的误差）或者设计中的偏差造成的不确定性，而偶然（随机）输入由于自然变化而具有不确定性。换言之，偶然不确定性的量化提供了与业绩度量相关的风险度量，而认识不确定性的量化则提供了关于该风险的知识的信息。

10.2　国内外有关概率断裂力学研究进展[27]

反应堆冷却剂压力边界（RCPB）的失效概率是核电厂概率安全/风险分析（PSA/PRA）的关键性输入，然而 RCPB 的失效概率评估确是一项难度系数颇高的工作，国外一些国家针对这项工作开展了很多研究，本节简要介绍这项研究工作的进展。

根据文献中采用的研究方法，大体上可以将这些研究工作分为两大类：

第一类研究中采用的方法主要是依据工程建设和电站运营中积累的各类数据，采用统计分析方法分析得到各类失效概率。这类研究主要集中于分析失效的类型以及各类型的失效发生的概率，通常不能解释导致失效发生的原因以及失效发生的过程如何。

美国核管会（NRC）在一项反应堆安全研究工作（WASH-1400）中，基于 1972—1973 年一年时间里的统计数据分析给出了管道破裂概率的“数量级”评估。这些有限的数据包含 11 个小管失效案例，其中 3 个压水堆（PWR）核电厂小管失效案例，8 个沸水堆（BWR）核电厂小管失效案例。NRC 在这项研究中，假设管道失效概率为对数正态分布，对数正态分布的中位数取为失效案例数除以观测时长和观测的管道总长度乘积的比值，对数正态分布的误差参数取为 30，取此对数正态分布的 90%对应的值作为管道失效概率的保守估算值。

Thomas 在 1981 年引入了条件破裂概率的概念，将管道发生破裂的概率分为管道泄漏概率和管道由泄漏转变为破裂的概率，如下式所示：

$$\lambda_R = \lambda_L \mathrm{Pr}\ (R/L) \tag{10-1}$$

式中：λ_R 为管道破裂概率，λ_L 为管道泄漏概率，$\mathrm{Pr}(R/L)$ 为管道以及发生泄漏的条件下，进一步转变为破裂的概率，Thomas 给出的粗略估值为 5%~10%。

其中 λ_L 进一步分解为下式：

$$\lambda_L = \lambda_{L,\ \mathrm{Base}} QFB \tag{10-2}$$

式中：$\lambda_{L,\ \mathrm{Base}}$ 为基准或者通用泄漏概率，Thomas 建议取值 $1\times10^{-9}\sim1\times10^{-7}$。

Q 为管道尺寸对泄漏概率的影响参数：

$$Q = \frac{ld}{t^2} + 1.75N\left(\frac{d}{t}\right) \tag{10-3}$$

式中：l 为管道长度；d 为管道外径；t 为管道壁厚；N 为环向焊缝数量。

F 为核电厂年龄对泄漏概率的影响，B 为核电厂设计的年代对泄漏概率的影响，对于较新的设计，B 的值更大，因为新设计缺少运行经验。

随着工程和电站运营数据的积累，大量研究人员基于 Thomas 方法，发展了更为复杂细化的管道失效概率评估方法。例如 Fleming 和 Lydell 等人于 2016 年发表的文献中，建立了如下方程式以评估管道断裂的概率：

$$\lambda(x) = \sum_i m_i \rho_i(x) \tag{10-4}$$

$$\rho_i(x) = \sum_k \lambda_{ik} Pr((R(x) \mid F_{ik})) I_{ik} \tag{10-5}$$

$$\lambda_{ik} = \frac{n_{ik}}{\tau_{ik}} = \frac{n_{ik}}{f_{ik} N_i T_i} \tag{10-6}$$

式中 $\lambda(x)$——含等效裂纹尺寸 x 的管道的断裂概率；

m_i——部件类型 i 包含的焊缝（或者脆弱位置）数量；

$\rho_i(x)$——部件类型 i 的破裂概率；

λ_{ik}——管道部件类型 i 由于失效机制 k 作用而发生失效的概率；

$Pr((R(x) \mid F_{ik}))$ ——假定管道由于失效机制 k 作用发生失效的条件下，裂纹尺寸为 x 时管道部件的条件断裂概率；

I_{ik} ——对应于部件类型 i 和失效机制 k 的完整性管理参数；

n_{ik} ——部件类型 i 由于失效机制 k 而发生失效的数量；

τ_{ik} ——受失效机制 k 影响的部件类型 i 的数量；

f_{ik} ——受失效机制 k 影响的部件类型 i 在所有部件类型 i 中的占比；

N_i ——失效样本 n_{ik} 采集期间每台机组包含的部件类型 i 的平均数量；

T_i ——失效样本采集期间包含的总的机组运行年限。

以上介绍的 3 项研究工作有一个共同点，即它们均以核电厂实际运行中统计的各类失效数据为基础，通过计算失效部件数量在部件总数中的占比直接得到失效概率。实际上，在这一类依据统计数据评估失效概率的研究工作中，除了这种直接计算失效概率的方法之外，还有很多其他方法。

例如 Datla 等人建立了一种数据驱动型概率模型以评估蒸汽发生器 U 型管由于腐蚀坑的形成而导致的年度泄漏概率。这项研究中依据相关检测数据建立了腐蚀坑生成概率模型和腐蚀坑深度分布模型。研究中设定腐蚀坑深度大于管壁厚度 95%时即认为腐蚀坑穿透了管壁，发生泄漏。泄漏发生概率通过腐蚀坑生成概率与腐蚀坑深度大于 95%管道壁厚的概率相乘而获得。Yuan 等人采用与 Datla 类似的方法，分析了蒸汽发生器 U 型管堵管概率。

第二类研究则不完全依赖工程和电站运行积累的统计数据，这类研究工作通过研究各类失效机理，建立起相应的物理方程，将失效概率的评估与失效机制、相关影响参数之间建立起联系。这类研究因其不依赖统计数据，因而具有更广泛的运用，尤其是对于一些缺乏相关统计数据的情况。这类研究因为建立了物理方程，因而可以方便地开展参数化研究和参数敏感性研究，以识别影响管道失效概率的关键参数。相比于第一类研究，第二类研究能为研究管道为什么失效以及管道是如何失效的提供更多信息。

根据所采用的失效判断准则，这一类研究文献又可以细分为“应力-强度”型和“损伤-容限”型两种类型。

“应力-强度”型研究文献通过比较某个物理参量与其许用值的大小关系，来判断是否发生失效。例如比较裂纹尖端的 J 积分值与材料临界 J 积分值的大小，判断裂纹是否会发生失稳扩展，进而判断管道是否会发生断裂。

Vinod 等人采用一种 4 状态（完工、缺陷、泄漏、破裂）Markov 模型评估了重水堆（PHWR）管道系统在腐蚀作用影响下的状态分布概率。他们的研究中动态考虑了核电厂运营过程中采取的运维措施对状态分布概率的影响，包括维修时间、在役检测频率、缺陷探测概率等因素。在分析管道状态从泄漏转变为破裂阶段，他们基于管道失效压力和运行压力创建了一个极限状态函数。其中失效压力作为管道“强度”项是一个与屈服强度、极限拉伸强度、管道直径、管道壁厚、腐蚀速率相关联的经验模型。运行压力作为“应力”项，作为随机变量处理。腐蚀速率的平均值取值于经验公式，该经验公式是基于相关实验数据拟合得到，考虑了温度、pH 值、流速、管径等参数对腐蚀速率的影响。在分析管道状态从完工转变为缺陷、从缺陷转变为泄漏两个阶段中，他们建立了 2 个极限状态函数，考虑了部件年龄、腐蚀速率和管道壁厚等参数对状态转变的影响。

Tian 等人建立了一套适用于含环向表面裂纹的压水堆主冷却剂管道的概率失效评估图。该评估图中的两个参数为 L_r 和 K_r：其中 L_r 为塑形失效评估参数，其定义为施加的载荷与材料强度的比值；K_r 为脆性断裂失效评估参数，其定义为应力强度因子（SIF）或者 J 积分与材料断裂韧性的比值。L_r-K_r 失效评估曲线的建立采用的是 R6 方法的第 3 选项，J 积分采用弹塑性断裂有限元计算方法得到，概率计算采用的简单抽样蒙特卡洛方法。

Dillstrom 和 Zhang 等人评估了沸水堆和压水堆中受疲劳或者应力腐蚀裂纹影响的管道系统的泄漏概率和破裂概率。管道系统中的损伤被作为表面裂纹来处理，裂纹尺寸为数据驱动的随机变量。他们的研究中选取了失效评估曲线 FAD 的断裂参数 K_r 和极限载荷参数 L_r 作为关键参数。作为 K_r 的输入，应力强度因子 SIF 的计算采用的是解析方程方法，裂纹假设为圆柱壳中环向半椭圆内表面裂纹或者穿透裂纹，并与有限元计算结果进行了对比验证。对于薄膜和弯曲轴向应力的不确定性，他们通过将这些参数作为数据驱动的随即变量来处理。断裂韧性也被作为随机变量处理。管道系统的“强度”项为失效评估曲线 FAD，FAD 曲线的创建采用的是 R6 方法的 Option 1。

“损伤-容限”型研究文献通常考虑损伤或者缺陷的累积过程，通过比较损伤的累积值与损伤临界值的大小关系，判断是否发生失效。例如随着核电厂运行时间的增加，裂纹逐渐扩展，通过比较累积的裂纹深度与裂纹深度临界值（例如管道壁厚的 75%）之间的大小关系，判断裂纹是否发生泄漏等失效现象[12]。

Rao 等人评估了重水堆（PHWR）中受腐蚀影响的管道的状态（新建、缺陷、泄漏、破裂）分布概率。在该研究中，他们选取受腐蚀影响逐渐减薄的管道壁厚作为关键物理参量。损伤通过 4 状态 Markov 模型来表达，腐蚀速率的计算通过一个经验公式获得，该经验公式考虑了表面氢聚集和温度等参数的影响。模型的误差以一个正态分布的随机变量来表征。“损伤容限”项取为各状态对应的剩余管道壁厚限值。

Wang 等人评估了重水堆（PHWR）中受流致腐蚀影响的管道破裂概率。该研究建立了一个失效机理模型，基于该模型评估了管道失效的时间概率分布。该模型考虑的众多因素的影响，如管壁变薄的速率、正常运行压力、初始轴向应力、拉伸强度、管道平均半径、初始管道壁厚等。在评估弯曲应力的分布时采用了有限元 FEA 方法开展计算。该研究考虑了在役检测参数对管道破裂概率的影响，包括损伤探测概率、检测间隔等，并假设探测到的缺陷尺寸如果超过维修限值，该缺陷会被立即完美修复。

Maeda 和 Shoji 等人结合经验公式和理论解析公式建立了一套概率断裂力学方法[13]，以评估应力腐蚀裂纹（SCC）作用下，奥氏体不锈钢管道中裂纹尺寸达到壁厚 80%的概率。该研究中选取裂纹深度为关键物理参量，并假设裂纹深度达到壁厚 80%时即认为发生泄漏失效。该研究中采用的裂纹生长速率模型为一个电化学裂纹生长模型，名为 FRI 模型。作为 SCC 生长模型的一个输入，应力强度因子 SIF 的计算通过将裂纹假设为受轴向均布薄膜应力和弯曲应力作用的平板上的半椭圆环向内表面裂纹，开展理论求解获得，并通过有限元计算 FEA 将焊接残余应力对轴向弯曲应力的贡献考虑在内。

You 和 Wu 建立了一套概率失效分析模型以评估沸水堆（BWR）主冷却剂管道在晶间应力腐蚀裂纹（IGSCC）影响下的泄漏和破裂概率[14,15]。该项研究工作中分别选取了裂纹深度和弯曲应力作为泄漏和破裂分析的关键物理参量。泄漏准则选取的是 ASME B&PV 规范第Ⅺ篇规则，认为裂纹深度超过管道壁厚 75%时即发生泄漏失效。破裂准则依据 ASME B&PV 规范第Ⅺ篇规则中的极限载荷分析方法，来计算弯曲应力的许用值，并认为弯曲应力超过该弯曲许用值时管道发生破裂。该项研究中裂纹生长速率的计算采用的是一个经验公式，应力强度因子 SIF 的计算则是通过将裂纹假设为受非均布轴向应力作用的圆柱壳上的半椭圆环向内表面裂纹，开展理论求解获得。圆柱壳上的非均布轴向应力的分布则是通过有限元计算结果拟合得到的三阶多项式。

由于概率分析常用的 Monte-Carlo 模拟方法需要开展大量的计算，为此研究人员或者研究机构开发了大量概率断裂力学（PFM）分析软件，包括 PRAISE、PINEP-PWSCC、M-PRAISE、P-PIE、PRAISE-CANDU、PRO-LOCA、xLPR、PIFRAP、PROST、PASCAL、PEPER、PINTIN、CANTIA、VTTBESIT 等。

这些软件结合经验公式和理论公式来估算不同物理退化过程和失效模式下的反应堆冷却剂压力边界（RCPB）和蒸汽发生器 U 型管（SG tubes）的失效概率，同时也动态地考虑运营过程中维护措施对失效概率的影响。这些软件中考虑的维护措施比较多的是指在役检查，例如在役检查的频率和无损检测探测到缺陷的概率等。

大部分 PFM 软件都包含了维护措施和物理退化之间如下两个方向的相互作用：

（1）物理退化过程对维护措施的影响，例如缺陷尺寸对缺陷探测概率（POD）的影响；

（2）维护措施对物理退化过程的影响，例如检测到的裂纹被完美修复，该裂纹被从缺陷分布中移除，该裂纹的进一步生长被中断。

受篇幅限制，本节简单介绍 PRAISE、PRO-LOCA、xLPR 3 款软件。

1. PRAISE

该软件由 Harris[16] 于 1992 年开发，能够分析反应堆冷却剂压力边界（RCPB）管道的疲劳和晶间应力腐蚀裂纹（IGSCC）影响。该软件有 pc-PRAISE 和 WinPRAISE 两个版本，后者为商业版本。

PRAISE 软件采用“损伤-容限”方法，能够计算泄漏概率和破裂概率。PRAISE 软件在计算泄漏概率时取裂纹深度为关键物理参数。应力腐蚀裂纹（SCC）或者疲劳载荷导致的裂纹生长速率由一个经验公式计算得到，裂纹生长速率为应力强度因子（SIF）的函数。在计算应力强度因子（SIF）时，采用了数值计算和理论计算两种计算方法，最终的应力强度因子（SIF）取为这两种方法得到的计算结果的均方根。理论计算时假设裂纹为环向半椭圆内表面裂纹或者穿透裂纹，管道受均布轴向应力或者线性分布轴向应力作用。“容限”项选取的是对应于极限泄漏率的临界裂纹尺寸。

PRAISE 软件在计算破裂概率时取净截面应力或者 J 积分为关键物理参数，运用 PRAISE 软件计算破裂概率的文献中，普遍采用净截面应力作为关键参数。净截面应力的计算采用的是一个理论模型，其中裂纹张开面积作为裂纹深度和裂纹长度的函数，在每个时间步均会更新。“容限”项选取的是流动应力，即屈服强度和极限拉伸强度的平均值。

PRAISE 软件的模型中考虑了运营维护措施的对泄漏概率和破裂概率的影响。考虑的因素包括缺陷探测概率（POD）、在役检测时间间隔、在役检测采取的策略等，并假设被探测到的裂纹会被立即完美修复。

2. PRO-LOCA

PRO-LOCA[17,18] 软件由美国核管会（NRC）开发，用于分析反应堆冷却剂压力边界（RCPB）管道的泄漏概率和破裂概率。PRO-LOCA 软件可以分析 3 种物理退化机制，分别是：热疲劳、沸水堆（BWR）中的晶间应力腐蚀裂纹（IGSCC）、压水堆（PWR）中的压水堆环境下应力腐蚀裂纹（PWSCC）。

相比 PRAISE 软件，PRO-LOCA 软件有较多提升，比如增加了压水堆（PWR）中异材焊缝的压水堆环境下应力腐蚀裂纹（PWSCC）分析、裂纹起裂模型、裂纹生长速率模型、缺陷探测概率（POD）曲线等。

与 PRAISE 一样，PRO-LOCA 软件也采用“损伤-容限”方法，能够计算泄漏概率和破裂概率，在计算泄漏概率时取裂纹深度为关键物理参数，在计算破裂概率时取净截面应力或者 J 积分为关键物理参数。不同的是，在计算应力强度因子（SIF）时，PRO-LOCA 软件采用理论方法计算，假设裂纹为圆柱壳内表面环向半椭圆裂纹或者环向半椭圆穿透裂纹，圆柱壳受非均布轴向应力作用，该非均布轴向应力为基于有限元计算结果拟合而成的四阶多项式。

PRO-LOCA 软件同样考虑了运营维护措施的对泄漏概率和破裂概率的影响。考虑的因素包括缺陷和泄漏探测概率、在役检测时间间隔等，并假设存在裂纹的管道部件会被移除或者替换为新的管道部件。

3. xLPR

xLPR[19,20] 软件同样由美国核管会（NRC）开发，第一版本是试验版本，专注于压水堆环境下应力腐蚀裂纹（PWSCC）影响下波动管管嘴异材焊缝破裂的概率计算。该软件基本承袭 PRO-LOCA 软件，包括关键物理参数的选取、净截面应力的计算、裂纹生长速率的计算、应力强度因子的计算等均与 PRO-LOCA 保持一致。

该软件的第二版扩大了运用范围，扩大了管道尺寸适用范围、缺陷类型（环向和轴向裂纹），改进了裂纹起裂模型、裂纹生长模型、焊接残余应力模型、裂纹稳定性模型、检测模型和泄漏率模型等。并且通过在计算流程中动态更新材料参数、管道壁厚、焊接残余应力、裂纹长度探测曲线（POD）、裂纹生长速率、锌和氢集中度等参数，可以将诸如补强焊缝（weld overlay、weld inlay）、应力改善工艺、化学集中度调整等维护措施对泄漏概率和破裂概率的影响考虑在内。

xLPR 软件同样考虑了运营维护措施的对泄漏概率和破裂概率的影响。考虑的因素包括 POD 曲线、在役检测间隔、缺陷修复措施对物理退化机理的影响等，并假设探测到的裂纹被立即完美修复等。

10.3　管道概率断裂分析流程

国内外核电同行针对管道裂纹评价的概率论分析方法应用开展了大量的研究工作[21-25]，尤其是针对以主管道为代表的冷却剂失水事故（LOCA）概率的分析更是研究的热点。其中美国核管会提出的两种 LOCA 概率评价方法之一即为概率断裂力学分析方法。

概率断裂力学分析方法就是将裂纹尺寸、材料性能、载荷历史等初始参数的不确定性考虑在内，并考虑役前检查对缺陷的检查和修复，对应的泄漏监测情况（对于冷却剂回路，有专门的泄漏监测系统），综合考虑计算管道系统发生断裂失效的概率，从而对管道系统安全性能以及对核电厂的安全影响进行评估。

核级管道概率断裂力学分析方法流程简图如图 10-1 所示，主要流程分为以下几步：

（1）获取管道系统初始参数分布，包括初始裂纹尺寸分布、材料性能、管道系统所受载荷历史事件等。

（2）根据不同尺寸裂纹在无损检测中被检测到的概率分布，对初始裂纹尺寸分布进行调整。这里假设被检测到的裂纹将会被修复，且修复过程不引入新的裂纹。

（3）利用蒙特卡洛分析方法，随机选取一组裂纹尺寸、材料性能参数以及载荷事件等参数。

（4）根据第 3 步选取的参数，计算 t 时刻裂纹生长情况，并判断此时管道是否贯穿，是否会发生泄漏。

（5）如果有对应的泄漏监测系统，则根据泄漏监测系统特性，判断能否被泄漏监测系统监测到。若发生泄漏且被监测到，则认为该裂纹将被完全修复，记录该裂纹信息，并回到第 1 步重新选取一个裂纹进行计算。若不能被监测到，则继续进行下一步。

（6）根据失效准则判断裂纹是否会导致管道系统发生失效。后续可以选择回到第 1 步重新选取一个裂纹进行计算，或者结束计算，进入下一步。

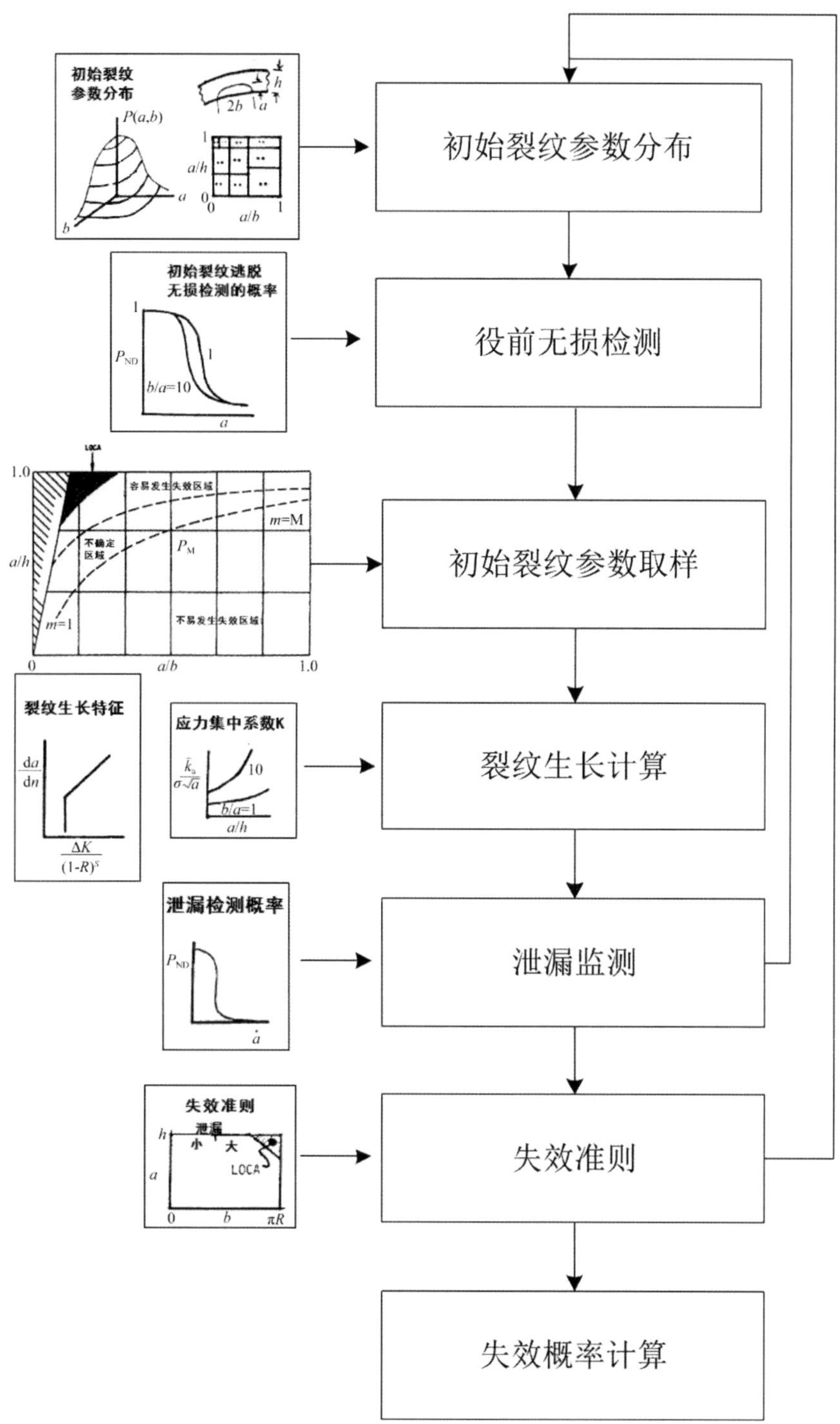

图 10-1　管道裂纹概率断裂力学分析方法流程简图

（7）根据上述计算结果统计管道系统发生失效的概率。记计算的裂纹数目共 N 个，根据失效准则，会导致管道系统发生失效的裂纹数目共 N_f 个。则管道发生破裂的概率为

$$P(t) = \frac{N_f}{N} \tag{10-7}$$

以上流程是完整的核级管道概率断裂力学分析评价流程，如果对应管道没有相应的役前检查或者泄漏检测，在在分析中可以部考虑该步骤。对于役前检查和泄漏检测系统的管道，管道裂纹概率断裂力学分析整个完整的分析流程则对应概率论的破前漏分析方法（PRO-LBB）。本节以 PRO-LBB 为例对概率论断裂力学的管道裂纹评估方法展开介绍。

10.4 概率断裂分析关键参数选取方法[25]

10.4.1 裂纹取样方法

初始裂纹的取样应该具有代表性，一般的取样原则为：完成 N 个取样后，样本的尺寸分布应该符合初始裂纹的尺寸分布规律，即某个特定尺寸的样本在 N 个样本中的占比应近似等于该尺寸的初始裂纹在所有初始裂纹中的占比。

采用简单的直接随机取样的方法，难以满足上述要求。此外，管道中大尺寸的初始裂纹占比非常少，要想获得在统计上有意义的足够多的失效案例，必须进行大量的取样计算工作，这就导致简单的直接随机取样方法效率将非常的低下。为了提高计算效率，在初始裂纹取样过程中可以采用分层采样法，下面对这种改进的取样方法进行简单介绍。

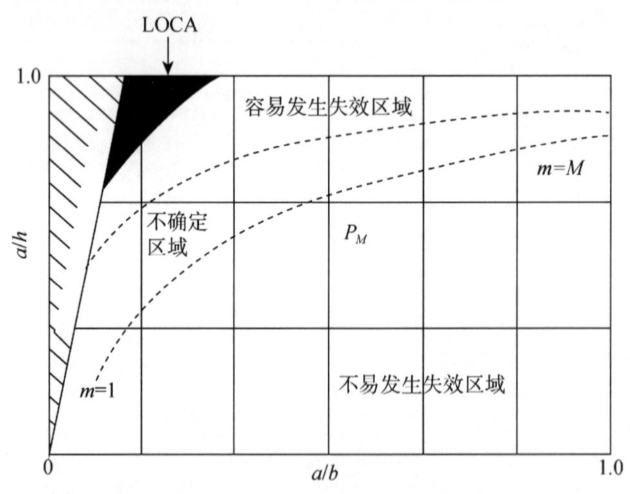

图 10-2　典型采样区间划分

a—裂纹深度；b—裂纹长度；h—管道壁厚

以图 10-2 为例，分别以裂纹长宽比、裂纹深厚比当成坐标系横轴和纵轴构造坐标。在该坐标系中根据经验判断构造将采样区间划分为若干数量的采样区域，其中包括不容易发生失效区域，不确定区域、容易发生失效区域、确定发生失效区域。在每个采样区域内，采用随机采样的方法进行采样。

观察图 10-2 可知，位于图的上部区域的裂纹深度较大，可以确定该区域是容易发生破裂的区域，反之，下部区域裂纹深度较小，是不容易发生破裂的区域，中间区域是一个不确定性比较高的区域。在分层采样方法中，上部区域和下部区域属于确定性比较高的区域，取样数目可以适当的减少，相反，中间不确定性比较高的区域应该适当增加取样数目。这种分层取样方法在大大减少计算量的同时，还可以提高计算精确度。

按照分层采样法，管道失效的概率[3]为

$$P(t) = \sum_{m=1}^{M} \frac{N_{f,\ m}}{N_m} P_m \tag{10-8}$$

式中　M——采样单元总数；

N_m——第 m 个采样区间的采样总数；

$N_{f,\ m}$——第 m 个采样区间内发生破裂的样本数目；

P_m——初始裂纹位于第 m 个采样区间的概率。

10.4.2　初始裂纹分布

管道中初始裂纹尺寸分布是计算管道可靠性的一个非常关键的输入。考虑到在给定尺寸及应力状态下，表面裂纹比非表面裂纹更危险，而内表面裂纹又比外表面裂纹危险，因为通常内表面热应力比外表面更大，并且内表面处于冷却剂中，环境更加恶劣，所以管道裂纹概率断裂力学方法只考虑内表面裂纹，其他裂纹后续再完善。

关于裂纹尺寸分布的文献非常少，且通常假设为某种特定分布函数，最常见的是指数分布形式，在概率断裂力学分析中，对裂纹尺寸分布采用的也正是指数分布形式，具体形式如下[3]：

裂纹深度 a

$$P_a(a) = \frac{\mathrm{e}^{-a/u}}{u(1-\mathrm{e}^{-a/u})} 0 \leqslant a \leqslant h,\ u = 0.246\ \mathrm{in} \tag{10-9}$$

偏心比 $\beta = b/a$

$$P_\beta(\beta) = \begin{cases} 0 & \beta < 1 \\ \dfrac{C_\beta}{\lambda\beta\,(2\pi)^{1/2}} \mathrm{e}^{-\left(\ln\frac{\beta}{\beta_m}\right)^{2/(2\lambda^2)}} & \beta \geqslant 1 \end{cases} \tag{10-10}$$

式中：a 为裂纹深度；b 为裂纹半长度；h 为管道壁厚；u 为常数，$\lambda = \dfrac{4}{\ln\left(\dfrac{1}{\rho}\right)} = 0.538\,2$，$C_\beta = \dfrac{1}{\lambda}\mathrm{e}^{1/\lambda} = 1.419$，$\beta_m = \mathrm{e}^{\lambda^2} = 1.336$，$\rho$ 为 $\beta > 5$ 的裂纹的概率之和，通常为 10^{-2} 量级，这里取为 0.01。

10.4.3 无损检测对裂纹分布的影响

在核电厂投入运行之前，对于重要管道如主回路等，要经过多次无损检测，以发现制造过程引入的初始裂纹缺陷。裂纹尺寸决定了其被检测到的概率，管道裂纹概率断裂力学分析中假设被检测到的裂纹经过修复将不复存在，且修复过程中不会引入新的缺陷。所以，无损检测对于初始裂纹尺寸的分布具有重要影响。

假设在一次无损检测中，初始裂纹不被检测到的概率为 P_{ND}，P_{ND} 的取值主要取决于裂纹深度 a 、裂纹长度 b 、裂纹开口面积 A 以及探头直径 D_B 。根据 Haris 等人的统计，P_{ND} 可以写成如下形式[3]：

$$P_{ND}(A) = 0.5\mathrm{ERPC}(v\ln \frac{A}{A^*}) \quad (10-11)$$

式中：A^* 为探测概率为 50%的裂纹所对应的开口面积，当 $2b > D_B$ 时，$A = \frac{\pi}{4}aD_B$，$A^* = \frac{\pi}{4}a^* D_B$ ，当 $2b < D_B$ 时，$A = \frac{\pi}{4}ab$，$A^* = \frac{\pi}{4}a^* b^*$ 。a^* 为探测概率为 50%的裂纹对应的裂纹深度，b^* 为探测概率为 50%的裂纹对应的裂纹长度。ν 为常数，对于铁素体钢 $\nu = 1.33$，对于奥氏体不锈钢 $\nu = 1.60$。EPRC（）为余误差函数。

在计算管道破裂概率的过程中，随机选取的 N 个初始裂纹经裂纹生长模型计算，使管道系统发生失效的记为 $F_n = 1$，否者记为 $F_n = 0$，则管道破裂概率可以用下式计算：

$$P_F = \frac{1}{N}\sum_{n=1}^{N} P_{ND,n}F_n \quad (10-12)$$

对于设计中没有役前检查要求的管道，在管道裂纹概率断裂力学评价的过程中，可以部考虑此分析步骤。

10.4.4 裂纹生长模型

在管道裂纹概率断裂力学分析方法中，裂纹尺寸 a 和 b 可以独立改变，即裂纹形状可以发生改变，a 和 b 的生长速率取决于裂纹前沿的应力强度因子 K 以及材料的疲劳裂纹扩展特性。尽管在学术界，这种裂纹形状可变的裂纹生长问题已经开展了许多研究，但是可变形状裂纹生长机理仍然没有很好的理论解释。

管道裂纹概率断裂力学分析方法中选用如下方法计算可变形状裂纹的生长[3]：

（1）根据裂纹处的载荷情况计算一个载荷周期内应力强度因子的最大值 K_{max} 及最小值 K_{min}。

（2）计算等效应力强度因子。

$$K' = K_{max}(1 - R)^{0.5} = \Delta K/(1 - R)^{0.5} \quad (10-13)$$

其中 $R = \frac{K_{min}}{K_{max}}$，$\Delta K = K_{max} - K_{min}$ 。

（3）计算每个载荷周期中裂纹尺寸 a 和 b 的生长速率。

$$\frac{\mathrm{d}a}{\mathrm{d}n} = C\left|\frac{\Delta K_a}{(1-R_a)^{0.5}}\right|^m = C\,(K'_a)^m \tag{10-14}$$

$$\frac{\mathrm{d}b}{\mathrm{d}n} = C\left|\frac{\Delta K_b}{(1-R_b)^{0.5}}\right|^m = C\,(K'_b)^m \tag{10-15}$$

式中：C、m 为常数，取为 $C = 9.14\times10^{-12}$，$m = 4$。

（4）计算每个载荷周期之后裂纹尺寸。

$$a_{\mathrm{new}} = a_{\mathrm{old}} + \frac{\mathrm{d}a}{\mathrm{d}n} \tag{10-16}$$

$$b_{\mathrm{new}} = b_{\mathrm{old}} + \frac{\mathrm{d}b}{\mathrm{d}n} \tag{10-17}$$

需要注意的是裂纹生长要求等效应力强度因子 K' 大于一定的阈值，该阈值与管道材料相关。对于奥氏体不锈钢，该阈值取为 $4.6\ \mathrm{ksi\cdot in^{-0.5}}$。当裂纹的等效应力强度因子小于该阈值的时候，可以认为裂纹保持稳定，不会扩展。

10.4.5　泄漏监测

随着裂纹的生长，当裂纹深度方向贯穿管道壁厚，并且裂纹长度尚未达到使管道断裂的尺寸时，就会发生泄漏。此时为了防止裂纹进一步生长，需要泄漏监测系统及时发现泄漏，以便采取维护措施修护裂纹。

核电厂中均装有泄漏监测系统，泄漏监测系统对不同泄漏率的监测概率特性如图 10-3 所示：当泄漏率大于临界值 $\dot{q}_0$ 时，系统监测到泄漏的概率近似为 100%（即图 10-3 中 $P_{\mathrm{ND}} = 0$ 部分）；当泄漏率小于临界值 $\dot{q}_0$ 时，系统监测到泄漏的概率近似为 0（即图 10-3 中 $P_{\mathrm{ND}} = 1$ 部分）。其中 $\dot{q}_0$ 通常取为 1 g/m（g/m 泄漏率计量单位，1 g/m 近似等于 3.8 L/min 的泄漏速率）。

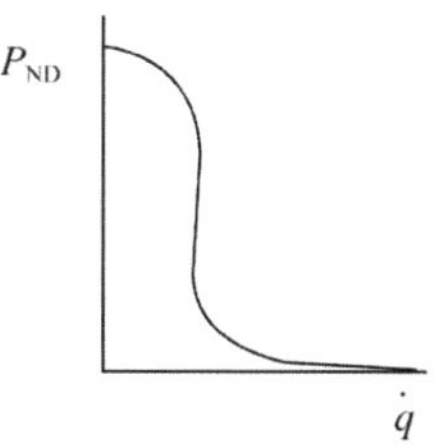

图 10-3　泄漏监测概率特性

由于泄漏检测系统一般是对应反应堆冷却剂回路，因此在裂纹概率断裂力学分析中，一般只针对一回路管道才考虑泄漏检测的作用，对于其他分析对象不考虑泄漏检测系统的作用。

同时对于有些规范或者标准，也常以裂纹是否贯穿，是否发生泄漏作为失效准则，在该失效准则情况下，得到的结果一般是偏于保守的。

10.4.6 失效准则

当裂纹生长到一定程度时，无需增大载荷，裂纹也会不停的扩展，即达到失稳状态，最终导致管道失效。失稳准则通常由以下弹塑性准则[3,4]判断：

（1）J 积分以及无量纲拉伸模量 T 超出临界值 J_{IC} 和 T_{mat}；

（2）净截面应力超出临界值。

第一个准则的基础理论是 Rice 的 J 积分方法，J 积分方法认为当裂纹尖端周围的 J 积分值超过材料临界值 J_{IC} 时，裂纹将扩展。但事实上，该方法忽略了材料的强化效应，一旦裂纹尖端向前扩展，前方材料将会有一定程度上的强化（如图 10-4 所示），要使裂纹继续扩展，则需要施加更大的驱动力，即需要更大的裂纹尖端周围 J 积分值。因此，临界 J 积分方法只是裂纹扩展的必要条件，而非充分条件。

由于材料的强化特性，第一个准则认为裂纹扩展除了要满足 $J > J_{IC}$ 之外，还需满足一个条件：随着裂纹扩展，裂纹尖端的 J 积分增长速度必须大于材料强化速度，即

$$(\mathrm{d}J/\mathrm{d}a)_{appl} > (\mathrm{d}J/\mathrm{d}a)_{mat} \tag{10-18}$$

Paris 建议采用无量纲参数拉伸模量 $T = \dfrac{E}{\sigma_{flo}^2}\dfrac{\mathrm{d}J}{\mathrm{d}a}$ 代替 $\dfrac{\mathrm{d}J}{\mathrm{d}a}$，因此式（10-18）可以用下式代替：

$$T_{appl} = \frac{E}{\sigma_{flo}^2}\left(\frac{\mathrm{d}J}{\mathrm{d}a}\right)_{appl} > T_{mat} = \frac{E}{\sigma_{flo}^2}\left(\frac{\mathrm{d}J}{\mathrm{d}a}\right)_{mat} \tag{10-19}$$

其中：$\sigma_{flo} = \dfrac{\sigma_{ys} + \sigma_{ult}}{2}$ 为材料流动应力；E 为材料弹性模量。

综上，第一个准则可以表达为如下公式：

$$J > J_{IC} \text{ 且 } T_{appl} > T_{mat} \tag{10-20}$$

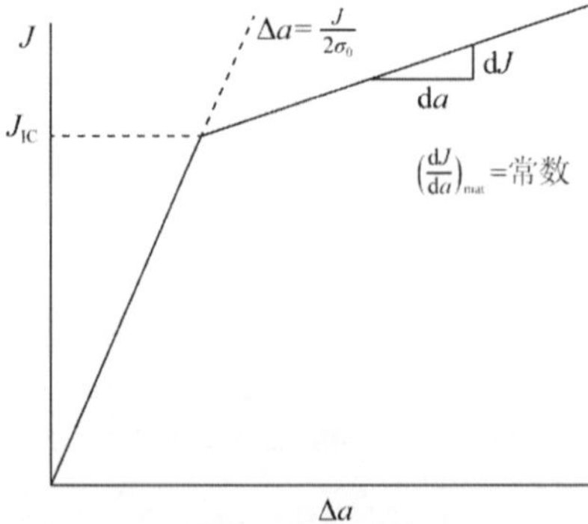

图 10-4 材料强化

第二个准则即净截面应力准则认为在载荷控制条件下，载荷不会随着裂纹的扩展而变化，但是当裂纹扩展时，管道剩余截面将变小，因此剩余截面上的应力将变大，当剩余截

面不足以承受该载荷时，裂纹将持续扩展。上述理论可以表述为如下公式：

$$\sigma_{LC}A_p > \sigma_{flo}(A_p - A_{crack}) \tag{10-21}$$

式中：σ_{LC} 为载荷控制应力；A_p 为管道截面积；A_{crack} 为裂纹截面积。

在判断某次计算中裂纹是否达到失效条件时，以较为保守的准则为主，即以先达到失稳条件的准则为主。

10.5　小结

目前，管道裂纹概率断裂力学分析方法仍然处于初级阶段，对于影响管道断裂的各种因素的考虑不够全面，也不够深入。例如上述裂纹生长速率相关的机理目前尚未完全掌握，裂纹生长速率公式也只是基于过往经验得出的经验公式，与实际情况仍存在较大偏差。

未来，管道裂纹概率断裂力学分析方法需要考虑更多影响管道裂纹生长和裂纹稳定性的因素，如焊接残余应力、压水堆环境、裂纹生长方向变化等，并且对各影响因素进行更加深入的研究，以使裂纹概率断裂力学分析准确性更高，为在役管道缺陷的维修和评价以及电站设计中的安全评估工作提供更为准确的数据支撑。

参考文献

[1] RSE-M. In-service inspection rules for mechanical components of PWR nuclear islands[S]. French association for design, construction, and in-service inspection rules for nuclear steam supply system components. 2012.

[2] ASME Ⅺ. Rules for in-service inspection of nuclear power plant components[S]. The American society of mechanical engineers. 2013.

[3] R6. Assessment of the integrity of structures containing defects[S]. R6 Panel,2010.

[4] 国家能源局. NB/T 20013 "含缺陷核承压设备完整性评价". 北京:2010.

[5] 国家市场监督管理总局/中国国家标准化管理委员会. GB/T 19024, "再用含缺陷压力容器安全评定". 北京:2019.

[6] Thomas H M. Pipe and vessel failure probability. Reliab. Eng. 2 (2), 83-124:1981.

[7] Fleming K N, Lydell B O Y. Insights into location dependent loss-of-coolant-accident (LOCA) frequency assessment for GSI-191 risk-informed applications. Nucl. Eng. Des. 305, 433-450:2016.

[8] Datla S V, Jyrkama M I, Pandey M D. Probabilistic modelling of steam generator tube pitting corrosion. Nucl. Eng. Des. 238 (7), 1771-1778:2008.

[9] Vinod G, Bidhar S, Kushwaha H, et al. A comprehensive framework for evaluation of piping reliability due to erosion-corrosion for risk-informed inservice inspection. Reliab. Eng. Syst. Saf. 82 (2), 187-193:2003.

[10] Tian Y, et al. Probabilistic and non-probabilistic failure assessment curves of primary coolant pipe contained internal circumferential surface crack in pressurized water reactor nuclear power plant. Nucl. Eng. Des. 322, 313-323:2017.

[11] Dillström P, Weilin Z. Pro-LBB-A Probabilistic Approach to Leak before Break Demonstration. vol. 43 Swedish Nuclear Power Inspectorate (SKI), Stockholm, Sweden SKI Report, 2007.

[12] Maeda N, Shoji T. Failure probability analysis based on FRI model for SCC growth introducing stress intensity factor distribution as function of crack depth. In: 2011 Pressure Vessels and Piping Conference (PVP2011). American Society of Mechanical Engineers (ASME), Baltimore, MD.2011.

[13] Shoji T, Lu Z, Das N K, et al. Modeling stress corrosion cracking growth rates based upon the effect of stress/strain on crack tip interface degradation and oxidation reaction kinetics. In: 2009 Pressure Vessels and Piping Conference (PVP2009). American Society of Mechanical Engineers (ASME), Prague, Czech Republic. 2009.

[14] You J -S, Wu W -F. Probabilistic failure analysis of nuclear piping with empirical study of

Taiwan's BWR plants. Int. J. Press. Vessel. Pip. 79 (7), 483-492:2002.

[15] You J -S, Kuo H -T, Wu W -F. Case studies of risk-informed inservice inspection of nuclear piping systems. Nucl. Eng. Des. 236 (1), 35-46:2006.

[16] Harris D O, Dedhia D, Lu S C. Theoretical and Users Manual for Pc-PRAISE: A Probabilistic Fracture Mechanics Computer Code for Piping Reliability Analysis. US Nuclear Regulatory Commission, Washington, DC NUREG/CR-5864 (UCRL-ID-109798). 1992.

[17] Rudland D L, Xu H, Wilkowski G, et al. Development of a new generation computer code (PRO–LOCA) for the prediction of break probabilities for commercial nuclear power plants loss-of-coolant Accidents. In: 2006 Pressure Vessels and Piping Conference (PVP2006). American Society of Mechanical Engineers (ASME), Vancouver, BC, Canada. 2006.

[18] Scott P, Kurth R, Cox A, et al. Development of the PRO–LOCA probabilistic fracture mechanics code. swedish radiation safety authority (SSM), stockholm sweden MERIT final report 2010:46.

[19] Rudland D, Mattie P, Kurth R, et al. Development of computational framework and architecture for extremely low probability of rupture (xLPR) code. In: 2010 pressure vessels and piping conference (PVP2010). American society of mechanical engineers (ASME), Bellevue, WA. 2010.

[20] Rudland D, Harrington C. 2011b. xLPR Version 1.0 Report, Technical Basis and Pilot Study Problem Results. xLPR Computational Group US NRC Letter Report ML110660292.

[21] D O Harris, E Y Lim, D O Dedhia. Fracture mechanics models developed for piping reliability assessment in light water reactors. U. S. nuclear regulatory commission report NUREG/CR 2301, Washington, D.C., 1981.

[22] 燕秀发,谢禹钧,戴耀. 基于概率断裂力学的管道失效分析. 机械设计,2004.11.

[23] 南卓,谢禹钧,曾祥玉. 基于概率断裂力学的管道可靠性研究进展. 管道技术与设备,2008.1.

[24] John Sharples, Colin Madew. Comparison of probabilistic fracture mechanics evalustions for a through-wall cracked pipe under the style project, PVP2014-28406, Anaheim CA, 2014.

[25] D O Harris, E Y Lim, D O Dedhia. Probability of pipe fracture in the primary coolant loop of a PWR plant. Probabilistic fracture mechanics analysis, U. S. nuclear regulatory commission report NUREG/CR 2189, Washington, D.C., 1981.

[26] Shinobu, Yoshimura. Probabilistic fracture mechanics for risk-Informed activities-fundamentals and applications. The Japan Welding Engineering Society. 2020,3.

[27] Wen-Chi Cheng, Tatsuya Sakurahara. Review and categorization of existing studies on the estimation of probabilistic failure metrics for reactor coolant pressure boundary piping and steam generator tubes in nuclear power plants. Progress in nuclear energy, 2020.

第 11 章　核级管道缺陷危害后果的设计预防

11.1　引言

核级管道中的缺陷可能导致的严重后果是初始缺陷发展成为穿壁裂纹发生介质泄漏，继而穿壁裂纹在核电厂运行瞬态载荷的作用下继续扩展，使管道结构失稳发生双端剪切断裂（以下简称管道破裂），这种事故虽然发生的概率极低，但是会对核电厂的安全性产生严重的威胁。本书前述章节介绍了对于管道缺陷的分析评价以及处理方法。本章从灾害预防的角度，介绍如何在设计环节对管道缺陷造成的危害后果进行预防。本章介绍的内容均是工程中成熟的设计方法，可以认为是核级管道缺陷分析评价工作的延伸。

对于核电厂重要的高能管道，管道的破裂会对周围的构筑物、系统和设备产生较大的影响。管道破裂动态效应会导致一个局部的瞬态动态载荷（破管载荷），作用在与之相连接的管道、设备和结构中，如图 11-1 所示。由于这些载荷破坏力较大，现有的设计为应对这种灾害，可以采取事后防护的措施，降低其影响。为应对管道破裂动态效应，不仅需要在核电厂设计中设置防甩件、防爆支架、防喷射装置等，而且还需要加强一些重要设备的结构设计，增加了设计的难度。

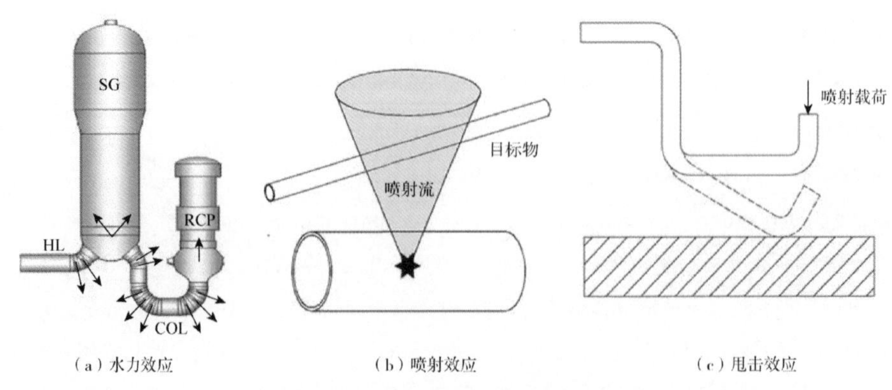

图 11-1　管道破裂动态效应示意图

利用增加硬件设施和加固设计来防护核级管道破裂灾害的方法，不仅显著增加了核电厂的设计、采购、安装和运行维护的成本，提高了设计难度，而且增加的硬件设施，往往会减小在役检查的空间，影响在役检查的效果。因此这种方法不仅增加了核电厂的成本，而且最终会成为影响核电厂安全的不利因素。因此，相对于事后防护的设计策略，如何在管道破裂之前采取合理有效的措施，把管道断裂的概率降低到极不可信，从而在设计中排除核级管道破裂的动态效应，是更加先进的有效预防理念。这种设计策略简化核电厂设计，优化核电厂的设计和布置空间，从而提升核电厂的经济性和安全性。

综上所述，核级管道缺陷最严重的危害是造成管道的破裂，本章基于管道破裂灾害预防的设计策略，对工程中常见的设计理念和设计方法展开介绍，并总结分析了各自的技术特点。

11.2　管道破裂预防常用设计方法

在第十章介绍的管道裂纹概率断裂力学分析方法中可以看出，影响管道裂纹稳定性的关键因素包括材料性能、加工工艺、无损检测、工作环境、工况载荷、运行监测等。本章介绍的管道破裂预防设计方法是指通过提升材料性能、优化材料制造加工工艺、控制应力和疲劳使用因子水平、加强在役检查、增加泄漏监测等实时监测设置中的一种或者几种手段证明该处管道出现裂纹的概率低，显著降低管道破裂失效的概率。工程中常用的几种降低管道破裂概率的设计预防方法为：破口假定免除方法应用（Break Exclusion）、破前漏技术（Leak Before Break，LBB）应用[6]、破裂免除（Break Preclusion，BP）概念[7]应用以及高结构完整性部件[8]（High Integrity Component，HIC）论证。

11.3　破口假定免除[9]

破口假定免除是常见的一种设计方法，该方法认为管道出现裂纹发生断裂的主要因素为应力和疲劳，因此从限制管道应力和对应的疲劳使用系数入手，同时对于一些关键部位，还对在役检查、制造加工要求等方面的因素综合考虑。利用该方法可以判定是否管道发生断裂失效概率低，断裂危害不大，不需要考虑断裂带来的动态效应。根据其应用的范围可以分为两类：一类适用于所有的核级管道，另外一类仅适用于安全壳贯穿区域的核级管道。

11.3.1　破口假定免除通用准则

核级管道破口假定免除对于 1 级管道和 2、3 级管道分别有不同的免除准则。对于 RCC-M[16]一级管道，非管道端部的位置，即非（1）中描述的部位，以及管道中间位置应力和疲劳适用系数满足如下（2）要求，则可以认为此位置不会发生破口。

（1）管道端部，包括：

① 与构筑物、设备或者锚固点连接的管道端部，其中锚固点是作为刚性约束。

② 三通连接点认为是一个支管的端部，除非满足以下条件：支管与主管系统在同一静力、动力和热分析模型中，并且支管与主管的尺寸相当。

③ 如果管道中只有一部分在电厂正常运行条件下要维持加压状态，那么该管段的端部破口位置定义为管道与第一个常关阀门的连接处。

(2) 中间位置（管道端部之间的位置），包括：

① 应力强度不超过 $2.4S_m$ 的中间位置，一次加二次应力的应力强度按 RCCM B3653 中公式（10），公式（12）或者公式（13）计算，其中 S_m 是基本许用应力强度。

② 根据 RCCM 规范确定的累积疲劳使用因子不超过 0.1 的中间位置。

通过适当的管道布置和管道支架设计设法减少中间位置破口。用以确定破口位置的应力和累积疲劳使用因子所依据的载荷工况为管道系统的 A、B 级工况。

对于 2、3 级管道，破口假定免除的准则如下：

① 非管道端部（管道端部定义与 1 级管道相同）；

② 应力超过 0.8（1.2 Sh+SA）的中间位置，应力由 RCCM C3600 中 A、B 级工况公式（7）和公式（10）计算应力之和得到，其中 Sh、SA 分别是基本许用应力和热胀许用应力范围。

11.3.2 安全壳贯穿区域的高能管道

安全壳贯穿区域通常是指在安全壳内外两个安全壳隔离阀之间连接安全壳贯穿件的管道。对于该部分管道满足以下准则后，可以降低该部分的管道出现裂纹，导致管道破裂动态效应的概率，在设计中可以不考虑该部分管道破裂导致的动态效应。

(1) 应力没有超过 11.3.1 节中的指定值；

(2) 当受到内部压力、自重以及其他区域区假想管道破裂的组合载荷时，根据 RCC-M C-3650 节中的方程（10）计算得到的最大应力不超过 1.8 Sh；

(3) 用弯管代替弯头可以使环向管道焊缝数量减少。在破裂排除区里不存在轴向管道焊缝。如果使用防护套管，其内的管道不存在环向或轴向焊缝。

(4) 由于有隔离阀可操作性、结构完整性或安全壳完整性的要求，用以承受假想管道断裂导致的扭矩和弯矩载荷的锚固点，无论位于管道和安全壳隔离阀的上游还是在下游，应尽量设置在接近隔离阀或贯穿件的位置。

(5) 锚固点不能堵塞执行在役检查的通道。在役检查要保证管道环向焊缝 100%的体积检查。

(6) 管道上尽量避免使用焊接凸耳。在必须使用焊接凸耳的位置，要进行详细的应力分析来证明其满足 11.3.1 节的限制要求以及在役检查的要求。

(7) 对于评价喷淋、水淹以及隔间增压所产生的效应，假设在主蒸汽和主给水管道上发生轴向裂缝（具有 929 cm^2 的开口面积）。评价位置选择考虑对重要设备产生最大影响的部位。

（8）安全壳贯穿件，要满足 RCCM 第 1 卷 P 篇的要求。

（9）作为安全壳压力边界的套管按技术规格书制造，此外，整个防护套管还需满足以下要求：

① 设计压力与温度不应低于电厂正常运行条件下内部工艺管道的最高运行压力和温度。

② 在安全壳设计压力和温度以及安全停堆地震的载荷组合下，不应超过 RCCM C3220 C 级工况使用限值。

③ 防护套管组件应在不低于内部工艺管道最高运行压力下进行单独的压力试验。

安全壳贯穿区域的高能管道满足破口假定免除的要求后，可以不用考虑该部分管道破裂导致的动态效应。与 11. 3. 1 节不同的是，满足 11. 3. 1 节要求的管道还是需要在管道端点（固定约束点或者与设备、锚固件连接处等）假设破口，而满足本节要求的管道，其端点破裂的动态效应也可以不用考虑。实施安全壳贯穿区域的破口假定免除后的高能管道，不仅可以免除该管道上的破裂动态效应，而且还可以减小在环境鉴定中破口面积的假设。

11. 4　破前漏技术[14]

破前漏技术的总体思路是通过断裂力学分析和管道出现穿壁裂纹条件下的介质泄漏率分析，辅之以精确的泄漏监测和报警，使得管道缺陷在发展为穿壁裂纹的时候就能够及时被维修处理，预防核级管道缺陷导致的管道双端剪切断裂。

破前漏的设计理念认为，管道不会发生快速断裂，而是先出现穿壁裂纹，发生泄漏，泄漏可以通过泄漏监测系统监测到并采取措施，从而避免管道出现双端剪切断裂。应用破前漏技术的流程主要如图 11-2 所示。

破前漏技术主要内容包括四个部分：破前漏技术先决条件验证，泄漏监测能力评估，临界裂纹计算（裂纹稳定性分析）和泄漏监测裂纹计算。

11. 4. 1　先决条件验证

应用破前漏技术的先决条件验证是为了保证在破前漏分析对象发生脆断的概率非常低，确保破前漏分析中考虑的载荷、失效模式、材料性能与核电厂实际情况一致或者偏保守。应用破前漏技术的管道需要满足如下条件：材料不会发生腐蚀、侵蚀开裂，不会出现疲劳、高温蠕变等现象，不会出现汽锤、水锤等现象，材料韧性好，寿期内不会出现快速断裂现象。

关于应用破前漏技术的先决条件评价，SRP3. 6. 3[9] 中给出了明确要求，主要内容如下：

（1）应评价由于不利的流动状态和水化学成分导致的侵蚀、冲蚀和空洞现象而导致的管道退化的可能。具体管系的工程经验反馈在评价中起着重要作用。此外应检查弯管和其他配件处的壁厚减薄情况，以确保满足 ASME 对最小壁厚的要求。以上评价必须证明这些

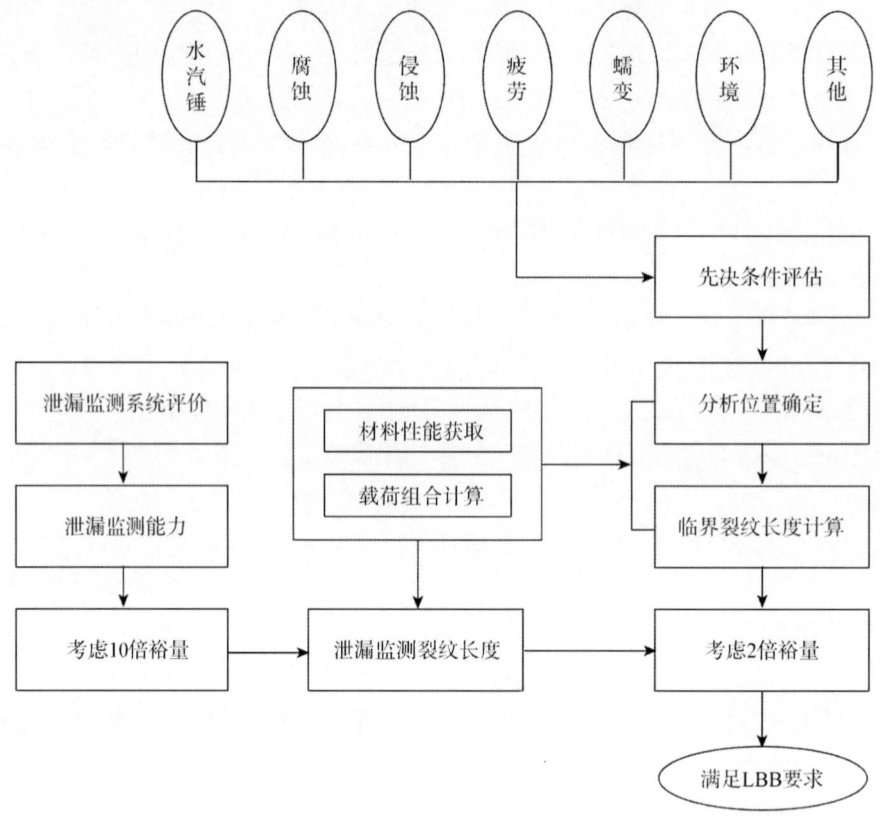

图 11-2　破前漏技术分析流程

机理不会导致出现管道失效。

（2）应评估材料对腐蚀的敏感性、潜在的高残余应力和环境条件，这些可能会导致出现应力腐蚀裂纹（SCC）。采用 600/82/182 合金的压水堆已被证明会出现一回路应力腐蚀裂纹（PWSCC）。在 LBB 应用中，合金 690/52/152 对 PWSCC 不敏感。具体管系的工程经验反馈在评价中起着重要作用。不推荐 82/182 合金材料用于高级压水堆核电厂，如果计划采用 82/182 合金材料，应给出如何缓解 PWSCC 的具体措施。以上评价必须证明这些机理不会导致出现管道失效。

（3）应评价对象管系中发生水锤的概率非常低。水锤包括各种预期之外的高频水力事件如蒸汽团和水团。依靠指定管系的水锤事件的历史记录以及对运行规程和工况条件的分析，以证明水锤不会在导致管道失效中起主要作用。可以通过设计改进以及改善运行规程以降低水锤事件发生的可能和发生后的危害。需证明用于降低水锤事件发生的可能和发生后的危害的所有措施在整个核电厂寿期内均有效。

（4）需证明管系对蠕变和蠕变疲劳不敏感。低于 700 ℉（371.1 ℃）的铁素体钢和低于 800 ℉（426.7 ℃）的奥氏体钢可以不考虑蠕变的影响。

（5）应通过特定管系的腐蚀频率和程度来证明管系的抵抗腐蚀能力。可以通过修改操作规程（控制水化学成分）和设计变更（更换管道材料）来提升管系的抵抗腐蚀能力。

补救的残余应力处理措施可以显著减低对应力腐蚀裂纹的敏感性。其他用于 LBB 分析的规范导则指定需两种缓解方法来处理材料对 SCC 敏感的问题。含有超过运行规范规定的缺陷尺寸以外的平面缺陷的管道，不能应用 LBB 技术。只要管道不含超过规范许可的缺陷限值，其他地方对 SCC 敏感的问题，可以通过前述两种处理方法进行处理。监管部门会在其完成后重新对其按照 LBB 的审查标准进行评价。

（6）应保证管道材料在整个系统运行温度的范围内对脆性解理断裂不敏感，即选用的应关注管道材料在历史记录中未出现疲劳裂纹或疲劳失效。应评价热或机械载荷造成的疲劳不会导致出现管道失效。申请者应证明：①管道中的热和冷流体充分混合以保证不存在过大的循环热应力。②不会出现振动导致的疲劳裂纹或疲劳失效。

11.4.2　泄漏监测能力评估[15]

泄漏监测是破前漏技术应用的基础，泄漏监测的能力直接决定了破前漏技术能否应用成功。破前漏分析的泄漏监测需要有两种定量监测手段，一种定位监测手段，且监测到泄漏时，监测系统能在主控制报警。

可以用来定量监测的仪表和方法有多种。这些仪表和方法在响应时间、灵敏度和准确度等方面都有区别。另外，某些仪表和方法可以连续地监测泄漏流，而另一些只能阶段性地使用。有效的泄漏监测方案应是多种监测仪表和方法的组合。常用的定量监测手段[8]如下：

（1）水箱和地坑的液位或流量；

（2）气载颗粒物的放射性活度浓度；

（3）气载的气态放射性活度浓度；

（4）安全壳大气的湿度；

（5）安全壳大气的压力和温度；

（6）空气冷却器的冷凝水流量；

（7）由泄漏引起的声发射信号。

为确定核电厂内泄漏源的位置以便评估其对安全的重要性，在核电厂内可设置监测系统以便能够在反应堆运行期间确定泄漏源的位置。泄漏源的定位方法可以从如下选择：

（1）安装在特定部件表面的湿度传感器；

（2）安装在特定部件表面的声发射监测系统；

（3）分布在整个安全壳内的耐辐射摄像头的在线监视。

泄漏监测系统能力评估是为了获得核电厂的泄漏监测能力，泄漏监测系统一般应该包括至少两种定量监测手段，且两种定量监测手段，应该使用不同的监测原理，不会导致共因失效，确保泄漏监测系统的可靠性，泄漏监测能力的设计不仅要满足相关的设计标准的要求，同时还需要满足应用 LBB 技术管道的监测需求。可以通过泄漏监测能力评估的结果来确定。

11.4.3 临界裂纹计算（裂纹稳定性分析）

临界裂纹计算是考虑正常运行工况载荷与设计基准地震载荷联合作用下，保证管道稳定性的最大裂纹长度，确保在监测到泄漏前，管道不会失稳断裂。一般临界裂纹长度与泄漏监测裂纹长度之间的裕量为2。

通过破前漏技术来证明管道即使出现穿壁裂纹，发生泄漏，在较小的泄漏量情况下，该裂纹就可被泄漏监测系统监测到，从而进行停堆检查维修，避免管道出现更大的裂纹，将管道裂纹的影响后果控制在较小的范围。

裂纹稳定性的分析主要是为了确定裂纹的临界尺寸大小，从而确保监测到泄漏之后，还有足够的时间采取措施，避免双端剪切断裂现象的出现，确保管道的失效模式为破前漏。在裂纹稳定性分析中，采用运行中可能受到的最严重的载荷组合，通常为正常运行载荷叠加安全停堆地震载荷。在确定临界裂纹的计算载荷时，所采用的载荷组合方法既可以是代数和方法也可以是绝对值相加法。当采用代数和法时，要证明即使载荷达到1.4倍的最大载荷时，泄漏裂纹仍然不会失稳扩展。无论哪种方法，最终要通过断裂力学评估证明泄漏裂纹在最大载荷处得到的临界裂纹尺寸与泄漏裂纹尺寸相比要有不小于两倍的安全裕度。

根据材料断裂韧性的不同，可以选用两种不同的临界裂纹尺寸计算方法。对于断裂韧性较高的材料如锻造的奥氏体不锈钢可以采用极限载荷法计算临界裂纹长度，对于考虑热老化的铸造的奥氏体不锈钢以及一般碳钢推荐采用J/T方法计算临界裂纹。

11.4.4 泄漏监测裂纹计算

泄漏监测裂纹计算是计算核电厂正常运行工况下可以被泄漏监测系统监测到的最小裂纹长度，即在核电厂正常运行时，在该裂纹长度下，对应的泄漏率与核电厂的泄漏监测能力（考虑一定安全系数一般为10）相等或者低于泄漏监测能力。

管道中裂纹的泄漏率计算是以热工水力为基础的。流体在压力作用下从裂纹泄漏的量主要取决于管道内部的压力、温度、裂纹形貌以及流动过程中的摩擦阻力。在不同条件下的泄漏计算可以采取不同的方法，根据热力学条件的不同，可以选择Bernoulli方程、修正的Bernoulli方程、水蒸气方程、修正的水蒸气方程和摩擦气体流动理论等进行分析和计算。对于核反应堆中的小破口失水问题，泄漏率的计算经常采用两相流理论，计算模型主要有均匀平衡模型、滑移模型、不平衡模型、不平衡两相流体模型、临界流模型、两相临界模型、Pana-Muller模型、EPRI/Henry模型等[7]。

在通过泄漏率计算泄漏裂纹尺寸时，除非能够充分证明泄漏监测系统的监测灵敏度和可靠性，否则对泄漏监测系统要取10倍的安全裕度。这主要是考虑某些不确定的因素，如泄漏裂纹源被微粒堵塞、泄漏预测和测量技术、人因和检查频度影响等，同时应考虑裂纹张开面积、表面粗糙度和两相流等因素的影响。使用的计算模型应是经过验证证明是保守的。计算载荷应选取自重、热膨胀和压力载荷，按其代数和方式组合得到正常运行工况载荷。通过计算可以得到在泄漏率确定的情况下保守得到最大的泄漏裂纹尺寸，关系示意图见图 11-3。

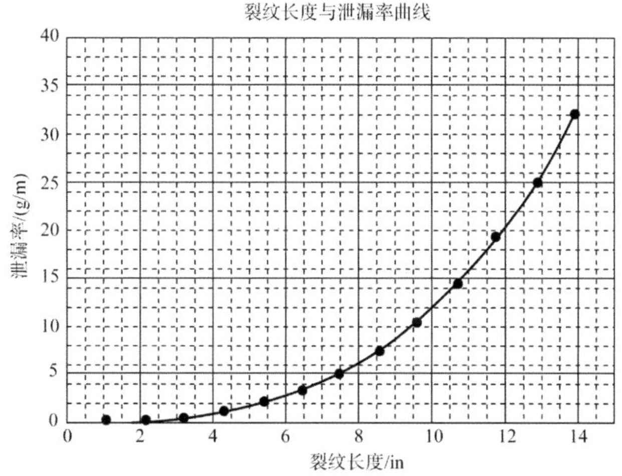

图 11-3　裂纹长度与泄漏率关系示意图

应用破前漏技术可以在设计中取消管道破裂的动态效应，但对于核电厂的事故分析，设备鉴定环境条件，安全壳设计等，仍然按照管道双端剪切断裂来考虑。

11.5　破裂排除概念

1979 年，德国 RSK 发布了防护管道破裂动态效应的技术导则，应用于压水反应堆，并以此为基础提出了 BP 概念。德国 BP 概念方法和逻辑上类似于 LBB 技术，在 BP 概念论证过程中也广泛应用了 LBB 技术的相关理论，即确保管道出现缺陷后导致的最严重破坏效果是缺陷缓慢发展成穿壁裂纹并发生可接受的介质泄漏，而不会出现双端剪切断裂，但其部分理念又不完全一样，尤其是应用两种技术后对管道的影响也有很大差别。BP 概念最早是德国 KTW 公司提出的。BP 概念主要基于基本安全概念，包括基本安全（设计、材料和制造）和独立冗余（多重检验、最差条件原则、在役检查和断裂力学验证）。其要求见图 11-4[10]。在基本安全概念的基础上增加了破前漏的论证，最终形成德国的破裂排除概念的论证，其实现步骤见图 11-5。主要流程包括如下：

（1）确定考虑的表面裂纹（以役前或者在役检查的能力为基础）。

（2）进行疲劳裂纹扩展分析。

（3）论证破前漏疲劳裂纹扩展是否超出设计。

① 如果疲劳裂纹扩展贯穿壁厚而在环向方向没有发生失稳，则满足破前漏技术；

② 如果裂纹在贯穿壁厚前已达到临界值，则泄漏前即破裂。

（4）寿期末表面裂纹分析。

（5）在最大载荷下的穿壁裂纹（TWC）稳定性分析。

（6）用于疲劳裂纹扩展和裂纹稳定性分析的载荷分析。

（7）稳定穿壁裂纹的泄漏率（泄漏监测）。

核级管道在应用破裂排除概念后相对应用破前漏技术有以下进步：降低了管道缺陷出现和发展成贯穿裂纹的概率，同样也大大降低了管道出现破裂的概率。因此在设计中不但排除了管道破裂导致的动态效应，还可以将主管道的双端剪切断裂假设本身从设计基准事故中排除，将其按照超设计基准来考虑[12]但是在主设备的支撑设计中还需要额外考虑一个 2*pA* 的静载荷（*p* 为管道内压，*A* 为管道流道面积）。

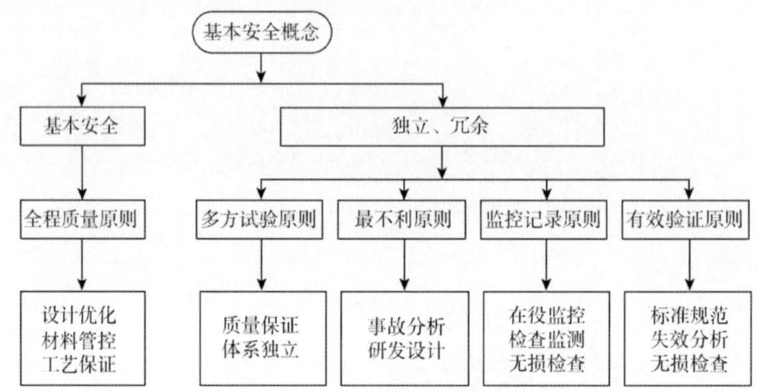

图 11-4　基本安全的概念实施

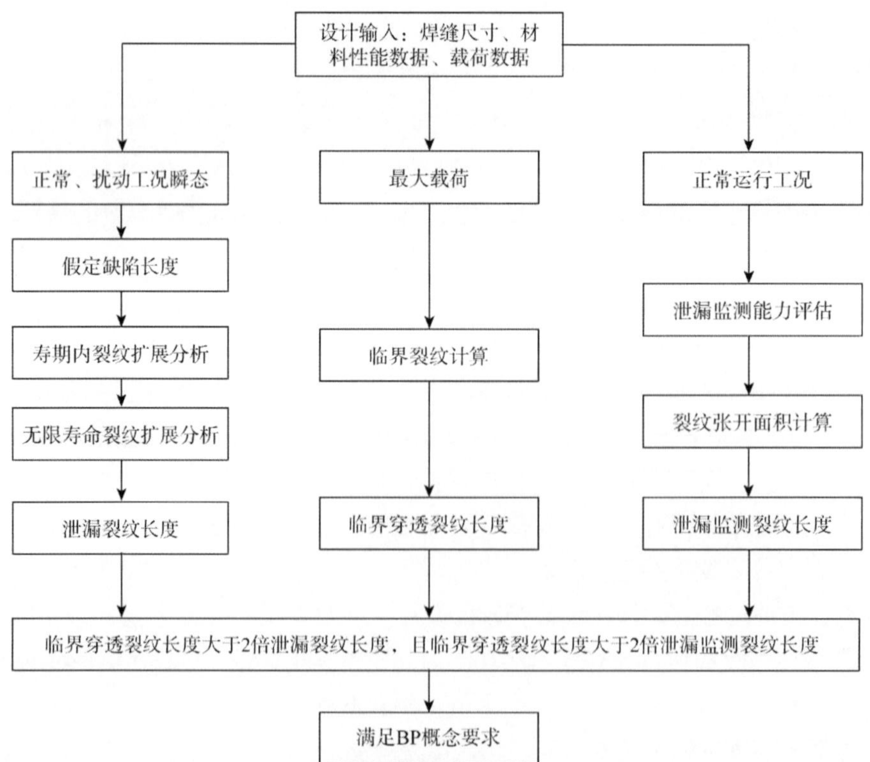

图 11-5　破裂排除概念的实现步骤

11.6　HIC（高结构完整性部件）论证[8]

高结构完整性部件论证的本质是通过对管道设计制造质量和服役条件、检查维修的高标准要求，辅以严谨的断裂力学论证分析。使管道出现缺陷、并使缺陷扩展导致管道破裂的概率处于一个极低的水平，达到预防管道破裂的效果。

高结构完整性部件 HIC 是英国核安全当局对一些安全要求特别高的部件（这些部件失效后，产生的后果无法接受）提出的要求。在英国核安全审查过程中需要对这些关键的部件开展高结构完整性论证即 HIC。高结构完整性论证是确保核设施安全、可靠的重要部分，在英国通用设计审查中也是重点关注的技术内容之一。英国核安全监管中将结构完整性失效会导致严重的堆芯融毁或者大规模放射性泄漏的管道、设备归类为 HIC，认为在设计中保证该类设备失效概率极低（Incredible of Failure，IOF）。高可靠性部件 HIC 需要确保该部件的失效可能性非常低（低于 10^{-7}/堆·年）。

在 HIC 的设计和论证过程中主要内容包括如下：

（1）采用可靠的经过验证的设计理念；

（2）应该包括运行工况和内外部载荷在内的详细的设计载荷；

（3）考虑潜在运行失效机制；

（4）使用经过验证的材料；

（5）制造过程的高标准要求；

（6）设计、制造、安装、运行全寿期的高标准的质量保证；

（7）役前和在役检查的缺陷控制；

（8）设计合理的失效保护措施；

（9）在役监控（运行瞬态和材料）；

（10）设计验证（实际材料性能与分析假设的一致性、设计功能的可实现性）；

（11）在役维修和优化设计的考虑。

高可靠性部件的论证一般采用多途径支撑（Multi-legged）的方法，不同的设计者对于途径的设计不完全一致，但核心内容需要包括以上 11 条内容。

高可靠性部件的论证是一个复杂的过程，其特点主要有以下几个方面：

（1）IOF 论证是一个系统的论证过程，需要从多个方面综合考虑；

（2）需要进行大量的独立验证或第三方验证，如役前/在役检查能力验证等；

（3）大量的材料性能试验（断裂韧性试验、冲击功试验、应力应变曲线试验等）；

（4）复杂的断裂力学分析，在断裂力学分析中需要考虑役前/在役检查能力、焊接残余应力、甚至动态载荷对材料韧性性能等因素。

因此要论证管道为 HIC 部件，不仅需要进行复杂的设计论证工作，还要需要大量的实验、在役检查、运行监控等相关工作，是一项耗时、费力的工作。

当管道论证为 HIC 部件后，认为管道在寿期内出现裂纹的概率非常低，即使出现裂纹也不会发生泄漏，更不会导致管道的破裂，其中缺陷容忍度分析是HIC论证的核心内容之一，与材料性能、在役检查一起成为HIC论证的核心内容，四者之间的关系如图11-6所示。

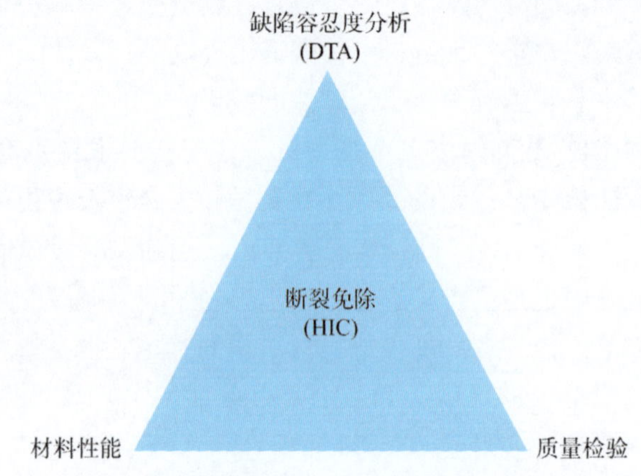

图11-6　HIC破裂免除与材料性能、质量检验以及缺陷容忍度分析的关系

11.7　管道破裂设计预防方法的对比

上节中提到的方法都是管道破裂的设计预防方法，但是由于技术原理不同，可以应用的对象有差异，具体的分析方法和应用手段也有一些区别，因此在工程设计中的使用策略也不尽相同。为从技术原理上对这些技术进行对比，本文从力学分析对象（是否考虑裂纹）和分析方法（是否运用断裂力学分析的方法）的角度将以上方法分成两类：一类不考虑管道出现缺陷，通过应力来评估；一类考虑管道裂纹，通过确定论的断裂力学方法来判断。

11.7.1　基于应力评估的方法

破口假定免除是一种典型的基于应力评估管道出现裂纹发生断裂该概率的方法。该方法通过在设计中限制管道的应力（一级管道需额外考虑疲劳使用因子），认为结构失效的风险非常低，从而在动态载荷设计和防护中不考虑对应位置的破口。

该方法应用方便，是核工业界广泛采用的一种方法。但是该方法仅限于管道中间节点，对于管道边界约束位置，该方法不适用，不能彻底免除管道系统上的破裂动态效应。

对于安全壳贯穿区域的高能管道，引入了破口假定免除的应力限值，同时从布置设计、工艺设计以及在役检查等方面加强了要求，从而可以在包括管道约束端点在内的整个安全壳贯穿区域的高能管道免除管道破裂的动态效应。当然11.3.2节的那些要求，还考虑了安全壳密封以及环境鉴定的破口假设相关的内容，并不完全是破裂动态效应免除的要求。

该方法也是一种基于强度理论的方法，同时还加强了设计以及在役检查的要求，来提高结构的可靠性，从而排除管道破裂动态效应的方法，根据法规标准和电厂的实践，该方法仅适用于安全壳贯穿区域的高能管道。

11.7.2　基于断裂力学的方法

破前漏技术、破裂排除概念、高结构完整性论证可以看作是基于断裂力学的管道破裂设计预防方法。在分析中都考虑了分析对象中假定的裂纹，通过确定论的断裂力学分析方法证明管道失效概率极低。但在具体分析过程中三种方法的侧重有所不同，对于设计、运行等方面的要求也有所不同。

破前漏技术和破裂排除概念理论基础近似。破前漏技术通过先决条件评估确保应用破前漏技术的管线不会发生快速断裂，并在考虑一定安全裕量的情况下，通过断裂力学分析论证假定的一个可以被泄漏监测系统监测到的穿壁裂纹在设计考虑的工况下能够保持稳定，来确保管道不会出现双端剪切断裂。

破裂排除概念在破前漏技术的基础上，通过强调选材、优化加工和制造工艺、增强役前和在役检查以及运行监控等措施加强了对穿壁裂纹的预防，从而降低管道出现缺陷的概率，提升管道抗快速断裂的能力。在断裂力学分析方面，与破前漏技术不同的是，破裂排除概念根据在役检查的能力，假定一个初始缺陷，并对该缺陷做一个全寿期和无限寿期直至贯穿壁厚的疲劳裂纹扩展和裂纹稳定性分析，来证明全寿期内缺陷不会贯穿壁厚，并获得无限寿期缺陷贯穿壁厚时的裂纹长度。相对破前漏技术，破裂排除概念在评价时多出一个泄漏裂纹与临界裂纹的对比。总体来讲破裂排除概念类似一个更细化版的破前漏技术，更关注的是在泄漏裂纹出现之前的设计、分析和防护。另外一项差别就是破前漏技术可以应用于在役核电厂的设计改进，而破裂排除概念技术局限应用于全新设计的核电厂。

高结构完整性要求是英国核安全监管机构提出的一个对重要安全设备在结构完整性方面的分级要求。归类为高结构完整性的部件在结构完整性要求上高于设计规范中的规范一级，认为该部件在寿期内不会出现结构完整性失效。高结构完整性论证过程是一个复杂的系统工作，包括了设计、制造、在役检查和监控以及运行维护等多方面的内容，一般通过 CAE（Claim-Argument-Evidence 申明论点-论证-论据）的形式编制的安全案例来完成论证工作。高结构完整性论证的核心是断裂力学评价，评价对象与破裂排除概念类似，为基于役前或者在役检查的裂纹检出能力而确定的一个表面裂纹。高结构完整性论证中涉及的因素更多，如需要在役检查能力要满足合理可行尽量低的原则（As Low As Reasonably Practicable，ALARP）。开展在役检查缺陷检出能力验证和第三方独立验证等。裂纹分析中考虑的载荷工况更复杂，要求尽量全面的考虑影响裂纹结构完整性的因素，如需要考虑焊接残余应力影响等。虽然对于满足高结构完整性要求的管道，可以大大降低管道寿期内出现裂纹，发生破裂的概率，但是这种方法代价高，因此可能的使用范围仅局限于主管道、主蒸汽等重要管线。同时不同于破前漏技术和破裂排除概念，HIC 论证过程中的缺陷容忍度分析时使用的断裂力学分析方法为双判据法，该方法认为评价裂纹的稳定性需要考虑两个因素：强度因素和韧性因素。因此在双判据法中提供了两个参量 K_r、L_r 作为裂纹是否失稳的评价因素，并构造了失效评定曲线 FAC，见图 11-7。

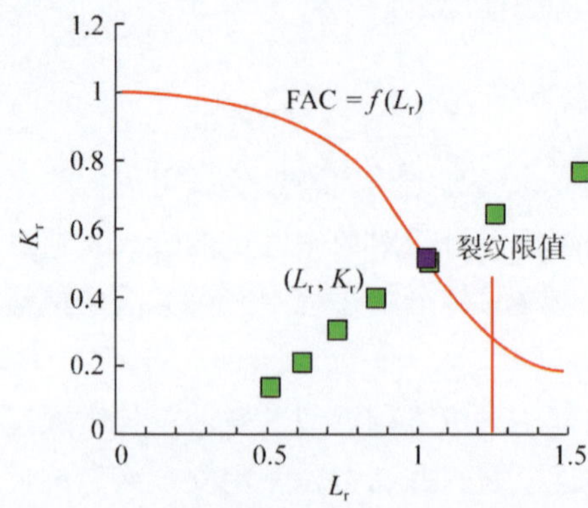

图 11-7　双判据法计算临界裂纹示意图

综上所述，虽然第 11.2 节提到的各种方法都可以达到通过设计的方法降低管道在核电厂寿期内出现管道缺陷，继而发生破裂的概率，但是各种方法依据的原理有差异，实施手段和难易程度不同，适用对象也不完全相同，当然达到的效果也不尽相同。各种方法的简单对比如表 11-1 所示。

表 11-1　管道破裂设计预防方法对比

	破口假定免除	安全壳贯穿区域的破口假定免除	破前漏技术	破裂排除概念	高可靠性部件（IOF）
材料	无[1]	无	不会发生脆断	高断裂韧性	经验证的材料
制造加工	无	锻造、弯管、减少焊缝	无	锻造、弯管、减少焊缝	高标准要求、高质量保证
役前/在役检查	无	体积检查（换料周期检查）	无	体积检查、异种金属焊需要两种检查手段	体积检查（能力验证、第三方验证）
应力评定	见 11.2.1.1	见 11.2.1.2	无	定性要求	无
断裂力学评价	无	无	贯穿裂纹稳定性分析	表面裂纹扩展分析（全寿期和无限寿命）	详细的裂纹稳定性评价
运行监控	无	无	泄漏监测	泄漏监测、疲劳监测	运行瞬态、材料监控
应用对象	高能管道中间位置	安全壳贯穿区域的高能管道	规范 1、2 级管道	规范 1 级管道	对安全有重要影响的 1 级管道
注：1 为“无”，指无设计规范外的附加要求					

11.8　工程应用情况

合理的降低管道出现裂纹以及发生破裂的概率是压水堆核电厂设计的一项重要内容。前文提到的各种设计方法，均在核电厂设计或者后学的核电厂改造中得到了应用。但是由于各自设计方法的特点，其具体的应用范围有差异。

破口假定免除方法，因判定方法简单，实施方便，该方法在不同类型的压水堆核电厂中均得到了广泛应用。安全壳贯穿区域的破口假定免除多应用在主蒸汽管道中，如传统的M310 堆型、CPR1000、U. S. EPR。在三代堆型核电厂研发中，该方法得到了更大范围内的应用，如 AP1000 堆型中该方法使用在了所有安全壳贯穿区域的高能管道中。

破前漏技术也是一种应用较为广泛的管道破裂设计预防的方法，主要应用在安全壳内，应用对象为规范 1、2 级管道。该方法广泛应用于在役核电厂的改造、新核电厂设计和新堆型的研发中。在 CPR1000 堆型和一些传统的"二代核电厂"中，破前漏技术主要应用在主管道中，在新研发的堆型中，破前漏技术得到广泛应用。在华龙堆型、U. S. EPR 堆型中，破前漏技术应用到了主管道、波动管和主蒸汽管道，在 AP1000 堆型中破前漏技术得到更广泛的应用，应用在了安全壳内除主给水管道外所有 6 in （15. 24 cm） 以上的高能管道中。

破裂排除概念原理与破前漏技术类似，最初主要应用在德国，应用范围相对较小，要求应用对象为规范 1 级管道，且一般只能应用在新核电厂的设计和研发阶段。在 EPR 堆型中，破裂排除概念得到了应用，应用对象包括主管道和主蒸汽管道。其中主蒸汽管道的范围为蒸汽发生器出口管嘴至主蒸汽隔离阀下游的第一个约束点位置。

高结构完整性部件是英国核安全监管的特殊要求，因此该设计方法仅应用在英国，一般用在英国核电厂的设计或者安全审评中。不同的堆型中对 IIIC 的称呼也不相同。UK-EPR和 UK-HPR1000 中称为高结构完整性部件（High Integrity Components，HIC），UK-AP1000中称为高安全特性部件（Highest Safety Significant Components，HSS），UK-ABWR中称为非常高结构完整性部件（Very High Integrity Components，VHI）。在各堆型中 IOF 的应用范围、论证方法也各有差异，应用的达到的效果也根据与 ONR 沟通来落实。

综上所述，对于管道破裂动态效应免除方法破前漏技术和破口假定免除方法既可以应用于核电厂的设计和研发阶段，又可以应用于在役核电厂的改造，应用范围较广，而破裂排除概念和高结构完整性要求部件一般只能应用于核电厂的设计和研发阶段。

11.9　小结

核级管道缺陷力学分析是对设计阶段或在役阶段，管道在含缺陷时的稳定性分析，用以论证在缺陷作用下结构的完整性，假定的分析对象一般为表面裂纹。高能管道破裂设计预防则是通过材料选择、加工制造工艺、在役检查、运行监控、力学分析和评价（强度分析或者断裂力学分析）等多种形式的组合，来论证管道缺陷即使扩展成为穿壁裂纹，破坏了管道的结构完整性，也不会导致管道破裂，控制缺陷的灾害后果，从纵深防御的角度评价论证了管道结构本身对缺陷的容忍度。

高能管道破裂设计预防通常是核电厂关键设备设计的重要影响因素。合理选择管道破裂动态效应的应对方案是核电厂设计的一项重要工作。本章介绍了压水堆核电厂常用的几种高能管道破裂预防方法，对各个方法的原理，技术特点，应用效果以及在工程中的应用情况进行了介绍，可以看出，基本原理都是通过提高设计要求避免缺陷的出现，加强运行监控控制缺陷的扩展，进行必要的详细的断裂力学分析证明结构的稳定性。本章提到的方法本质上是对核级管道缺陷可能导致的危害后果的设计预防，也可应用于在役核电厂的设计改造中。

参考文献

[1] HAD 102/08-2020. 核核电厂反应堆冷却剂系统及其有关系统[S]. 北京:国家核安全局,1989.

[2] 10CFR50 GDC4. Environmental and dynamic effects design bases[S]. Washington D.C: NRC, 2007.

[3] ANSI/ANS-58.2-1988. Design basis for protection of light water nuclear power plants against the effects of postulated pipe rupture [S]. Illinois: American nuclear society, 1988.

[4] EUR-2017. European utility requirements for LWR nuclear power plants [S]. British energy PLC, EDF, Endesa, et al. October, 2017.

[5] NS-G-1.11-2004. Protection against Internal hazards other than fires and explosions in the design of nuclear power plants[S]. Vienna:IAEA,2004.

[6] The Pipe Break Task Group. Evaluation of potential for pipe breaks[R].NUREG-1061 Volume3, Washington D.C: NRC, 1984.

[7] P M Scott. Development of technical basis for leak-before-break evaluation procedures[R]. NUREG/CR-6765, Washington D.C:NRC, 2002.

[8] NS-TAST-GD-016-2017, INTEGRITY OF METAL COMPONENTS AND STRUCTURES [S]. London:ONR, March 2017.

[9] NRC. SRP3.6.2:Determination of rupture locations and dynamic effects associated with the postulated rupture of piping[R]. Washington D.C: NRC, 2007.

[10] IAEA-TECDOC-710-1993, Applicability of the leak before break concept[S]. Vienna: IAEA,1993.

[11] NRC. BTP 3-3, Protection against postulated piping failures in fluid systems outside containment[R]. Washington D.C: NRC, 2007.

[12] RSK Guidelines-1/01-1996. RSK guidelines for pressurized water reactors [S]. Germany, RSK, 1996.

[13] SRP 3.6.3, Leak-before-break evaluation procedures, NRC, 2007.

[14] 毛庆,等. 压水堆核电厂高能管道破前漏技术原理与工程应用[M]. 北京:原子能出版社,2018.

[15] U.S. Nuclear regulatory commission, guidance on monitoring and responding toreactor coolant system leakage[S]. USA:NRS,2008.

[16] RCC-M. Design and construction rules for mechanical components of PWR nuclear islands [S]. French association for design, construction, and in-service inspection rules for nuclear island component. 2012.

第 12 章　相关技术问题探讨

12.1　引言

本章对核级管道缺陷评价过程中涉及的一些技术问题进行讨论，这些技术性讨论是开放性的，欢迎读者积极参与，补充指正。

12.2　管道缺陷在循环动态载荷作用下的力学行为研究

12.2.1　技术背景

核级管道在服役过程中管道内部由于介质的压力波动（比如阀门的快速起闭）而经受水锤、汽锤等动态循环载荷的冲击，也可能因为动态介质与限流孔板等管部件互相作用诱发流致振动；在管道外部，管道支撑将地震产生的动态载荷传递至整个管系，管道与泵等能动设备的连接处也会产生周期性的动态激励；在电厂假想的设计基准事故和超设计基准事故发生时，外部爆炸冲击波载荷、相邻管道破裂产生的介质喷射载荷和管道断裂后的沿塑性铰产生的甩击载荷等，均可动态作用于管道缺陷及其相邻的区域，如图 12-1 和图 12-2 中的例子。

根据目前国内外常用的法规标准[1]，分析管道裂纹缺陷扩展情况及其对整个管道结构稳定性的影响时，可以将来自管道外部的地震激励、水锤载荷等动态冲击载荷简化考虑为拟静态载荷，这种方法并未考虑载荷动态效应的影响。也就是说，当前的核级管道缺陷力学评价技术在动态循环载荷效应的影响分析方面尚未做到精细化处理。

最新研究表明，材料的断裂韧性与动态循环载荷的大小和循环次数两个变量同时相关。目前的分析计算中没有充分考虑材料性能随着载荷振动次数发生退化的过程，其分析结果在个别情况下可能是不保守的。

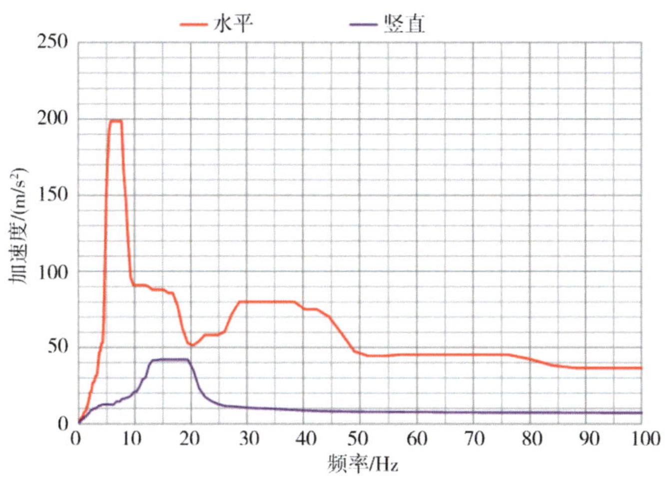

图 12-1　某设备接管处地震响应包络谱

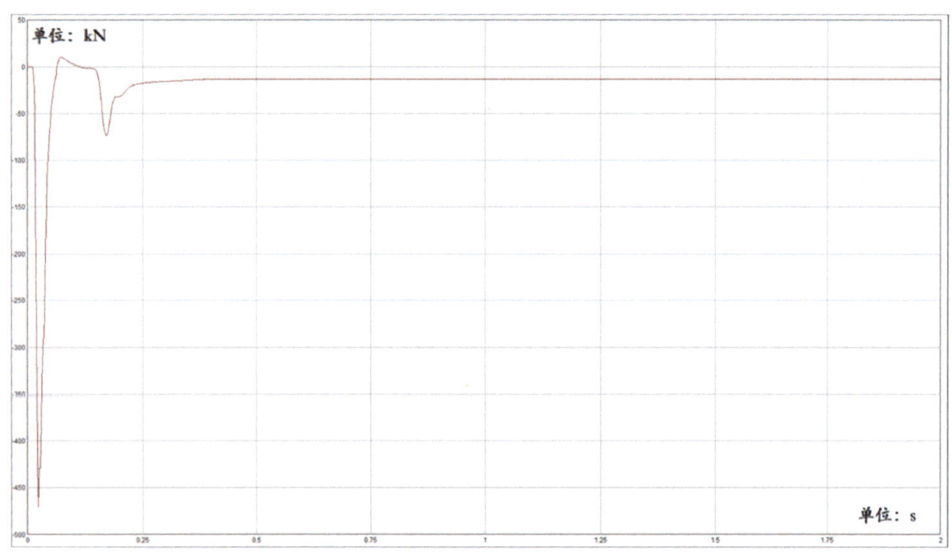

图 12-2　某阀门关闭时间为 1 s 时管道内部介质压力曲线

12.2.2　国际同行的研究进展

近年来，国际管道完整性研究组（IPIRG）和电力工业研究中心（CRIEPI）基于含环向贯穿裂纹的直管进行试验，研究其在等幅循环载荷作用下的断裂行为。IPIRG 研究了 A106 Grade B 碳钢管道和 TP304 奥氏体不锈钢材料[2]。CRIEPI 研究了日产碳钢 STS410 材料[3,4]。这些研究成果均证明了载荷动态效应对管道裂纹稳定性的影响不可忽略。印度反应堆安全部环境安全与健康研究组针对印度先进重水反应堆主传热系统管道-SA333Gr6 碳钢管道和 SS304LN 不锈钢管道母材和焊材[5,6]，采用 4 种不同的管道尺寸，3 种贯穿裂纹尺寸，根据不同荷载水平和循环次数开展管部件的循环撕裂测试。其在此基础上对现有LBB临界裂纹计算公式中的参数进行了修正，该修正系数考虑了动态循环载荷的变化幅值和循环次数。目前国际同行的研究工作主要是在等幅循环振动载荷条件下，验证某种特定管道材料的断裂韧性的变化情况，未考虑载荷动态效应对临界裂纹长度和裂纹张开面积的影响，也没有考虑随机振动疲劳的影响，对于载荷的加载速率，冲击方式的影响也没有涉及。而且目前已公开的研究成果中，试验对象有局限性，样本数据不足，且大多数研究数据仅指明现象和机理，未能很好地落实成工程分析方法（见表 12-1）。

表 12-1 国际同行研究进展[2-8]

序号	研究单位	研究对象或管道材料	材料试验加载方式	是否考虑随机振动疲劳	是否考虑载荷动态效应对断裂力学计算的影响	是否研究水锤的影响
1	美国国际管道完整性研究组（IPIRG）	A106 Grade B 碳钢 TP304 奥氏体不锈钢	等幅循环加载	否	否	否
2	日本电力工业研究中心（CRIEPI）	日产碳钢 STS410	等幅循环加载	否	否	否
3	印度反应堆安全部环境安全与健康研究组	SA333Gr6 碳钢 SS304LN 不锈钢	等幅循环加载	否	否	否
4	韩国电力研究所	主蒸汽管道	无试验	否	否	将较弱汽锤作为拟静态载荷加入力学计算
5	美国结构完整性协会	Diablo Canyon 核电厂主蒸汽管道	无试验	否	否	将较弱汽锤作为拟静态载荷加入力学计算

12.2.3 后续可以开展的工作

作者认为，后续可以从以下几个方面着手，针对特定的核级管道材料和常见的动态载荷作用形式，通过试验验证、理论分析和数值模拟的相结合的方式，总结可用性较强的工程分析方法，研发改进现有的核级管道缺陷力学评价技术。

（1）获得随机动态载荷和等幅动态载荷作用下核电厂常用材料断裂韧性数据和临界裂纹长度、裂纹张开位移变化数据，建立工程项目数据库。

通过四点弯曲动态加载实验或紧凑试样法开展典型核电材料、管道尺寸和贯穿裂纹长度试件的动态加载实验，测试管道材料在随机动态载荷和等幅动态载荷作用下的失稳过程，建立可直接用于后续项目实施过程的试验数据库。该数据库也作为研究考虑载荷动态效应的管道缺陷分析修正方法的基础条件。

（2）建立考虑动态载荷效应的核级管道裂纹稳定性及裂纹张开位移计算方法。

根据理论分析，有限元仿真模拟和实测数据，研究考虑载荷动态效应的裂纹稳定性及裂纹张开位移计算方法。对现有的计算公式给出若干个修正系数，修正系数考虑了动态载荷的形态指标、变化幅值、加载频率、管道和裂纹尺寸效应及材料断裂韧性的影响。

（3）建立典型水锤等动态冲击载荷作用下的裂纹稳定性量化分析方法。

以现场实测或模拟计算的方式得到水锤等动态冲击载荷振动时程曲线，针对具体的工程对象开展研究。开展动态载荷作用下的精细化力学分析评价，并将分析结果与实测试验数据进行对比分析，量化论证典型动态载荷对含缺陷管道结构完整性的影响。提取典型水锤载荷等动态冲击载荷的动力学特征，通过理论研究探索给出后续项目的包络性比对方法，进而实现部分管道的快速评估。

（4）针对动态载荷效应的危害研究可行的缓解方案。

根据已经建立的有限元分析模型（该有限元分析模型的准确性应有试验数据验证），从管道的截面设计，材料参数设计，支撑设计，系统运行瞬态优化等角度，针对较显著的动态载荷危害研究可行的缓解方案。

12.3　复杂瞬态叠加顺序对裂纹疲劳扩展分析计算结果的影响[9-11]

由于在核级管道裂纹扩展计算分析过程中，仅仅根据瞬态载荷清单，无法实际模拟机组运行时所经历的加载历程。因此，计算者往往寻求通过合理的瞬态组合方式，得到保守的计算结果。

裂纹的扩展速率和应力强度因子随着裂纹尺寸的增加不停增大，裂纹疲劳扩展分析具有非线性。具体表现为：

（1）在相同的瞬态载荷作用下，每次载荷循环作用过程中裂纹疲劳扩展的速率不同。计算参数不同。

（2）在不同的瞬态载荷作用下，瞬态载荷作用的时间顺序和交替方式的差异，会导致计算分析结果不同。

（3）裂纹疲劳扩展和应力腐蚀扩展同步进行，在计算过程中，两种扩展模式不同的组合分析会得出不同的计算结果。

文献检索发现，在进行裂纹扩展计算时，针对上述问题尚未有相关的技术成果发表。

作者通过在计算实践中进行研究，分别从降低瞬态复杂性和降低裂纹扩展迭代计算中的非线性两种角度，提出如下方案：

第一种方案：

将瞬态载荷清单的多种瞬态进行合并，简化为单一瞬态，避免考虑瞬态组合方式和作用次序的影响。为保证瞬态包络合并的保守性，按照以下规则进行。

(1) 对于介质温度变化的时程曲线进行包络，取所有瞬态中的最高温度和最低温度，取所有瞬态中最快的温度变化速率。

(2) 对介质压力变化的时程曲线进行包络，取所有瞬态中的最高压力和最低压力。

(3) 对介质流量变化的时程曲线进行包络，取最大介质流量，以求得较为保守的强制对流换热系数。

第二种方案：

该方案使用的前提是证明应力强度因子的变化幅值随裂纹尺寸单调增加，目前作者通过数学和力学推导证明了 ASME 规范Ⅺ卷分析方法[9]中对于碳钢材料管道应力强度因子，$K_{max}>0$，$K_{min}<0$ 的特定情况[10]。

首先归纳总结裂纹疲劳扩展迭代计算过程如图 12-3 所示，假设含缺陷管道只承受单一瞬态载荷，瞬态次数为 N。

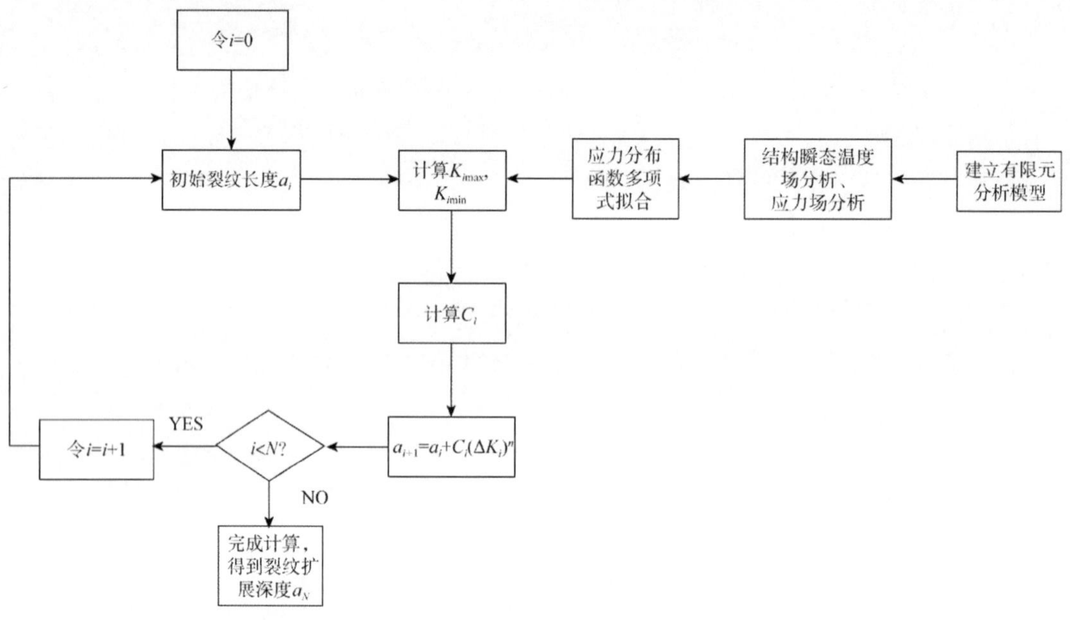

图 12-3　单一瞬态下裂纹疲劳扩展计算过程

通过以上计算流程可知，由于裂纹长度变化，对应力强度因子变化幅值等参数有影响，进而造成不同载荷，不同瞬态加载次序对裂纹扩展分析结果产生影响。在不影响计算结论的前提下，为了得到相对保守的计算结果。探索通过固化用于计算应力强度因子变化幅值等参数的裂纹假想长度来简化计算过程，从而将非线性迭代计算过程简化为线性叠加过程，这样既可避免瞬态加载组合方式和加载次序的影响，也极大降低了计算量。

计算流程如图 12-4 所示，假设含缺陷管道只承受单一瞬态载荷，瞬态次数为 N：

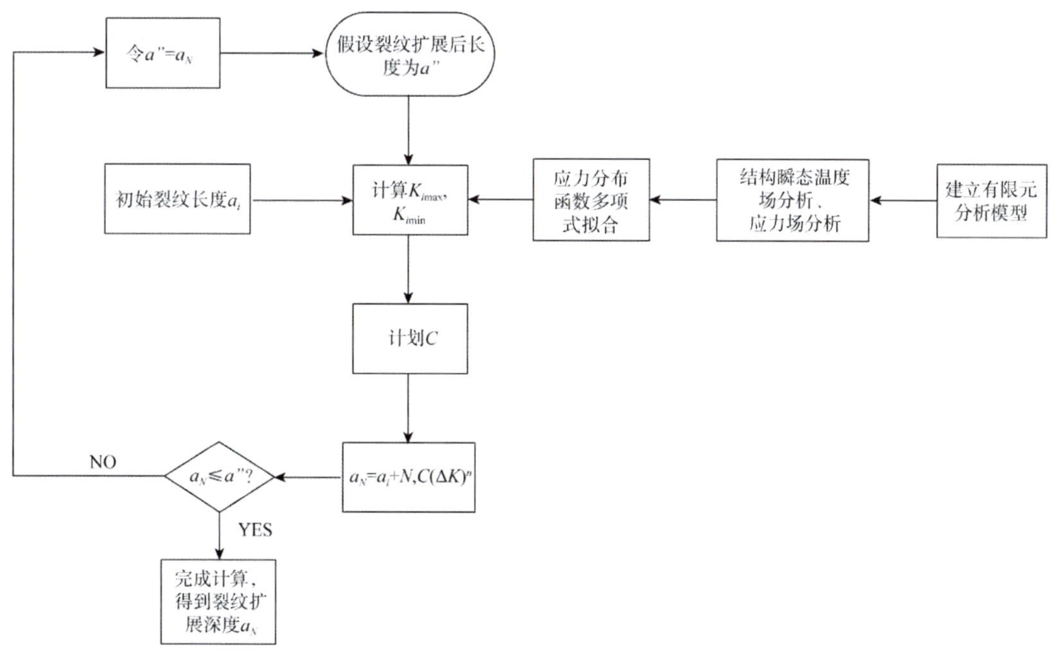

图 12-4　单一瞬态下裂纹疲劳扩展简化计算过程

在结果应力水平恒定时，对于裂纹应力腐蚀扩展，疲劳扩展，裂纹扩展速率是逐渐加快的，两者关系如图 12-5 所示。

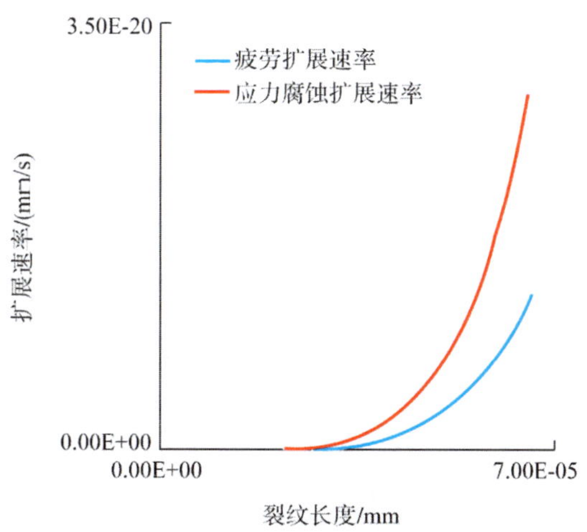

图 12-5　不同裂纹长度下裂纹疲劳扩展和应力腐蚀扩展速率对比

因此可见，两者不同的组合方式，会造成计算结果的不同。应合理考虑裂纹应力腐蚀扩展和疲劳扩展的叠加效应，两者相互影响。应试算合适的计算时间间隔和先后次序，以得到保守的计算结果。

当引入“裂纹假想长度”以后，两者的关系如图 12-6 所示。

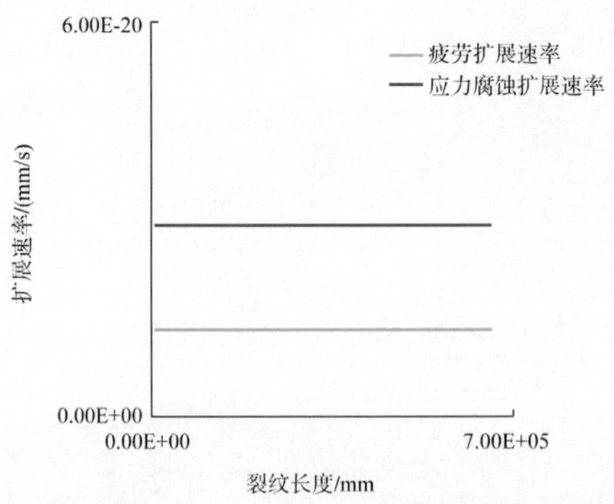

图 12-6 不同裂纹长度下裂纹疲劳扩展和应力腐蚀扩展速率对比

裂纹扩展计算时，无论组合次序和组着方式如何，裂纹扩展深度都是线性累积，对计算结果无影响。

12.4 基于 ASME 规范和 RSE-M 规范的含平面缺陷核级管道剩余寿命预测方法对比

ASME 和 RSE-M 规范[9-11]都有具有平面缺陷的奥氏体不锈钢核管道焊缝剩余寿命的评估方法，作者对两种方法进行了比较和研究，为后续类似问题的处理提供参考。

12.4.1 基本评估流程对比

1. 基于 ASME 规范评估方法的简要介绍

根据 ASME 规范[9]，含平面缺陷的奥氏体不锈钢管道的力学评价根据 IWB-3640 和第Ⅺ部附录 C 中的要求开展。

规范要求根据管道不同的材料特性选择评估脆性断裂，弹性塑性断裂以及塑性断裂破坏的风险，并且在该方法中也考虑了材料撕裂后抗力的增加效应。

评估结构的承载能力时，需进行针对延性撕裂屈曲失效模式下的极限载荷分析，而塑性极限载荷应力作为弹塑性修正因子（Z 因子）进行考虑。具体过程如图 12-7 所示。

2. 基于 RSE-M 规范评估方法的简要介绍

RSE-M 规范[11]在计算应力强度因子的过程中，充分考虑了不同类型裂纹的组合效应，采用一系列塑性修正方法，对不同载荷及载荷组合在裂纹尖端区域对材料塑性行为的影响进行了定量计算。

在不同条件下分别评估缺陷塑性失稳和延性撕裂破坏的风险，以 J 积分为表征量，满足验收标准即评价通过。其简要流程如图 12-8 所示。

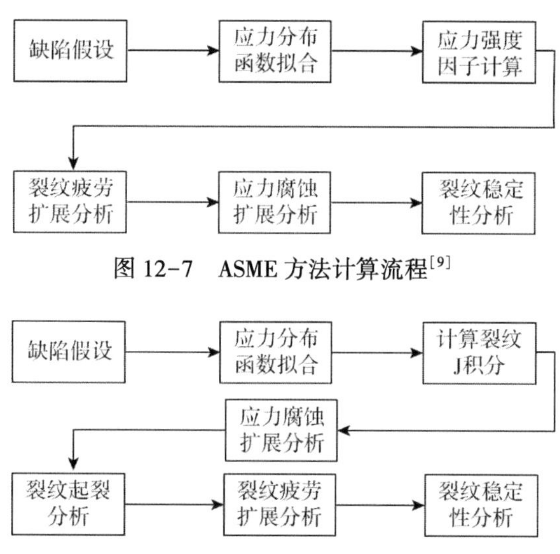

图 12-7　ASME 方法计算流程[9]

图 12-8　RSE-M 方法计算流程[11]

12.4.2　应力强度因子与 J 积分计算方法对比

1. ASME 规范中的计算方法

在 ASME 规范中[9]，根据线弹性理论，通过有限元应力分析得到垂直于裂纹面且沿着裂纹扩展方向（壁厚方向）的应力分布情况，应力分布可以用一个 3 次多项式进行拟合。

2. RSE-M 规范中的计算方法

影响计算结果的因素[2]包括：载荷类型和作用形式，各种类型载荷的比重和裂纹尺寸。RSE-M 规范充分考虑了这些因素对 J 积分和应力强度因子的影响，并进行了定量化的分析[11]。

首先分别计算Ⅰ，Ⅱ和Ⅲ型裂纹的应力强度因子，然后计算组合裂纹的等效应力强度因子。考虑裂纹尖端材料在不同载荷条件下的弹性塑性行为，对等效应力强度因子进行修正后再转换为 J 积分。

Ⅰ，Ⅱ和Ⅲ型裂纹的应力强度因子 K 的计算方法分为形状因子法（简单机械载荷）或影响系数法（对于含有热瞬态的复杂载荷）。

等效应力强度因子 K_{eq} 的计算方法包括 θ 组合法和二次项组合方法。

裂纹尖端 J 积分的计算方法则分为 K_{cp} 方法（即塑性区修正方法，如果含缺陷结构一次薄膜加弯曲应力符合 RSE-M 规范附录 3 第 3 节的 3 个限制条件，在机械应力占主导的情况下该方法是有效的，如果二次应力主要来自壁厚方向上的热梯度载荷，则 K_{cp} 方法的计算结果过于保守。）和 J_s 方法（用于计算热瞬态载荷的 J 积分，该方法也适用于计算机械载荷的 J 积分）。

在 J_s 方法中，参考应力 σ_{ef} 可以通过修正极限载荷法（CLC）或弹塑性应力法（CEP）来确定。Ⅰ型裂纹的应力强度因子可以在利用一个 4 次多项式拟合方程中求得。Ⅱ，Ⅲ型裂纹的应力强度因子计算原理与Ⅰ型裂纹相同。

简要总结J积分与应力强度因子的计算流程如图12-9所示。

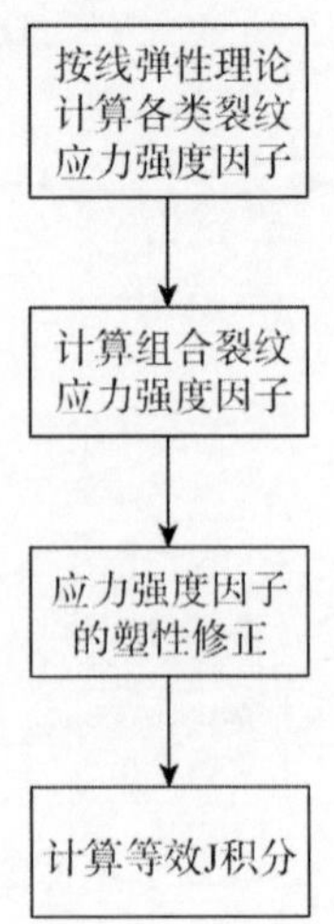

图12-9　J积分和应力强度因子计算流程[11]

12.4.3　裂纹起裂分析[9-12]

在ASME规范中不考虑裂纹起裂分析。

在RSE-M规范中要考虑裂纹起裂分析，裂纹起裂后，剩余的瞬态载荷用于开展裂纹疲劳扩展分析。

根据雨流计数法确定最合理的瞬态组合，以得到裂纹尖端指定区域在局部柱坐标下的最大应力变化幅值。根据RSE-M规范中附录I5.3节中推荐的方法，计算各瞬态组合下的起裂系数。当F_a>1时，裂纹开始扩展。

12.4.4　裂纹扩展分析

两个规范分析裂纹疲劳扩展时均采用了Pairs公式准则，但是所使用的计算参数各不相同。另外，在计算裂纹疲劳扩展时对于瞬态载荷作用下应力强度因子变化幅值的门槛值，两种方法的定义方式也各有不同。ASME规范根据不同的情况直接定义了门槛限值，但RSE-M规范则是采取将裂纹应力强度因子变化辐值进行有效性修正的方法，综合考虑裂纹扩展对应力强度因子变化幅值的门槛值。

ASME规范指出碳钢材料的应力腐蚀效应很小，可不做计算分析。对于奥氏体不锈钢则给出了沸水堆中的应力腐蚀裂纹扩展关系式；RSE-M规范中规定无论何种材料必须要考虑应力腐蚀对裂纹扩展的影响，但是尚未给出具体的计算方法。

12.4.5 平面缺陷验收准则

1. ASME 规范中的方法[9]

根据 ASME 规范评价方法，延性材料中的裂纹可以达到极限载荷状态，通过对含缺陷管道截面的极限载荷评估验证裂纹扩展后的稳定性。

另外，如果材料是延性的，在极限载荷截面不确定的情况下，还可以采用弹塑性断裂力学的评估方法。

含缺陷管道在评估周期末的稳定性通过以下公式进行校核：

$$a_{\mathrm{f}} \leqslant \min(a_n,\ a_o) \tag{12-1}$$

式中　a_{f}——至评定末期缺陷扩展到最大的深度；

l_{f}——至评定末期缺陷扩展的最大长度；

a_n——正常扰动工况缺陷长度 l_{f} 对应的最大允许缺陷深度；

a_o——紧急事故工况缺陷长度 l_{f} 对应的最大允许缺陷深度。

2. RSE-M 规范中的方法[11]

对于含平面缺陷管道，若服役到评估寿期末以下条件仍然得到满足，则满足力学验收准则。

（1）结构不存在快速断裂的风险；

（2）结构不存在塑性失稳的风险。

对于核一级奥氏体不锈钢管道，须满足以下校核准则。

对于 A 级准则：

$$J(1.5C_{\mathrm{A}},\ a_{\mathrm{f}}) \leqslant J_{0.2} \tag{12-2}$$

或者

$$J(1.5C_{\mathrm{A}},\ a_{\mathrm{f}} + \Delta a) < \frac{J_{\Delta a}}{2} \tag{12-3}$$

$$J(1.3C_{\mathrm{A}},\ a_{\mathrm{f}}) < J_{0.2} \tag{12-4}$$

对于 C 级准则：

$$J(1.3C_{\mathrm{C}},\ a_{\mathrm{f}}) < J_{0.2} \tag{12-5}$$

或者

$$J(1.3C_{\mathrm{C}},\ a_{\mathrm{f}} + \Delta a) < \frac{J_{\Delta a}}{1.8} \tag{12-6}$$

$$J(1.1C_{\mathrm{C}},\ a_{\mathrm{f}}) < J_{0.2} \tag{12-7}$$

对于 D 级准则：

$$J(1.3C_{\mathrm{C}},\ a_{\mathrm{f}}) < J_{0.2} \tag{12-8}$$

或者

$$J(1.3C_{\mathrm{C}},\ a_{\mathrm{f}} + \Delta a) < \frac{J_{\Delta a}}{1.8} \tag{12-9}$$

$$J(1.1C_C, a_f) < J_{0.2} \tag{12-10}$$

式中 J——裂纹尖端位置的 J 积分；

a_f——在所考虑的运行周期结束时，按照 RSE-M B5312 定义的缺陷深度；

$J_{\Delta a}$——裂纹钝化和延性扩张 Δa（在上平台温度处）后的韧性测量值；

Δa——按照 RSE-M B5312 定义的缺陷 A 点或 B 点的钝化和延性扩张位移；

$J_{0.2}$——裂纹钝化和延性扩张 0.2 mm（在上平台温度处）后韧性测量值；

C_A——A 级工况载荷；

C_C——C 级工况载荷；

C_D——D 级工况载荷。

12.4.6 实例分析[12]

1. 分析过程

假设核一级管道焊缝中存在初始缺陷如图 12-10 所示。

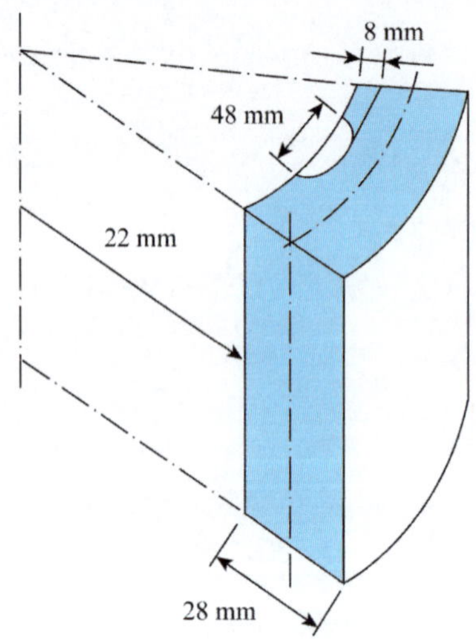

图 12-10 焊缝中的缺陷尺寸

计算时假设缺陷为半椭圆形平面裂纹，裂纹深度 8 mm，长度 48 mm。

分析对象经历的瞬态载荷见表 12-2。

表 12-2 瞬态载荷列表

名称	压力/MPa	温度/℃	发生次数
瞬态 1	14.0~16.0	50	70 767
瞬态 2	0~19.7	50	90
瞬态 3	0.4~17.1	7~328	8

根据管道力学分析结果，采用管道上距离缺陷最近的节点内力施加在三维有限元分析模型上，含自重、热膨胀和地震载荷（见图 12-11）。

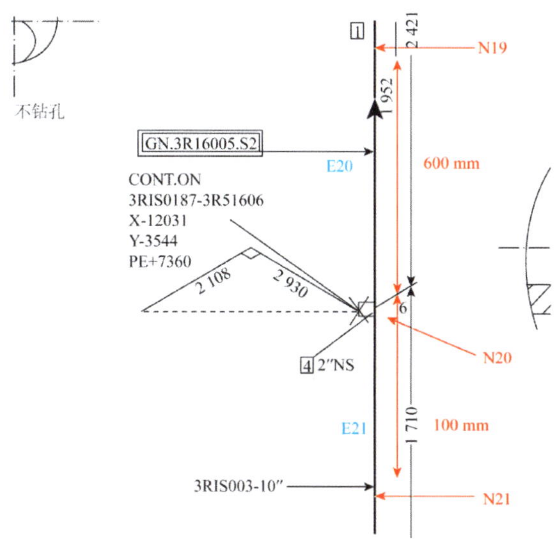

图 12-11　接管载荷局部坐标

根据 ASME 和 RSE-M 规范，应力分析采用不含缺陷的结构，根据线弹性有限元模型计算垂直于裂纹平面应力的分布变化情况。

使用 ANSYS12. 0 软件中的三维实体单元进行温度场分析与应力分析，计算模型如图 12-12 所示，总计 156 396 个单元。传热分析选用 solid70 单元，应力分析选用 solid185 单元。

图 12-12　有限元模型

焊缝材料性能取最高瞬态温度下规范中的保守值，如表 12-3 所示。

表 12-3 材料性能

名称	数值
杨氏模量 E	170 GPa
屈服强度 S_y	329.9 MPa
抗拉强度 S_u	423.3 MPa
许用应力强度 S_m	115.0 MPa

考虑模型内壁与流体介质之间的强制对流换热，模型外壁与空气之间的大空间自然对流换热和辐射传热，计算可得水平管道内壁强制对流换热系数 h_1、外壁自然对流换热与辐射传热系数 h_2、竖直管道内壁强制对流换热系数 h_3、外壁自然对流换热与辐射传热系数 h_4。由于瞬态 1 和瞬态 2 为稳态，可将管道内壁温度近似等于流体温度。

以瞬态 3 为例，根据 ASME 规范和 RSE-M 规范方法计算出的应力强度因子时程曲线如图 12-13 所示。

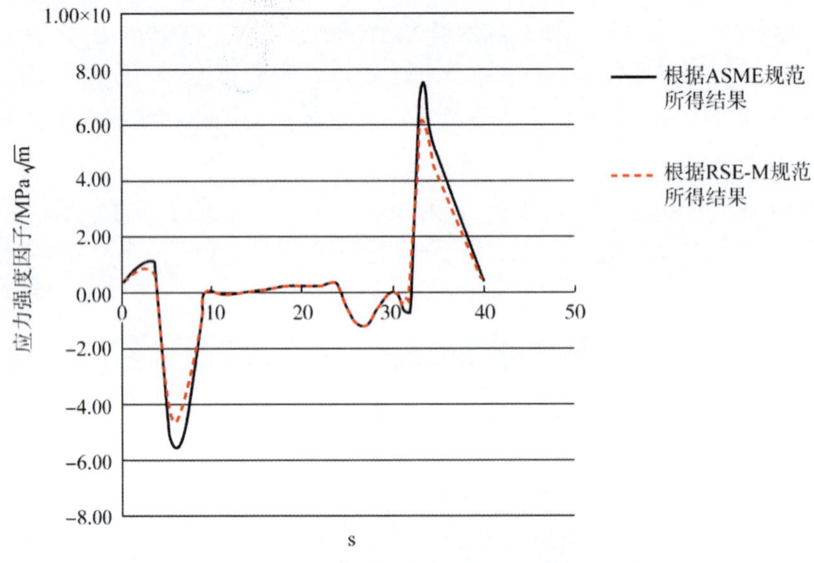

图 12-13 瞬态 3 作用下的应力强度因子曲线

根据以上计算结果（共计 120 个数据点）分析可知，由于考虑了弹塑性效应，依据 RSE-M 规范中得出的应力强度因子约为 ASME 规范方法所得结果的 70%~91%。

应力强度因子偏大时，瞬态组合下的应力强度因子变化幅值也偏大，裂纹扩展分析结果较为保守。

采用相同设计输入，分别采用 ASME 规范和 RSE-M 规范中的计算方法，得出裂纹深度方向扩展过程如图 12-14 所示。

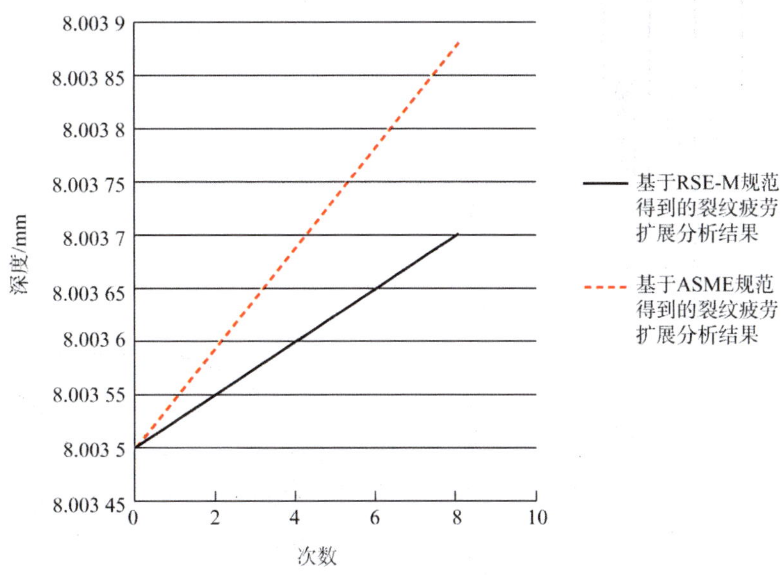

图 12-14 瞬态 3 作用下的裂纹扩展深度

在相同条件下，依据 RSE-M 规范计算所得的裂纹扩展速率比依据 ASME 规范所得结果要大，前者约为后者的 2 倍。

相比 ASME 规范，RSE-M 规范考虑了缺陷起裂分析，用于疲劳扩展分析的瞬态数量较少，而且 RSE-M 规范计算所得的应力强度因子较小，因此最终两者的计算结果相差不大。

在该瞬态组合的作用下，通过两种方法计算裂纹扩展深度分别为 8.003 6 mm 和 8.003 9 mm，两者误差在 3%以内。

根据 ASME 规范中的计算方法，得计算周期末可接受裂纹深度为 21 mm，裂纹扩展深度为 18.36 mm，评估通过。

根据 RSE-M 规范不能直接获得计算周期末裂纹的可接受扩展深度。为对比分析两种规范中验收标准的保守性，假定含缺陷结构满足塑性稳定性的有关校核要求，可以通过 RSE-M 规范附录 II 中 3.3 节中有关 A 级准则下抵抗快速断裂失效的校核标准，迭代计算可接受裂纹扩展深度，迭代计算流程如图 12-15 所示。

$$J(1.5C_A,\ a_f) \leq J_{0.2} \tag{12-11}$$

式中 J——裂纹尖端位置的 J 积分；

a_f——在所考虑的运行周期结束时，按照 RSE-M B5312 定义的缺陷深度；

$J_{0.2}$——裂纹钝化和延性扩张 0.2 mm（在上平台温度处）后韧性测量值；

C_A——A 级工况载荷。

迭代计算结果表明，通过 RSE-M 规范进行分析可接受裂纹扩展深度为 24 mm，而通过 ASME 规范进行分析可接受裂纹扩展深度为 21 mm，可见通过 ASME 规范计算得到的验收限值较为保守。

$$J(1.1C_C,\ a_f) < J_{0.2} \tag{12-10}$$

式中 J——裂纹尖端位置的 J 积分；

a_f——在所考虑的运行周期结束时，按照 RSE-M B5312 定义的缺陷深度；

$J_{\Delta a}$——裂纹钝化和延性扩张 Δa（在上平台温度处）后的韧性测量值；

Δa——按照 RSE-M B5312 定义的缺陷 A 点或 B 点的钝化和延性扩张位移；

$J_{0.2}$——裂纹钝化和延性扩张 0.2 mm（在上平台温度处）后韧性测量值；

C_A——A 级工况载荷；

C_C——C 级工况载荷；

C_D——D 级工况载荷。

12.4.6 实例分析[12]

1. 分析过程

假设核一级管道焊缝中存在初始缺陷如图 12-10 所示。

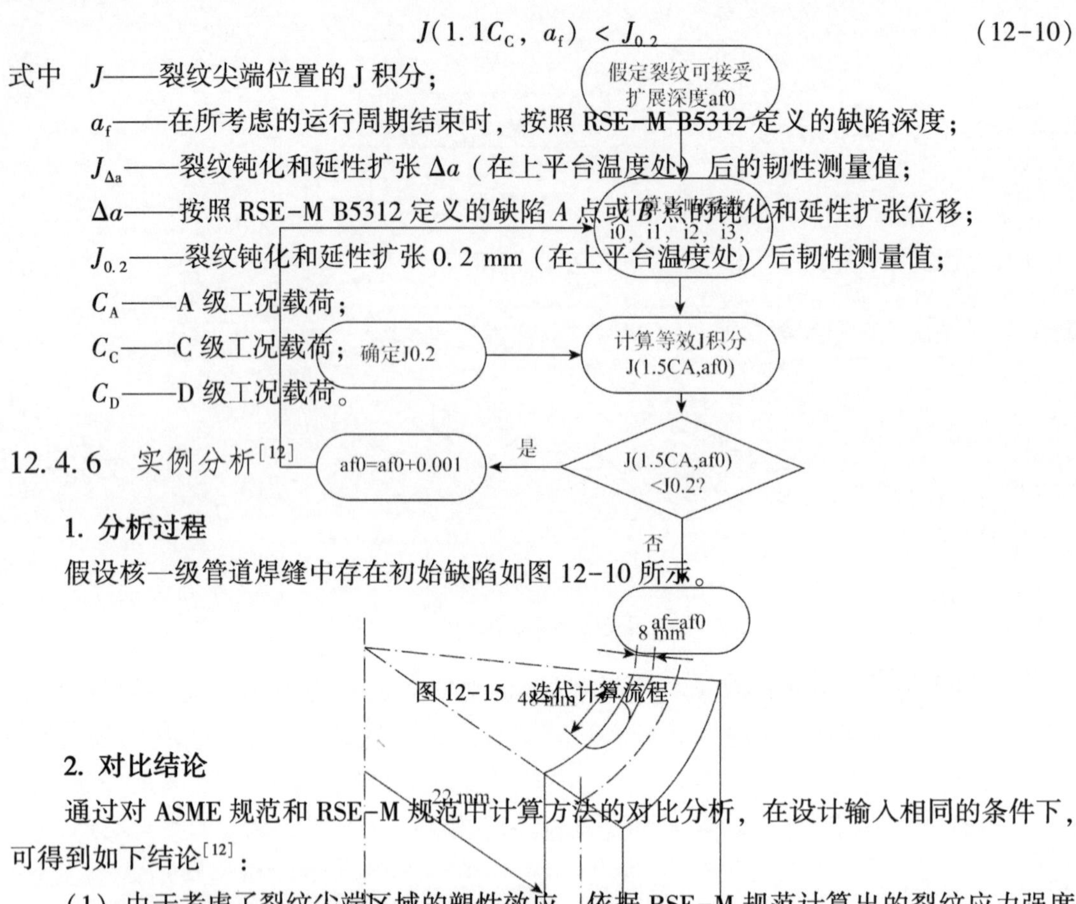

图 12-15 迭代计算流程

图 12-10 焊缝中的缺陷尺寸

2. 对比结论

通过对 ASME 规范和 RSE-M 规范中计算方法的对比分析，在设计输入相同的条件下，可得到如下结论[12]：

（1）由于考虑了裂纹尖端区域的塑性效应，依据 RSE-M 规范计算出的裂纹应力强度因子约为依据 ASME 规范方法所得计算结果的 70%~91%。

（2）依据 RSE-M 规范中裂纹疲劳扩展关系式计算所得的扩展速率约为依据 ASME 规范方法所得计算结果的 2 倍。

（3）RSE-M 规范考虑了缺陷的起裂分析，因此用于疲劳扩展分析的瞬态数量要比 ASME 规范方法考虑的瞬态数量少。

（4）根据两种规范体系计算分析得到的裂纹疲劳扩展深度结果较为一致。

计算时假设缺陷为半椭圆形平面裂纹，裂纹深度 8 mm，长度 48 mm。分析对象经历的瞬态载荷见表 12-2。

（5）RSE-M 规范明确规定了要计算缺陷应力腐蚀扩展效应，但未给出计算方法。ASME 规范明确碳钢材料不需要考虑应力腐蚀扩展效应，也给出了奥氏体不锈钢的应力腐蚀扩展分析计算方法。

表 12-2 瞬态载荷列表

名称	压力/MPa	温度/℃	发生次数
瞬态 1	14.0~16.0	50	70 767
瞬态 2	0~19.7	50	90
瞬态 3	0.4~17.1	7~328	8

（6）根据 ASME 规范计算得出的裂纹可接受扩展深度限值要比 RSE-M 规范得出的结果更加保守。

12.5 对焊接残余应力的考虑

裂纹分析考虑的载荷包括内压、焊接残余应力、热瞬态应力、因为内压、自重、热膨胀和地震载荷导致的管道载荷。自重和焊接残余应力不是循环载荷，它们仅仅影响应力强度因子的均值，同时由于焊接残余应力是自平衡应力，当裂纹为贯穿裂纹的时候，焊接残余应力对裂纹周围的影响相对较小。但是对于表面裂纹，焊接残余应力的影响无法忽略。焊接残余应力是核电厂核级管道缺陷评价过程中必须考虑的重要载荷之一。残余应力和焊接变形是焊接活动中的重要关注项，影响设备后续的安全可靠运行；应力和变形的有效预测和控制是核电设备焊接中的共性难题；焊接残余应力的分析计算过程较为复杂。目前国内外研究针对不同管径、不同材质、不同焊接过程开展了研究，积累了一些试验数据和焊接残余应力评估方法。这些方法和数据有待于总结归纳，以选择形成在目前核电工程中可用的简化分析方法。

另一方面，焊接残余应力对裂纹张开位移及裂纹稳定性的影响作用机理尚不明确，也没有简化的工程分析方法可供使用。因此，迫切需要采用有限元数值模拟等技术，研究焊接残余应力对破前漏技术中临界裂纹稳定性和裂纹张开位移的影响机理和程度，研究其影响规律。

ASME 和 RSE-M 规范方法[9,11]均明确在分析表面裂纹稳定性及疲劳扩展分析时需要考虑焊接残余应力的影响，但是规范正文中没有给出可参考的数值。可根据现场的焊层焊道布置和焊接热输入情况，应用有限元法进行传热分析和热应力计算，提取计算结果作为载荷施加到计算模型中，以体应力的形式考虑该载荷对应力强度因子的影响。也可通过现场实测获得其应力分布，但是一些实测应力方法往往会对结构本身强度产生影响。

核级管道设备的焊接残余应力是国内外同行研究的热点内容。1997 年，S. Rahman 等[13]采用简化的有限元模型和高度包络化的应力分布形式研究了焊接残余应力对裂纹张开位移的影响，分析对象为两个尺寸的核级管道，采用的是线弹性有限元模型，并且没有考虑环向残余应力的影响和应力场在裂纹弹塑性变形过程中的重分布效应。2007 年，伦敦大学学院的 Shi Song Ngiam[14]在其博士论文中研究了焊接残余应力对表面裂纹扩展的影响。2009 年，D. -J. Shim[15]等在典型全堆焊结构中采用有限元分析方法分析了复杂形态裂纹的张开位移，并整理了前人的研究成果，以此为基础修正了裂纹流道参数，用于分析对 LBB 管道介质泄漏率的影响效果。2010 年，Katerina Macurova 等人[16]通过钻孔试验法和三维有限元分析研究了反应堆压力容器的焊接残余应力场分布情况，并将其用于修正裂纹应力强度因子的计算结果，进而完成改进的破前漏技术分析。2011 年，Frederick W. Brust 等[17]研究了焊接残余应力场测量和分析过程中的工程不确定性因素，并通过几个例子研究了这些概率不确定性参数的量化分析方法。2011 年，G. Angah Miessi 等[18]研究了堆焊工艺对 LBB 分析裕量的影响，在此过程中考虑了焊接残余应力对裂纹尖端应力强度因子的影响。2011 年，Liwu Wei[19]等人采用二维平面轴对称有限元分析模型模拟计算管道焊接过程中产生的残余应力，并通过试验验证了分析结果的正确性，将分析结果与 BS7910 规范中推荐的简化焊接残余应力分析结果进行了对比。2011 年，Robert J. A. McCluskey 等[20]通过二位平面模型的有限元数值模拟和试验，研究了不锈钢管道窄间隙环焊缝的焊接残余应力场。2011 年，Jun-Seok Yang 等人[21]研究了窄焊缝焊接残余应力的分布特点并分析了其对裂纹应力强度因子的影响。2013 年美国南卡罗莱纳大学的 Robert G. Lukes[22] 在博士论文中研究了含复杂裂纹形态管道开裂及修正的 LBB 分析方法，将焊接残余应力测试数据作为载荷施加到研究对象中，但没有研究其影响效果。2014 年曼彻斯特大学的 Peter J. Gill 在博士论文[23] 中研究了 LBB 泄漏率计算模型，通过有限元分析和试验研究过冷气体和过冷水泄漏过程中的热力学模型以及外部条件的影响，但没有考虑残余应力；但在 2015 年[24]，他采用试验和数值分析相结合的方式研究了管道穿壁裂纹形状对介质泄漏率的影响，在此过程中，论证了自平衡类型焊接残余应力的影响。2015 年，Harry Coules[25] 研究了自平衡焊接残余应力场对核级管道环向裂纹应力强度因子计算结果的影响。2015 年，Shaopin Song 等[26] 研究了管道轴向长缝焊接过程中焊接残余应力的分析方法。2017 年，Renaud Bourga[27] 在其博士论文中研究了 LBB 技术中断裂力学问题的处理，主要研究了表面裂纹扩展至穿壁裂纹后的几何形态，断裂力学计算参数的确定方法及其对 LBB 分析结果的影响，未考虑焊接残余应力。2017 年，Eiman Masoumi Dehaghi 等[28] 采用试验测量和数值模拟分析相结合的方法研究了参与应力对伊朗某核电厂主给水系统管道的焊接残余应力分布场。2018 年，Mohammadhossein Pourreza Katigari[29] 研究了换热器内部管束焊接残余应力的分析方法。2018 年，Sai Deepak Namburu 等[30] 通过 AISI 316LN 焊接 CT 试样，研究了焊接残余应力对裂纹延性扩展行为的影响。

综上所述，已有的研究成果主要集中在两个方面：（1）焊接残余应力场的测量和数值分析；（2）焊接残余应力对裂纹强度因子的影响。对于焊接残余应力场在核反应堆高能管道裂纹变形和失稳过程中的影响，还需要进一步开展研究。

国外研究机构通过实验和有限元分析，给出了奥氏体不锈钢的焊接残余应力考虑方法：当管道壁厚小于 25.4 mm 时，管壁中轴向残余应力分布情况如图 12-16 所示。

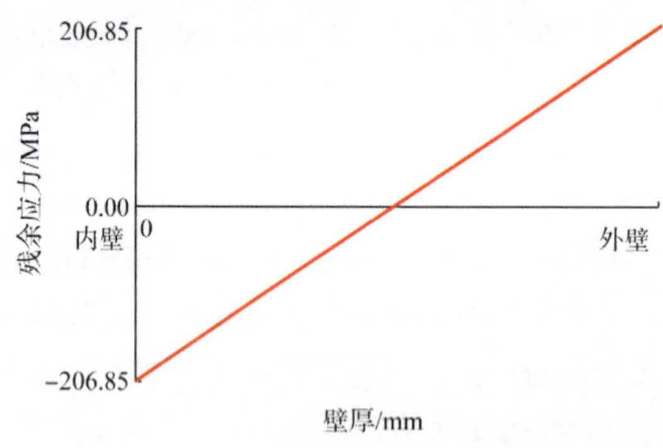

图 12-16　壁厚小于 25.4 mm 奥氏体不锈钢管道轴向焊接残余应力分布

当管道壁厚不小于 25.4 mm 时，管壁中轴向残余应力分布情况按照如式（12-11）进行计算：

$$\sigma = \sigma_i [1.0 - 6.91(a/t) + 8.69(a/t)^2 - 0.48(a/t)^3 - 2.03(a/t)^4] \quad (12-12)$$

式中　t——管道壁厚；

a——与管道内壁的距离；

σ_i——其他所有考虑载荷作用下管道内壁的应力值。

对于碳钢焊接残余应力一般的考虑方法是，提高应力强度因子的比值 R 以便保守考虑对裂纹扩展速度的影响，一般认为 R 值为 0.9。

此外，作者查询整理了其他文献和技术规范中给出的相关焊接残余应力取值方法，以做对比参考（见图 12-17）。

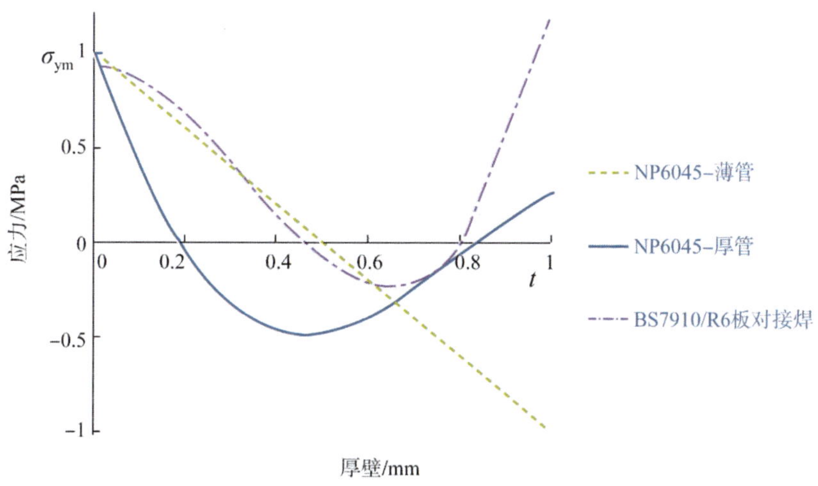

图 12-17　典型对接焊缝横向焊接残余应力示意图

12.6　小结

本章针对核级管道缺陷力学评价过程中复杂瞬态叠加顺序对裂纹疲劳扩展分析计算结果的影响问题、常用评价规范方法的保守性对比问题、焊接残余应力的考虑方法问题展开技术讨论，并总结提炼了对后续工程实践具有参考意义的技术观点。

参考文献

[1] 10CFR50 GDC4, Environmental and Dynamic Effects Design Bases[S]. Washington D.C: NRC, 2007.

[2] EPRI NP-2347. Instability Predictions for Circumferentially Cracked Type-304 Stainless Steel Pipes Under Dynamic Loading [S]. Electric Power Research Institute, USA, M.F. Kanninen, et al. 1982,4.

[3] HWANG J-H, YOUN G-G, KIM H-T, et al. Ductile tearing simulation of STS410 pipe fracture test under load-controlled large-amplitude cyclic loading: part I-effect of load ratio [J]. Engineering fracture mechanics, 2020.

[4] HWANG J-H, YOUN G-G, KIM H-T, et al. Ductile tearing simulation of STS410 pipe fracture test under load-controlled large-amplitude cyclic loading: part II-Effect of load amplitude and sequence[J]. Engineering fracture mechanics, 2020, 240.

[5] GUPTA S K, BHASIN V, VAZE KK, et al. Effects of simulated seismic loading on LBB assessment of high energy piping[J]. Journal of pressure vessel technology, 2007, 129(1): 28-37.

[6] ROY H, SIVAPRASAD S, TARAFDER S, et al. Cyclic fracture behaviour of 304LN stainless steel under load and displacement control modes [J]. Fatigue & fracture of engineering materials & structures, 2012, 35(2): 108-113.

[7] KAWAGUCHI S, HAGIWARA N, MASUDA T, et al. Evaluation of leak-before-break (LBB) behavior for axially notched X65 and X80 line pipes [J]. Journal of offshore mechanics and arctic engineering, 2004, 126(4): 350-357.

[8] HONG S, KIM J, KIM M-W, et al. Evaluation of LBB characteristics of candidate materials for main steam line piping in korea nuclear power plants[J]. The international journal of pressure vessels and piping, 2020, 188.

[9] ASME Ⅺ. Rules for In-service Inspection of Nuclear Power Plant Components[S]. The American Society of Mechanical Engineers. 2019.

[10] Liu Zhenshun, Zhen Hongdong. Research on simplified method of transients combining and loading in fatigue crack growth analysis of carbon steel nuclear piping[J]. Proceedings of the 2018 26th international conference on nuclear engineering. 2018(2):156-162.

[11] RSE-M. In-service inspection rules for mechanical components of PWR nuclear islands[S]. French association for design, construction, and in-service inspection rules for nuclear steam supply system components. 2012.

[12] 刘震顺,孙金雄,张雷,等. 基于 ASME 和 RSE-M 规范的含平面缺陷奥氏体不锈钢核级管道剩余寿命预测方法的数值对比研究[J].核动力工程,2018,39(05):85-90.

[13] Rahman, S., N. Ghadiali, G. M. Wilkowski, F. Moberg, and B. Brickstad. Crack-Opening-Area Analyses for Circumferential through-Wall Cracks in Pipes—Part Iii: Off-Center Cracks, Restraint of Bending, Thickness Transition and Weld Residual Stresses. International Journal of Pressure Vessels and Piping 75, no.5 (1998/04/01/1998): 397-415.

[14] Ngiam, Shi Song. The Influence of Surface Residual Stress on Fatigue Crack Growth. University of London, University College London (United Kingdom), 2007.

[15] Shim, D. J., E. Kurth, F. Brust, G. Wilkowski, A. Csontos, and D. Rudland. Crack-Opening Displacement and Leak-Rate Calculations for Full Structural Weld Overlays. 2009.

[16] Macurova, Katerina, Richard Tichy, and Bohumir Strnadel. Modification of Leak before Break Criterion with Focus on the Residual Stress. 2010.

[17] Brust, Frederick W., R. E. Kurth, D. J. Shim, and David Rudland. Strategies for Treating Weld Residual Stresses in Probabilistic Fracture Mechanics Codes. 2011.

[18] Miessi, G. Angah, Peter C. Riccardella, and Peihua Jing. Effects of Weld Overlays on Leak-before-Break Margins. 2011.

[19] Wei, Liwu, Weijing He, and Simon Smith. The Effects of Loadings on Welding Residual Stresses and Assessment of Fracture Parameters in a Welding Residual Stress Field. 2011.

[20] McCluskey, Robert J. A., Andrew H. Sherry, and Martin R. Goldthorpe. Characterisation of the Residual Stress Field and Mechanical Properties of a Narrow-Gap Girth-Welded Stainless Steel Pipe and Subsequent Application to a Numerical Model. 2011.

[21] Yang, Junseok, Chiyong Park, and Namsu Huh. Estimates of Mechanical Properties and Residual Stress of Narrow Gap Weld for Leak-before-Break Application to Nuclear Piping. Journal of Pressure Vessel Technology-transactions of The Asme 133, no. 2 (2011): 021403.

[22] Lukes, Robert G. Predicting the Crack Response for a Pipe with a Complex Crack. University of South Carolina, 2013.

[23] Gill, Peter. Investigating Leak Rates for Leak-before-Break Assessments. The University of Manchester (United Kingdom), 2014.

[24] Gill, Peter, John Sharples, and Peter Budden. Leakage Rates through Complex Crack Paths Using an Ode Method. 2015.

[25] Coules, Harry, and David Smith. Upper Bound Estimates of the Contribution of an Unknown Residual Stress Field to Stress Intensity Factor. 2015.

[26] Song, Shaopin, and Pingsha Dong. Analysis of Residual Stresses in Pipe Seam Welds and a Proposed Residual Stress Profile Estimation Method. 2015.

[27] Bourga, Renaud. The Mechanism of Leak-before-Break Fracture and its Application in Engineering Critical Assessment. Order No. 13912747, Brunel University (United

Kingdom), 2017.

[28] Dehaghi, Eiman Masoumi, Hessamoddin Moshayedi, Iradj Sattari-Far, and Alireza Fallahi Arezoodar. Residual Stresses Due to Cladding, Buttering and Dissimilar Welding of the Main Feed Water Nozzle in a Power Plant Reactor. International Journal of Pressure Vessels and Piping 152(2017): 56-64.

[29] Pourreza Katigari, Mohammadhossein. Analytical and Finite Element Study of Residual Stresses in the Transition Zone of Hydraulically Expanded Tube-to-Tubesheet Joints. Order No.27544550, Ecole de Technologie Superieure (Canada), 2018.

[30] Namburu, S. D., L. R. Chebolu, A. K. Subramanian, R. Prakash, and S. Gomathy. Influence of Weld Residual Stresses on Ductile Crack Behavior in Aisi Type 316ln Stainless Steel Weld Joint. Paper presented at the American Society of Mechanical Engineers, Pressure Vessels and Piping Division (Publication) PVP, 2018.